新型电力系统
智能配用电技术

主编　赵庆杞　刘桁宇

新型电力系统智能配
用电技术数字资源

中国水利水电出版社
www.waterpub.com.cn
·北京·

内 容 提 要

智能配用电技术作为构建新型电力系统的关键技术，一直是国内外研究重点。本书主要包括新型电力系统智能配用电技术概述、通用支撑技术、智能配电技术、智能用电及负荷供需互动技术、分布式电源、储能技术、智能配电信息交互技术、电-碳综合利用技术等内容。本书较为全面地总结了新型电力系统智能配用电技术的理论基础、关键技术、应用案例及未来发展方向。

本书可作为电力工程技术人员的参考用书，也可作为成人高等教育、高职高专教育相关专业师生的教材使用。

图书在版编目（CIP）数据

新型电力系统智能配用电技术 ／ 赵庆杞，刘桁宇主编. -- 北京 ：中国水利水电出版社，2023.8
ISBN 978-7-5226-1642-1

Ⅰ．①新… Ⅱ．①赵… ②刘… Ⅲ．①智能控制—配电系统 Ⅳ．①TM727

中国国家版本馆CIP数据核字(2023)第134817号

书　　名	**新型电力系统智能配用电技术** XINXING DIANLI XITONG ZHINENG PEIYONGDIAN JISHU
作　　者	主编 赵庆杞 刘桁宇
出版发行	中国水利水电出版社 （北京市海淀区玉渊潭南路1号D座　100038） 网址：www. waterpub. com. cn E-mail：sales@mwr. gov. cn 电话：(010) 68545888（营销中心）
经　　售	北京科水图书销售有限公司 电话：(010) 68545874、63202643 全国各地新华书店和相关出版物销售网点
排　　版	中国水利水电出版社微机排版中心
印　　刷	天津嘉恒印务有限公司
规　　格	184mm×260mm　16开本　18印张　438千字
版　　次	2023年8月第1版　2023年8月第1次印刷
印　　数	0001—1000册
定　　价	**85.00元**

本书编委会

前　言

在"碳达峰、碳中和"目标的驱动下，能源革命和数字革命相融并进，传统配电网正逐渐演变为以新能源为主体、融合新能源-配电网-负荷-储能的有源（主动）配用电系统，呈现出不断变化的新体系形态。电力作为最重要的能源之一，其供应安全和可靠性对于社会稳定和经济繁荣至关重要。在这样的背景下，新型电力系统智能配用电技术应运而生，为现代电力系统提供了高效、安全、可靠、低碳的解决方案。

智能配用电技术作为构建新型电力系统的关键技术，一直是国内外研究重点。它在资源优化配置、电能的合理使用、节能降耗和提高能效等方面存在巨大潜力。与电力系统发电、输电和变电等环节相比，配用电领域涉及企业、商业与居民用户等众多市场参与主体，具备多样化的技术需求，有着量大面广的设备和系统应用，在企业新技术、设备和系统开发，以及用户用电新技术应用方面有着巨大的产业发展空间。

2021年3月，中央财经委员会第九次会议首次提出新型电力系统的概念，提出要构建清洁、低碳、安全、高效的能源体系，控制化石能源总量，着力提高利用效能，实施可再生能源替代行动，深化电力体制改革，构建以新能源为主体的新型电力系统。2022年3月，国家发展和改革委员会、国家能源局印发《"十四五"现代能源体系规划》（发改能源〔2022〕210号），提出在加快推动能源绿色低碳转型方面，推动构建新型电力系统，创新电网结构形态和运行模式，通过加快配电网改造升级，推动智能配电网、主动配电网建设，提高配电网接纳新能源和多元化负荷的承载力和灵活性，促进新能源优先就地就近开发利用，积极发展以消纳新能源为主的智能微电网，实现与大电网兼容互补。2023年6月2日，国家能源局发布《新型电力系统发展蓝皮书》，全面阐述新型电力系统的发展理念、内涵特征，制定"三步走"发展路径，并提出构建新型电力系统的总体架构和重点任务，蓝皮书提出要加强电力供应支撑体系、新能源开发利用体系、储能规模化布局应用体系、电力系统智慧化运行体系等四大体系建设。

本书较为全面地总结了新型电力系统智能配用电技术的理论基础、关键技术、应用案例及未来发展方向等内容。第1章从我国能源转型与发展、配用电技术发展历程与现状、配用电技术发展趋势等方面对新型电力系统背景下智能配用电技术进行介绍；第2章从数字化技术、信息化技术、人工智能技术三个角度对新型电力系统的通用支撑技术进行了阐述；第3章、第4章作为全书的核心章节，详细介绍了智能配电技术、智能用电及负荷供需互动技术中的关键技术，包含智能配电技术中的规划、运行管理、控制，以及智能用电及负荷供需互动技术中的智慧用电技术、虚拟电厂技术和综合能源技术等；第5章分析了智能配用电技术在风、光资源利用领域的重点应用；第6章针对不同类的储能技术原理、发展现状、应用场景和案例分析等方面进行介绍；第7章探索新型电力系统下的配用电信息采集相关技术，包括高级量测体系研究现状、新型配用电网下的体系架构与智能融合、用电信息采集与负荷管控方式、配用电信息交互与典型应用场景等；第 8 章围绕电-碳综合利用技术展开讨论，涵盖了碳捕捉利用与封存技术、碳监测与计量技术以及碳调度与优化技术等关键技术。

　　本书完稿后，经多了番详细审阅，但由于编者水平有限，书中难免存在不足之处，恳请广大读者批评指正。

作者

2023 年 5 月

目　　录

第1章 新型电力系统智能配用电技术概述

智能配用电技术在我国的发展已经取得了一定的成果，尤其在城市化进程中得到了广泛应用。未来，智能配用电技术将继续向智能化、信息化、数字化、网络化方向发展，实现对电力系统的高效管理和控制，同时也将为我国的能源转型和绿色发展作出贡献。本章将从我国能源转型与发展、配用电技术发展历程与现状、配用电技术发展趋势三个方面展开阐述。

1.1 我国能源转型与发展

1.1.1 能源转型的意义

1. 能源转型是未来发展的必由之路

自19世纪80年代以来，全球平均气温已经上升了约1.1℃。到2030年，1.6亿～2亿人将生活在超出健康人体承受阈值的环境，该环境年均出现概率约为5％。随着全球均温上升，全球气候灾害不断增加，比如致命热浪、极端降水和飓风等，也将进一步加剧诸如干旱、高温胁迫和海平面上升等慢性灾害，并对全社会经济带来巨大影响。到2050年，全球多数地区的平均气温还将上升1.5～5℃。

为应对气候风险，需要更加系统化的风险管理、加速适应和推进脱碳进程，唯有实现温室气体净零排放，方可阻止进一步的气候变暖和风险加剧。这就要求全球能源系统必须经历一场深刻的转型，即从化石燃料的能源体系逐步转型为以可再生能源为基础的高效能源体系，加快以清洁低碳和智能高效为主要特征的能源转型。

2. 能源转型推动改变供需不均衡格局

当前，全球能源供需呈现出"两带三中心"的空间分布格局。美国页岩革命和"能源独立"战略推动全球油气生产趋向西移，并最终形成以中东和美洲为核心的两个油气生产带，但石油和天然气的消费主要分布在亚太、北美和欧洲。随着中国、印度等新兴经济体的快速崛起，亚太地区的需求开始引领世界石油需求增长，这些地区和国家的石油和天然气资源匮乏，消费需求量大，严重影响区域能源安全，迫切需要通过能源转型实现能源自给自足，提高自身的能源安全。

3. 能源转型是保障能源安全的必然选择

科技进步与社会发展是推动能源发展的两大推动力,"能源独立"则是一个国家强大的保证与稳定的基础。

从能源消费结构来看,目前世界一次能源消费中油气占 56%,处在油气为主的时代,而我国煤炭消费占 59.1%,仍处在煤炭为主的时代。

国家统计局发布的《2022 年国民经济和社会发展统计公报》显示,2022 年全国发电装机容量 256405 万 kW,比上年末增长 7.8%。其中,火电装机容量 133239 万 kW,增长 2.7%;水电装机容量 41350 万 kW,增长 5.8%;核电装机容量 5553 万 kW,增长 4.3%;并网风电装机容量 36544 万 kW,增长 11.2%;并网太阳能发电装机容量 39261 万 kW,增长 28.1%。

因此,能源转型能够缓解石油、动力煤等传统能源对我国经济发展的影响,提高我国能源自给水平,促进经济的持续、稳定发展。从目前的情况来看,要保证国家的能源安全,一方面要抓好煤炭、油气的智能、绿色、安全、清洁、深度开发;另一方面要大力发展风能、太阳能、生物质能、地热能、氢能等新能源,扎实推进抽水蓄能电站等方面重点项目,推动传统能源和清洁能源优化组合。

4. 能源转型有利于产业可持续发展

能源产业在发展中面临经济发展和生态环境的双重压力。而改变传统的发展方式,实现经济社会的绿色发展,是建设社会主义生态文明的关键举措。绿色发展倡导的是一种低碳、环保、节约的发展模式,是处理"经济发展"与"生态环境保护"这对矛盾问题的一把"金钥匙"。

当前,在能源行业中大力推行绿色经济,实现行业发展绿色转型,积极推动能源供给的改革和创新,在促进不可再生能源的清洁高效利用、推进能源绿色生产和综合利用、大力发展清洁能源、构建全面安全的能源供应体系方面进行创新性发展,有利于探索出一条能源资源行业绿色转型的新路子,同时化解资源环境的困境难题。

5. 能源转型是高质量发展的必然要求

从人类使用能源的历史来看,从木材到煤、从煤到石油,人类对能源的使用都从高碳向低碳转变。而新能源,如太阳能、核能、生物质能、地热和氢能,具有自然的清洁和无碳特性。因此,用新能源来取代传统的化石能源,具有清洁、低碳化等特征,是未来发展的必然趋势。

目前,全球能源系统逐步形成了煤炭、石油、天然气、新能源"四分天下"的格局,新能源的消费和比重不断增加,低碳化、去碳化的趋势不断增强。"双碳"目标的达成,标志着以化石能源为主导的发展时代终结,进入了一个崭新的绿色发展时期:煤炭工业革命由高碳到清洁低碳,能源工业革命从化石能源到无碳新能源,能源管理革命从单能利用向多能融合智慧化转型。

1.1.2　能源利用现状

1. 我国能源消费总量

我国经济总保持中高速增长,能源需求持续增加,预计 2030 年"碳达峰"时,我国能源消费总量在 58 亿 t 标准煤左右，能源增量需求巨大，对能源安全稳定生产供应能力是巨大考验。

从"十三五"数据来看，2020 年我国能源消费总量达到了 49.8 亿 t 标准煤，比 2015 年增加 6.4 亿 t 标准煤，单位国民生产总值能源消耗下降 23.6%。我国能源消费结构进一步向绿色低碳转型，非化石能源消费增加 3.9 个百分点。煤炭消费比重降低；石油消费比重小幅增加；天然气消费占比增加 2.5 个百分点，涨幅 42%，天然气消费地位增加明显。

2. 一次能源生产与进口

我国是世界上最大的煤炭生产国，也是消耗大国，拥有世界上最大的煤矿产量。在"双碳"的背景下，对煤炭资源的开发利用提出了更高的要求。从统计上看，我国的煤炭产量和进口数量每年都在增长，其中进口约为 8%，而对煤炭的依赖程度则相对较低。2015—2021 年我国原煤生产量、煤及褐煤进口量如图 1-1 所示。

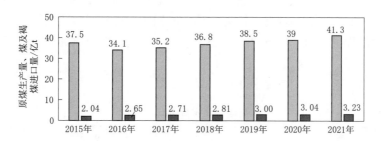

图 1-1　2015—2021 年我国原煤生产量、煤及褐煤进口量
■原煤生产量；■煤及褐煤进口量

石油是我国对外依赖最多的能源资源，2016 年以来我国石油产量在 1.95 亿 t 左右，石油进口量连年攀升，2019 年突破 5 亿 t 大关，当前石油总体对外依赖度在 70% 以上，处于较高水平。2015—2021 年我国原油生产量、进口量如图 1-2 所示。

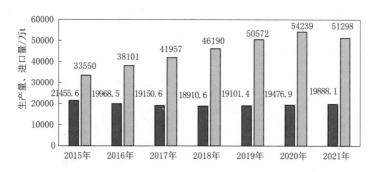

图 1-2　2015—2021 年我国原油生产量、进口量
■生产量；■进口量

受北方天然气取暖政策的影响，我国天然气消费总量逐年攀升，2018—2022 年年均增长 9% 以上，显著高于煤炭和石油增速。我国天然气生产量和进口量目前处

于双增局面，天然气对外依赖度 40%。2015—2021 年我国天然气生产量、进口量如图 1-3 所示。

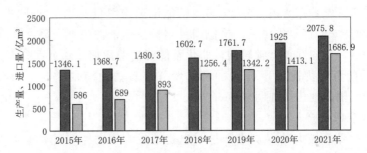

图 1-3　2015—2021 年我国天然气生产量、进口量

(注：天然气按 1t 为 1390m³ 计算)

■ 生产量；▨ 进口量

我国能源进口渠道呈现多元化，主要能源进口国家和地区有中东、俄罗斯、澳大利亚、巴西、美国、中亚等。除海上外，我国陆上能源通道主要有中俄东线天然气管道、中缅原油管道、中国-中亚天然气管道 C 线、中俄原油管道等四大油气进口通道。

我国能源主要进口国家见表 1-1。

表 1-1　　　　　　　　　　我国能源主要进口国家

序号	能源	主 要 进 口 国 家
1	石油	俄罗斯、沙特阿拉伯王国、伊朗、伊拉克、美国、尼日利亚
2	煤炭	澳大利亚、巴西、印度尼西亚、俄罗斯
3	天然气	俄罗斯、卡塔尔、哈萨克斯坦

3. 发电装机容量与发电量

电力是主要的二次能源形式，改革开放以来，我国电力行业发展取得了辉煌的成就，支撑了我国经济社会的繁荣与发展。我国发电装机容量不断增长，2021 年达到 23.77 亿 kW。2015—2021 年我国发电装机容量变化如图 1-4 所示。

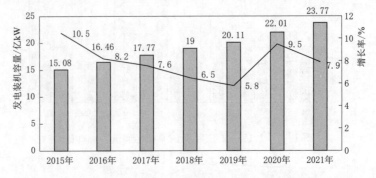

图 1-4　2015—2021 年我国发电装机容量变化

▨ 发电装机容量；——增长率

我国电力供应形式多样，火电装机容量最大，其次是水电，以风电、太阳能发电为代表的可再生能源装机容量增长迅速，"十三五"期间太阳能发电装机容量年均增长44.3%，风电年均增长16.6%。

从数据看，2015—2021年火电装机容量增加最多，为3.07亿kW，其次是太阳能发电、风电。核电装机容量增长较快，处于高速发展期。水电装机容量增长较为缓慢。2015—2021年各类型装机容量变化如图1-5所示。

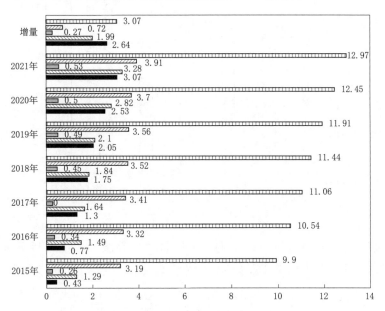

图1-5 2015—2021年各类型装机容量变化（单位：亿kW）

火电；水电；核电；风电；太阳能发电

2015—2021年我国发电装机容量结构来看，我国火电、水电装机容量占比明显下降，风电、太阳能发电、生物质能发电装机容量占比增长一倍以上，发展迅速，预计未来也将持续增长。

我国发电量持续增加，2021年发电量超8.5万亿kW·h。2015—2021年我国总发电量变化如图1-6所示。

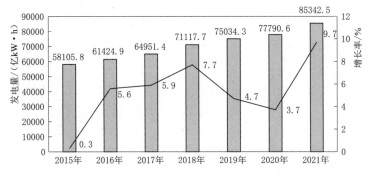

图1-6 2015—2021年我国总发电量变化

发电量；——增长率

分类型看，火电在我国电力供应中仍然占据主导地位，发电量逐年提升，占总发电量比重逐年下降，2016—2018 年占比年均下降 0.83%，2019—2021 年占比年均下降 1.1%，占比呈加速下降的趋势。2015—2021 年火电发电量及占比变化如图 1-7 所示。

图 1-7　2015—2021 年火电发电量及占比变化
发电量；——占比

水电受装机容量增速放缓的影响，发电量增速趋缓，占比逐年下降。2015—2021 年水电发电量及占比变化如图 1-8 所示。

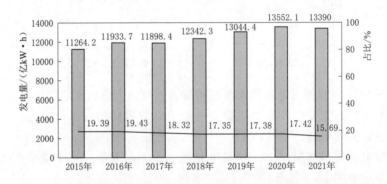

图 1-8　2015—2021 年水电发电量及占比变化
发电量；——占比

核电发电量增加迅速，占比不断增加。2015—2021 年核电发电量及占比变化如图 1-9 所示。

截至 2021 年年底，全国可再生能源发电累计装机容量 10.6 亿 kW，占全部电力装机容量的 44.8%。其中，风电、太阳能发电装机容量均突破 3 亿 kW。2022 年 1—5 月，全国可再生能源新增装机容量 4281 万 kW，占全国新增发电装机容量的 81%；可再生能源发电量突破 1 万亿 kW·h。我国风电、太阳能发电及其他能源发电占比从不到 5% 增长到 11.5%，未来增长空间巨大。

总的来看，未来我国仍有较大的能源增量需求，而在"双碳"目标面前，我们

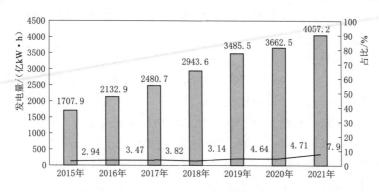

图 1-9 2015—2021 年核电发电量及占比变化
███ 发电量；──── 占比

必须要协同推进能源低碳转型与供给保障，同时要加快能源系统调整以适应新能源大规模发展，最终推动形成绿色发展方式和生活方式。

1.1.3 能源转型特征

随着我国能源革命推进，能源领域将发生"链式"变革，未来能源系统演化发展趋势将有以下 3 方面特征：

（1）横向多能互补，单一能源向综合能源转变。通过源侧风-光-水-火-储多能互补系统和负荷侧终端一体化供能系统，实现多能协同供应和梯级利用，打破各类能源"相对独立，各自为政"的壁垒，形成能源集成耦合网络。

（2）纵向"源-网-荷-储"协调，形成多能"供-需-储"自平衡体。能源生产和消费界限不再清晰，功能角色间可相互替代兼容。能源主体在供需和价格引导下自主决策能源供应、消费和存储，实现多能"供-需-储"垂直一体化。能源主体由单一能源的生产、传输、存储和消费，向多种能源生产、传输、存储和消费为一身的自平衡体转变。

（3）集中与分布式相协调。传统能源系统和主体间是自上而下集中式决策的资源配置模式。自平衡体首先通过"能源就近利用"实现分散化自我平衡，然后通过"能源自远方来"实现不平衡能量交换。能源系统的结构将转变为大集中与分布式相协调。

1.1.4 能源发展目标

"十四五"时期，构建以能耗"双控"和非化石能源目标制度为引领的能源绿色低碳转型推进机制。我国可再生能源将迎来一个新的发展时期，其特点如下：

（1）大规模发展，在跨越式发展基础上，进一步加快提高发电装机容量占比。

（2）高比例发展，由能源电力消费增量补充转为增量主体，在能源电力消费中的占比快速上升。

（3）市场化发展，由补贴支撑发展转为平价低价发展，由政策驱动发展转为市场驱动发展。

（4）高质量发展，在保证供电安全性和可靠性的前提下，既要加强新能源大规模开发，又要提高消纳水平。

能源发展目标如下：

（1）能源保障更加安全有力。到 2025 年，国内能源年综合生产能力达到 46 亿 t 标准煤以上，原油年产量回升并稳定在 2 亿 t 水平，天然气年产量达到 2300 亿 m^3 以上，发电装机总容量达到约 30 亿 kW，能源储备体系更加完善，能源自主供给能力进一步增强。重点城市、核心区域、重要用户电力应急安全保障能力明显提升。

（2）能源低碳转型成效显著。单位 GDP 二氧化碳排放五年累计下降 18%。到 2025 年，非化石能源消费占比提高到 20% 左右，非化石能源发电量占比达到 39% 左右，电气化水平持续提升，电能占终端用能比重达到 30% 左右。

（3）能源系统效率大幅提高。节能降耗成效显著，单位 GDP 能耗五年累计下降 13.5%。能源资源配置更加合理，就近高效开发利用规模进一步扩大，输配效率明显提升。电力协调运行能力不断加强，到 2025 年，灵活调节电源占比达到 24% 左右，电力需求侧响应能力达到最大用电负荷的 3%~5%。

（4）创新发展能力显著增强。新能源技术水平持续提升，新型电力系统建设取得阶段性进展，安全高效储能、氢能技术创新能力显著提高，减污降碳技术加快推广应用。能源产业数字化初具成效，智慧能源系统建设取得重要进展。"十四五"期间能源研发经费投入年均增长 7% 以上，新增关键技术突破领域达到 50 个左右。

（5）普遍服务水平持续提升。人民生产生活用能便利度和保障能力进一步增强，电、气、冷、热等多样化清洁能源可获得率显著提升，人均年生活用电量达到 1000kW·h 左右，天然气管网覆盖范围进一步扩大。城乡供能基础设施均衡发展，乡村清洁能源供应能力不断增强，城乡供电质量差距明显缩小。

1.2　配用电技术发展历程与现状

面对未来的"混合能源时代"，我国迫切需要以新的技术革命和产业革命为支撑点，以科学、环保、可持续的发展方式取代过去的粗放发展方式。因此，为了保证电力系统在国民经济建设中继续发挥中流砥柱的作用，智能电网在我国迅速发展。与此同时，各种配用电技术的飞速发展也为智能电网的发展奠定了坚实的基础和动力。

1.2.1　发展历程

当前各国智能电网建设情况如火如荼，但是由于各国国土面积相差较大，所拥有的自然资源也不同，且电力工业发展差异明显，因此结合自身国情的特点与社会经济发展需求，各国对智能电网实施重点与政策力度也呈现很大差异，形成了各自的发展方向和技术路线。

1. 国外智能电网发展历程

（1）美国智能电网发展战略推进过程，较清晰地表现为三个阶段，可归纳为"战略规划研究＋立法保障＋政府主导推进"的发展模式，是典型的美国国家发展战略推进模式。在美国能源部（DOE）的大力推动下，2002—2007年，美国依次形成了《国家输电网研究》（2002）、《Grid 2030——美国电力系统下一个百年的国家愿景》（2003）、《国家电力传输技术路线图》（2004）、《电力输送系统升级战略规划》（2007）等具有延续性的系列战略研究与规划报告，为后续立法和政府主导实施奠定了良好基础。2007年年底由时任美国总统布什签署了《能源独立与安全法案》（EISA2007），2009年初由时任美国总统奥巴马签署了《美国恢复和再投资法案》（ARRA2009）。EISA2007第13章标题就是智能电网，它对于美国智能电网发展具有里程碑意义，不仅用法律的形式确立了智能电网发展战略的国策地位，而且设计了美国智能电网整体发展框架，就定期报告、组织形式、技术研究、示范工程、政府资助、协调合作框架、各州的职责、私有线路法案影响以及智能电网安全性等问题进行了详细和明确的规定。在以上两份法案指导下，以DOE为首，美国相关政府部门从2008年起采取了一系列行动来推动智能电网建设。

（2）欧洲。2006—2008年，欧盟依次发布了《欧洲未来电网的愿景与战略》《战略性研究计划》《战略部署文件》等三份战略性文件，构成了欧盟的智能电网发展战略框架。欧洲智能电网发展的最根本出发点是推动欧洲的可持续发展，减少能源消耗及温室气体排放。围绕该出发点，欧洲的智能电网目标是支撑可再生能源以及分布式能源的灵活接入，以及向用户提供双向互动的信息交流等功能。欧盟计划在2020年实现清洁能源及可再生能源占其能源总消费20%的目标，并完成欧洲电网互通整合等核心变革内容。

2. 国内智能电网发展历程

我国作为发展中国家，社会经济发展的质量和速度离不开电力的支撑和保障。我国政府多次明确了智能电网的战略发展规划和社会意义，在政府工作报告中也着重强调了智能电网在我国社会经济发展中所发挥的重要作用。国家电网有限公司充分发挥"大国重器"和"顶梁柱"的作用，在"2009特高压输电技术国际会议"上首次提出了我国的智能电网发展规划，并确立了总体发展目标，即加快建设以特高压电网为骨干网架、各级电网协调发展的坚强电网，利用先进的通信、信息和控制技术，构建以信息化、数字化、自动化、互动化为特征的自主创新、国际领先的坚强智能电网。

我国于2009年正式实施了智能电网规划，自此拉开了智能电网建设序幕。按照国家规划，2009—2010年是智能电网规划试验阶段；2011—2015年是智能电网全面建成的时期；2016—2020年是智能电网发展的重要时期。

2020年末，我国已基本全面建成统一的坚强智能电网，技术和装备达到国际先进水平。根据我国发布的"十四五"规划中的内容，我国下一步电力能源的发展方向将转向新能源方向。

1.2.2　发展现状

智能电网是全球能源与经济发展的必然趋势。近年来，我国在这方面的研究工作取得了丰富的成果和实践经验，受到了世界各国的普遍关注。本节从智能配电、智能用电、智能信息量测三大领域出发，系统评述我国在配电自动化（Distribution Automation，简称 DA）、分布式能源与微电网、电力需求侧管理、储能、智能信息量测 5 个方面的关键技术的发展现状。

1.2.2.1　智能配电技术

智能配电网作为智能电网的重要一环，在电力工业中具有重要作用。其覆盖了 110kV 及以下的网络，是整个电力系统与用户侧直接相连的部分。与西方发达国家相比，我国智能电网研究起步较晚，技术应用和经验不足，但经过多年的研究和发展，我国的智能电网，特别是智能配电技术研究已有了很大的突破。

1. 配电自动化技术

配电自动化是指在配电网一次网架和设备的基础上，综合运用计算机、信息和通信技术，并与相应的应用系统进行信息整合，从而达到监测、控制、快速隔离故障的目的。

国外配电自动化技术起步较早。美国、日本、德国、法国等国家的配电系统已经形成了集变电站自动化、馈线分段开关测控、电容器组调节控制、用户负荷控制和远方抄表等于一体的配电网管理系统（Distribution Management System，简称 DMS），其功能已多达 140 余项。其中法国、日本的配电自动化覆盖率分别达到 90%、100%。在我国，配电网的基础比较薄弱，配电系统的发展也比较滞后。2014 年上半年，国家电网有限公司启动了配电网标准化工作，其中第一次将配电自动化主站和配电自动化终端列入了招标范围，其中主要涉及 23 个配电自动化主站和 35009 个配电自动化终端。根据国家电网有限公司发布的数据，我国配电自动化终端和配电自动化覆盖率见表 1－2，2017 年我国配电自动化线路覆盖率为 47%，2018 年达到 60%，2020 年配电自动化覆盖率达到 90%。

表 1－2　　　　　我国配电自动化终端和配电自动化覆盖率

年份	馈线终端/（台/套）	站所终端/（台/套）	配变终端/（台/套）	故障指示器/（台/套）	配电自动化覆盖率/%
2017	39350	32020	22125	453800	47
2018	54168	25988	49374	428719	60
2019	90635	24566	138505	244507	—
2020	3585	4739	273308	165462	90

近几年，随着计算机、通信技术的飞速发展，人们对配电自动化的认识不断加深，通过各有关厂商、企业的不断努力，使得国内的配电自动化技术和一次电力设备的成熟度不断提高。

（1）配电自动化主站系统技术取得较大的进展，国内一些主要的生产厂商近年来开发或改进了自己的主站产品，使其更具有配电网的特色，并在一些新建配电自动化和改建的系统升级中得到应用，成为配电网调度和运行管理的重要工具和手段。

（2）配电自动化的终端设备相对成熟，运行稳定。有关部门的检测结果显示，部分国产设备的性能指标已接近或超越国外，在全国范围内的使用也反映出，我国优良的配电自动化终端设备能够经受住时间和恶劣环境的考验。

（3）光纤通信技术在配电自动化系统中得到了成功的应用，能够满足配电数据传输和实时控制的有效性和可靠性要求。目前，通用无线分组业务（General Packet Radio Service，简称 GPRS）和码分多址（Code Division Multiple Access，简称 CDMA）技术在电力系统中的应用越来越广泛，逐渐成为电力系统中的一种重要技术。数字中压配电载波技术也已在实际应用中取得了突破性进展，并已成功地应用于某些配电自动化系统。

（4）地理信息系统（Geographic Information System，简称 GIS）在配电自动化系统中的应用取得了重大突破。随着 GIS 技术在电力公司的推广应用，一些地区和城市已经开始进入实际应用阶段，并在实际运行中取得了良好的效果，同时，GIS 也为电力行业的建模和图形显示提供了良好的技术支持。

（5）在 IEC 61970、IEC 61968 等规范的实施下，新一代配电自动化系统普遍采用公共信息模型（Common Information Model，简称 CIM），并根据配电网特性进行了扩展。有的研究单位还开发出基于 IEC 61968 标准的信息交换总线，为各种应用之间的集成、整合信息孤岛创造了条件。

2. 分布式能源与微电网技术

我国的分布式发电装机容量持续增长。2021 年，新增光伏发电装机容量 5300 万 kW，其中，新增的分布式光伏发电装机容量约为 2900 万 kW，占新增光伏发电装机容量的 55%，历史上第一次超过 50%。即使目前我国分布式光伏发电呈高速增长态势，但整体来看，分布式能源系统还处于起步阶段，尚未形成经济化的产业规模。

主动配电网（ADN）技术是伴随着大规模的分布式能源接入而产生的。其中，规划接入技术、保护技术、储能技术、能量管理技术、即插即用技术、电能质量控制技术等，是目前主动配电网解决高渗透率的分布式能源接入的关键技术。

2008 年国际大电网会议（CIGRE）的 C6.11 工作组所发表的报告《主动配电网运行与发展》中首次明确提出了主动配电网的概念，其基本定义为：能够对分布式能源进行主动控制和主动管理，可通过灵活的拓扑结构调整来管理网络潮流的配电系统，基于合理的监管环境和接入协议分布式能源能够对系统承担一定的支撑作用。主动配电网的提出旨在对应风光等多类型分布式能源的入网及消纳。但与当前分布式电源接入规模相比，我国主动配电网的建设还有很长的路要走。

国际上普遍认为微电网是提高分布式能源利用效率的一种有效方法。在分布式能源渗透率高的地区和偏远地区，利用微电网可以增加分布式能源的消纳能力，解决偏远地区电力供应问题。微电网需要解决的问题包括：多源储能控制、微电网协调控制、黑启动控制、保护配置、经济优化调度等。目前，国家电网有限公司、南方电网有限责任公司等能源企业正在积极布局开拓综合能源服务市场，探索多能互补、分布式能源集成优化等关键技术，其中，微电网作为能源互联网的重要市场主体，可提供多能综合利用服务，并参与电量交易及提供调峰等多种辅助服务，市场前景广阔。

截至 2021 年，我国已建成山东长岛、广东珠海大万山岛、广东珠海担杆岛、海南三沙永兴岛、江苏灌云县开山岛等微电网项目，其中既有并网型微电网，也有离网型微电网，均提高了海岛供电可靠性。

1.2.2.2　智能用电技术

构建灵活、互动的智能用电是智能电网的重要任务，包括信息和电能的双向互动，鼓励用户改变传统的用电消费方式，积极参与电网运行，实现分布式电源并网运行方式。目前我国的智能用电实践以电力需求侧管理（Demand Side Management，简称 DSM）、储能充放电服务为主。

1. 电力需求侧管理

电力需求侧管理是指对用电一方实施的管理。这种管理是国家通过政策措施引导用户高峰时少用电、低谷时多用电，提高供电效率、优化用电方式的办法。

电力需求侧管理是我国 20 世纪 90 年代引进的，但一直未能得到广泛的普及。直到 2010 年国家发展改革委印发了《电力需求侧管理办法》（发改运行〔2010〕2643号），2012 年将北京、苏州、唐山、佛山四个城市设立为首批电力需求侧管理城市综合试点。

自 2014 年起，除了唐山外，北京、佛山以及江苏已经成功地开展了一些需求侧的响应计划，基本上在每年夏天进行一到两次。江苏在实施范围和响应能力方面都是全国最好的。但由于目前基础设施不完善、电价机制尚未健全、激励机制不成熟，难以充分引导需求侧灵活性资源的释放，导致国内需求侧响应实施规模还偏小，调节方式相对单一，主要通过电力负荷的时序转移和有序用电实现"削峰"，以应对迎峰度夏、迎峰度冬等特定时段电力不足的挑战。

在 2015 年，国务院就颁发出相关文件，文件中强调了"互联网+"的重要性，明确它是互联网成果和社会各个领域实现深度融合的形式，而虚拟电厂技术就是互联网和能源管理的融合体现。虚拟电厂作为一种新型的电力需求侧管理方式，它可以把风电、电动汽车、光伏发电和储能等多种形式的分布式能源聚合起来，并将其纳入电力系统的调度和电力市场运营，将电力市场的价格信号当作驱动，通过先进的控制手段对分布式能源进行协调管理，提升含分布式能源的电网性能，促进能源的利用效率。

目前，欧美等发达国家的虚拟电厂发展较快，但就我国的国情而言，虚拟电厂的建设尚处于起步阶段，存在着对虚拟电厂的定位和功能认识不清、标准不统一的问题，缺乏有效的激励和市场机制。另外，由于我国发电、输电、用电三个方面都是独立的，所以目前国内示范工程较少，一般是通过电网企业所设立。

2. 储能技术

目前，可用于商业使用的储能技术有抽水蓄能、压缩空气储能、飞轮储能、锂电池储能、铅酸电池储能、蓄热储能等，此外，重力储能也是近年来蓬勃兴起的一种储能技术。

根据中国能源研究会储能专委会/中关村储能产业技术联盟（CNESA）全球储

能项目库的不完全统计，截至 2022 年年底，全球已投运电力储能项目累计装机容量 237.2GW，年增长率 15%。抽水蓄能累计装机规模占比首次低于 80%，与 2021 年同期相比下降 6.8 个百分点；新型储能累计装机容量达 45.7GW，是去年同期的近 2 倍，年增长率 80%，锂离子电池仍占据绝对主导地位，年增长率超过 85%，其在新型储能中的累计装机占比与 2021 年同期相比上升 3.5 个百分点。我国电力储能市场累计装机容量（2000—2022 年）如图 1-10 所示。

"十三五"时期我国储能技术得到快速发展。在储能本体技术方面，储能用锂离子电池循环寿命、能量密度等关键技术指标得到大幅度提升，应用成本快速下降，且实现了百兆瓦级储能电站系统集成应用；其他新型储能技术如压缩空气储能技术指标已经领跑全球，并且实现了十兆瓦级示范应用。在储能应用技术方面，初步掌握了储能容量配置、储能电站能量管理、源-网-荷-储协同控制等关键技术，先后开展了大容量储能提升新能源并网友好性、储能机组二次调频、大容量储能电站调峰、分布式储能提升微电网运行可靠性等多样性示范工程，相关核心技术指标也达到国际先进水平。

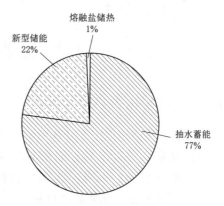

图 1-10 我国电力储能市场
累计装机规模（2000—2022 年）

在储能技术支撑体系方面，我国初步建立了电力储能标准体系，先后发布国家标准 13 项、能源行业标准 35 项、各类团体 140 余项，主导并参与 IEC 和 IEEE 国际标准 6 项。

目前我国主流储能技术总体达到世界先进水平，储能用锂离子电池具备规模化发展的基础，液流电池、压缩空气储能技术已进入商业化示范阶段，基本实现了关键材料和设备的国产化。

1.2.2.3 智能信息量测技术

新能源大规模开发并网使电力系统"双高""双峰"特征日益凸显，复杂的能源供需优化平衡需要最大限度获取电力系统各节点的信息。新形势下，应加快构建高级量测体系（Advanced Metering Infrastructure，简称 AMI），发展智能信息量测技术，逐步实现电力系统可观、可测与灵活互动，服务新型电力系统构建。

在 AMI 中，用电信息采集系统为其提供了重要的物理基础。国家电网有限公司在"十三五"期间建成的用电信息采集系统覆盖终端超过 5.1 亿用户。

用电信息采集系统是智能电网双向用电的基础和核心，包括主站、终端、智能电表、通信信道等，可以实现远程抄表、自助充值、实时用电监控、线损监测、有序用电管理等功能。我国在用电信息采集的技术标准方面发展迅速，在国际上处于领先水平。2020 年国家电网有限公司及南方电网有限责任公司发布了智能物联电能表、智能网关终端技术规范，标志着进入新一代智能电表时代。新一代智能电表能够模组化设计，可以支撑智能设备的连接以及用电用户的交互。自 2009 年以来，随着智能电网建设的逐步推进，我国智能电表覆盖率不断提升，其中国家电网智能电表及用电信息采集覆盖率达到 99% 以上，基本实现全覆盖。

在当前智能电网的背景下，我国已经建设了"全覆盖、全采集、全费控"的用户用电信息采集系统。并且，基于信息共享、能源互联网交互和大数据处理等新技术，用户用电信息采集系统在有序用电和负荷控制、高速宽带电力线载波深化应用、配变监测、台区体检、远程开户以及远程充值优化提升等多项业务方面取得了深化应用的显著成效。

1.3　配用电技术发展趋势

1.3.1　新型电力系统的挑战

当前，我国正处于工业化后期，经济对能源的依赖程度高，而我国能源消费以化石能源为主，2020 年化石能源占一次能源比重达 84%。"双碳"目标下，我国能源结构将加速调整，清洁低碳发展特征愈加突出。

1. 电网中各类发电装机现状

我国发电装机容量现状见表 1-3。

表 1-3　　　　　　　我国发电装机容量现状（截至 2021 年年底）

发 电 类 型		装机容量/×10³ kW	装机容量占比/%	装机容量同比增长/%
绿色低碳	风电	3.3	13.81	34.6
	太阳能发电	3.2	13.39	24.1
	水电	3.7016	15.49	3.4
	核电	0.4989	2.09	2.4
火电	煤电	10.800	45.2	4.7
	天然气、生物质能等发电	1.6517	6.91	9.6
其他	地热能、氢能等发电	0.004	0.017	0.003

2. 面临的挑战

新能源具有典型的间歇性特征。以电动汽车为代表的新型负荷尖峰化特征明显，最大负荷与平均负荷之比持续提升。发电侧随机性和负荷侧峰谷差加大将对传统电力系统造成较大的冲击，要实现构建以新能源为主体的新型电力系统愿景目标，还需要应对以下问题：

（1）电网结构方面。从表 1-3 可以看出，煤电装机容量占比仍然高达 45.2%。加快煤电电源结构转型是清洁和低碳能源转型的主线。如何定位煤电，如何发展煤电，如何改造现有煤电机组，是"双碳"目标下需要解决的难题。

（2）电网对新能源消纳方面。随着电力需求的增长，新能源发电将迅速扩大，2021 年电网发电装机容量同比增长 9.6%，其中 34.6% 为并网风力发电，24.1% 为并网太阳能发电。

（3）电网运行方面。电力系统是由发电站、输电网络、配电线路、电力用户和控制系统组成的复杂体系，具有瞬间响应、及时平衡的特点，发电、用电之间要随时保持平衡。具有间歇性、波动性、随机性特征的新能源发电的快速发展，对电网调频调峰提出了挑战。同时，我国用电负荷中心与新能源发电基地存在逆向分布，大规模的新能源电力由西北向东南负荷中心输送，也给电网运行带来风险。安全稳定运行是电网的首要任务，新能源的高渗透率给电网的调度、运行带来了风险和挑战。

（4）源-网-荷协调统一方面。随着我国经济的快速增长，对供电的"量"（数量）的要求越来越多，对供电的"质"（品质）的要求也越来越高。新能源电力的快速发展，电网规模的不断扩大，源-网-荷-储各环节高效协调互动以及源-网-荷之间的协调统一，如何发挥储能在新型电力系统中的作用，从而确保电力供应的"质"和"量"，是电力行业必须面对的又一挑战。

1.3.2　智能配电技术及发展趋势

1. 智能配电技术

（1）高级配电自动化技术（Advanced Distribution Automation，简称 ADA）作为配电网管理和控制方式上的一项重要进步成果，实现了对分布式电源和配电系统的自动化和全面控制，促进了系统性能的优化。

智能配电网中的 ADA 技术是一项非常复杂并具有高综合性的系统工程，电力企业中与配电系统相关的全部功能数据流和控制均包含其中，是智能配电网建设中的关键性技术。和传统的配电自动化技术相比较，ADA 技术对分布式能源的接入是支持的，在柔性配电设备中能够进行协调控制。同时，ADA 技术还为智能配电系统提供了实时仿真分析和辅助决策的功能，支持着高级应用软件和分布式智能控制技术。另外，在智能配电网中的应用中，ADA 技术也可以实现对有源配电网的监控和信息的高度共享，具有良好的开放性和可拓展性。

（2）智能配电网调度技术。智能配电网中调度技术通过对配电网全景信息进行一体化的优化调度计划，并获取信息支撑，从而建立一套智能型的运行控制体系和智能调度技术支持系统。在智能配电网中，其调度技术实施的核心为在线实时决策指挥，其中，智能预警技术、优化调度技术、系统快速模拟与仿真技术、事故处理与恢复技术以及预防控制技术等均包含其中。从某种意义上来讲，智能配电网中的调度技术就是对现有配电网调度控制功能的延伸与拓展。从目前我国部分地区的配电网调度分析来看，其还存在着配电网监视、控制不足、调度管理粗放、配网故障处理不够迅速等多方面问题。为解决这些问题，电力企业不仅需要将智能配电调度技术应用其中，还需要加强对系统覆盖面的建设，拓宽信息的监视功能，利用智能配电网中自愈技术提高故障的快速处理能力。

2. 智能配电技术的发展趋势

随着智能电网的发展，未来电网的发展形势也应符合国家能源战略需要。总的来说，电网发展要适应清洁能源开发利用、促进节能减排、推动电网发展方式转变等方面，主要体现在以下方面：

（1）解决多种类型分布式能源的安全高效接入和控制问题，满足分布式能源并网的运行需求。为了实现大量、多类型的分布式间歇性能源的并网和安全高效运行，迫切需要解决分布式能源的有序接入、协调控制和能量优化管理问题。通过研究高精度天气预报技术，提高分布式发电的预报精度，研究储能和主动配电网技术，完善分布式发电、电动汽车等需求侧资源的调控技术手段，可以解决分布式能源的安全高效接入和控制问题，实现分布式能源的高效利用，促进我国分布式能源的发展。

（2）在物联网和云计算、大数据技术方面发挥作用，促进能量流、信息流和业务流的深度融合。能源流、信息流、业务流的高度融合是智能电网的发展趋势，是必须突破能源信息的检测、可靠传输和智能处理的完整技术。需要开展电力信息统一建模技术、新型电力传感技术、电力物联网技术、海量数据云处理技术和基础服务云平台技术的研究，打破系统各环节和应用之间的资源壁垒，实现电力物理体的深度感知和电力业务的跨域协同，实现海量数据的深度挖掘，大幅提升电力系统的智能化水平。

1.3.3　智能用电技术及发展趋势

智能用电技术现在已经开始逐步进入人们的日常生活中。智能用电技术可以打破以浪费、缺电等现象为特征的传统用电模式，积极推动我国电力向智能化、信息化方向发展。

1. 智能用电技术

（1）智能电表技术。智能电表在电网中的应用十分重要，是智能用电与用户之间相关联的接口设备。在我国智能电表的推广与应用中，对电表的建设标准制定十分重视。通常对智能电表的预期使用寿命是 10 年以上，15 年以下。我国配电网大多是 110kV 及以下电网，通常配电变压器所覆盖范围内的用户数量为 5～7 户，配电变压器与用户所使用的电表之间较少情况下会通过电力线载波技术实现通信，该技术的使用在通信中的性能较差，一定程度上需要增加数据集中器，但是会导致通信成本的增加。智能电表能够有效解决通信问题，控制经济成本，且在无线通信技术的支撑下，智能电表的应用效果更加良好。

（2）通信网络技术。通信网络是电力公司、用户侧和负荷之间信息交互的枢纽，因此，通信网络必须具有开放式双向通信标准。随着越来越多的用户实现智能用电，电力通信网络具有系统规模大、结构复杂等特点，所包含的用户侧负荷和信息数量多且过于分散，传统相对单一的通信方式已不能满足用户侧对传输能力和可靠性的需求。因此，需要采用以光纤通信为主，电力载波、电力线宽带、无线通信等多种通信方式互为补充的网络通信结构，以满足电力信息采集、供用电服务和相关业务数据的交互等多种通信需求。

（3）用户侧能源管理系统。用户侧能源管理系统可以通过信息流调节能源流，保证用户侧用电的安全和效率，被公认为用户侧智能用电运行的"大脑"。通过合理组织负荷消费计划，对分布式储能进行充放电，用户可以适应电网的负荷需求（减少高负荷期的用电需求，增加低负荷期的用电需求）或适应电价变化（减少高费率期的用电需求，增加低费率期的用电需求），从而达到节约能源、提高用电效率和可靠性的目标。用户侧能源管理系统可以通过收集和读取电力负荷消耗的电力信息，监测智能电力系统的功率输出，并传输到用户侧，用户侧可以根据相关信息自动响应需求。用户侧能源管理系统还可以将用户侧的负荷信息传输给电力公司等相关部门，并利用大数据、云计算等先进技术对用户的用电信息进行分析，合理组织电网运行方式。

（4）需求响应技术。新型电力系统的核心特征在于可再生能源占据主导地位，但大规模可再生能源接入给电力系统带来极大挑战，使潜力大、成本低的需求侧可控资源在平抑可再生能源间歇性和维持系统功率平衡中的重要性陡增。随着高比例可再生能源接入电力系统，供给侧波动性不断增大，新型电力系统对需求侧的要求从电力供需平衡的单一目标逐渐向电网辅助服务、低碳节能减排多样化方向发展，电力需求响应技术可以将电力需求变为柔性需求，以适应风能、太阳能等可再生能源发电的间歇特性，解决可再生能源并网的天然内在缺陷，有效提升电网灵活调节能力和弹性恢复能力。电力需求响应系统组成结构如图1-11所示。

（5）用能信息标准化。随着我国电力能源建设规模的不断扩大，为保证电力系统的安全运行，确保用户用电的稳定与安全，电力公司在发展中提出了用能信息标准化，为用户提供更好的能源消费信息，保证用户的直接利益。通过与互联网技术的结合，用户能够定时对自身所消耗的数据做到充分地掌握，为了保证用户能源信息的有效共享，为用户信息数据的应用提供方便，需要设立规范化的数据标准，促进用户能源消耗的有效控制，达到节约能源的发展目的。

2. 智能用电技术的发展趋势

智能用电技术是智能电网的重要组成部分，核心特征是实现电网与用户能量流、信息流、业务流的灵活互动。但是，近些年来，随着科学技术的快速发展，我国的智能用电技术的发展面临以下几个方面的问题：

（1）智能用电技术的应用普及率较低。近些年来，尽管我国已经充分重视智能用电技术的价值，在实践过程中有一定程度的应用，但是在应用过程之中还是以城市为主，这就造成了智能用电技术的普及程度较低。

（2）智能用电技术的应用领域较为狭隘。在最近些年的发展过程中，我国开始不断强化对智能用电技术的应用扶持，但是总

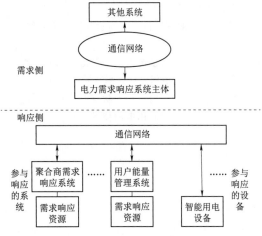

图1-11　电力需求响应系统组成结构图

体上来看，应用领域是较为狭隘的，多数只是简单看电费余额以及用于缴纳电费等。

（3）智能用电技术的应用费用相对较高。虽然智能用电技术的价值已经得到了较为普遍的重视，但之所以无法得到推广应用，其中一个很重要的原因就在于应用费用偏高。

（4）智能用电技术还处于发展期。目前，尽管我国在智能科技领域取得了较好的成绩，但是在具体的发展过程中，各种技术还存在不够成熟的情况。正是在这种背景下，很多企业和用户对这一领域的应用还存在着明显的观望态度，从而无法积极地选择应用。

因此，未来智能用电技术的发展应该朝着推动智能用电技术的成熟、扩大智能用电技术的应用场景、加强智能用电技术的基础设施建设的方向发展。

参 考 文 献

［1］ 邹才能，何东博，贾成业，等. 世界能源转型内涵、路径及其对碳中和的意义［J］. 石油学报，2021，42（2）：233-247.

［2］ 左学金. 我国特大型城市生态化转型发展：如何让市场机制发挥作用［J］. 城乡规划，2019（4）：30-33.

［3］ 王爱花. 两化融合对环境污染影响的质效分析及地域差异［J］. 南宁师范大学学报（哲学社会科学版），2020，41（6）：68-82.

［4］ 赵旭州. 智能电网发展态势理解方法研究［D］. 北京：华北电力大学，2021.

［5］ 谭晓虹，谭靖，黎敏，等. 浅析农村电网中配电自动化规划［J］. 红水河，2021，40（5）：63-66.

［6］ 宋璇坤，韩柳，鞠黄培，等. 中国智能电网技术发展实践综述［J］. 电力建设，2016，37（7）：1-11.

［7］ 刘倩倩. 风电波动成本分析及相应的源荷互动研究［D］. 南京：东南大学，2018.

［8］ 童家麟，洪庆，吕洪坤，等. 电源侧储能技术发展现状及应用前景综述［J］. 华电技术，2021，43（7）：17-23.

［9］ 刘晨，白泰，王家驹，等. 用户用电信息采集系统的深化应用研究综述［J］. 电测与仪表，2022，59（2）：1-8.

［10］ 杨若朴. "双碳"目标下构建新型电力系统的挑战与对策［J］. 中外能源，2022，27（7）：17-22.

［11］ 李剑白. 浅析智能配电网中关键技术的应用［J］. 数字技术与应用，2013（11）：95.

［12］ 王益民. 智能电网发展回顾与展望［J］. 中国公共安全（综合篇），2013（21）：215-217.

［13］ 张彦涛. 智能用电发展现状与趋势分析［J］. 通信电源技术，2018，35（8）：182-184.

［14］ 潘军永. 互动智能用电的技术内涵及发展方向［J］. 电气技术与经济，2020（3）：22-24.

第1章
习题

第2章 通用支撑技术

构建新型电力系统面临诸多挑战，也催生出许多新的支撑技术。本章从数字化、信息化、人工智能三个角度对新型电力系统的通用支撑技术进行了阐述。

2.1 数字化技术

2.1.1 大数据技术

随着互联网的发展，数据体量越来越大，系统对数据质量和实时性要求越来越高，商业模式对数据应用的依赖也越来越强，这些都成为商业发展过程中不可逾越的屏障，推动着整个大数据技术体系的演进。在大数据技术应用的各个领域中，电力系统对电力大数据处理技术的要求较为严格，传统数据分析技术不能满足要求，因此，在电力系统中对大数据技术进行剖析和阐明具有重要的意义。

1. 电力大数据概述

（1）电力大数据概念。《电力大数据应用现状及前景》《电力大数据应用的判断原则》等文章将电力大数据定义为"电力大数据是指通过传感器、智能设备、视频监控设备、音频通信设备、移动终端等设备，获取到的海量的结构化、半结构化、非结构化的，且相互间存在关联关系的业务数据集合"。传统数据与大数据的差异见表2-1。

表2-1 传统数据与大数据的差异

差 异 特 征	传 统 数 据	大 数 据
数据量	GB→TB	TB→PB 以上
多样性	结构化数据	结构化、半结构化、非结构化数据
速度	批量处理	持续产生实时数据，及时处理

（2）电力大数据主要特征。电力大数据的特征可概括为3"V"3"E"。其中，3"V"是体量、类型、速度，3"E"是能量、交互、共情，六大特征的表现如图2-1所示。

1）体量。电力大数据主要特点之一是数据体量大。以电力生产环节为例，随着电力生产的不断发展，对环境温度、压力、频率等指标的监测精度和质量要求不断提高，对大量数据的收集、处理也日益严格。在功耗方面，每次采集频率的增加都将导致数据的数量级飞速增长。

2）类型。电力大数据的类型可以大致分为三类：半结构化数据、非结构化数据、结构化数据。当前，音视频采集设备已应用在电力系统中的方方面面，音视频数据在非结构化数据中占比越来越高。此外，电网数据除来源于电网本身以外，有时，还需要收集大量的气象和水文资料。

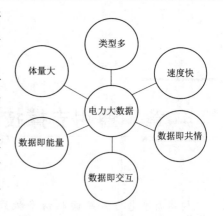

图 2-1　电力大数据六大特征的表现

3）速度。主要是指数据采集、处理和分析数据快慢的能力。电力系统业务对大数据处理时间的要求较高。通常情况下，电力大数据对系统运行状态的反馈时延要小于 1s。

4）能量。电力大数据是大数据技术在电力系统中的价值体现。在电力系统运行的各个环节，应用大数据技术可以降低电能损耗，从而间接地提高了电能的最终可利用量。大数据技术在电力系统中的应用，就是对能源的无谓损失进行回收。

5）交互。电力系统与国家经济密切联系，交流互通。电力大数据的价值不仅体现在电网上，而且也反映在经济发展、社会进步、工业发展等各个领域。为了更好地发挥大数据技术的作用，需要深入地研究和探索电力数据的采集、分析和解释。这将会有效地解决电力系统在供电环节与用电环节中存在的问题，改善当前电力系统"重视发电、轻视供电、不管用电"的不足，促进电力系统与其他产业的交流融合，达到共赢目的。

6）共情。传统电力行业通常"以电力生产为中心"，电力大数据在某种程度上推动其向着"以用户为中心"的转型，其本质是聚焦于电力用户。电力公司需要进一步挖掘用户的用电需求，并通过建立服务型部门，为客户提供服务，实现共情双赢。

（3）电力大数据主要来源。电力大数据的数据源主要来自电力生产、智能电网、电力管理和运营三个方面。

1）电力生产大数据。电力生产过程中发电、维护、安全三个方面是电力生产大数据的主要来源。而根据数据的类型，又可以将其划分为设备全生命周期数据和实时生产数据两大类。数据处理技术随数据类型的不同而不同：通常使用批处理技术处理设备全生命周期数据，处理结果有助于设备运维；而实时数据一般采用流处理技术处理，便于电力生产的实时调控。

2）智能电网大数据。智能化电网的根基在于遍布各处的音视频采集设备以及传感器所采集到的数据，并通过计算机网络通信技术，将收集到的数据利用大数据技术进行处理，进行电能监测和调度。

3) 电力管理和运营大数据。电力企业同其他类型的企业一样，业务决策需要大量的生产和管理报告。电力管理和运营大数据的处理需要数据挖掘与分析部门联合运营部门，通过多个学科的协作，对数据进行挖掘和分析，再对分析结果进行合理的解释并展示给决策者。

2. 大数据的关键技术

大数据的关键技术包括数据抽取与集成、数据分析和数据解释三个方面。

（1）数据抽取与集成。现有的数据抽取与集成方法主要是基于引擎（Extract - Transform - Load，简称 ETL）和搜索引擎。对类型多样的数据进行抽取和集成是有效提高数据质量的关键步骤，也是对已获取的数据进行分析之前的预处理程序。

（2）数据分析。数据分析方法在大数据领域尤为重要，可以说是决定最终信息是否有价值的决定性因素。常用的数据分析方法有：数据挖掘算法、机器学习、用于推荐系统与决策支持的统计分析等。

（3）数据解释。数据分析是大数据处理的核心，然而在实际应用中，企业和用户往往更关心的是对于数据分析结果的解释。如何采用合适的方式展示数据，使其让人易于理解，是数据解释的一个重要方面。数据解释的方法较多，较为科学的办法是引入可视化技术。该方法通过将分析结果以可视化的方式向用户展示，可以使用户更易理解和接受。常见的可视化技术有标签云、历史流、空间信息流等。而为了实现更多的专业化、个人化的服务，让用户能够在一定程度上了解和参与具体的数据分析过程，也是提升数据解释能力的重要方法之一。

3. 大数据技术在电力系统中的应用

（1）不同环节电力数据预测的应用。电力系统中应用大数据技术，可以预测电力系统各个环节的电力数据信息，根据其自身的特性，进行数据分析及解释后，呈现给用户和决策人员。

（2）管理电力能源的应用。以某大数据技术服务公司为例，将"大数据技术"应用于电力能源管理，为客户提供计量校准业务、后期电力维护、电力产品销售等服务，如采集与分析电力设备、电子测量行业、电力生产等环节的数据，以及考察新能源的应用等。这些应用不仅有利于清洁能源的高效利用，而且有利于能源消耗的有效控制。

2.1.2 云计算技术

1. 云计算技术概述

（1）基本概念。所谓的云计算，就是以虚拟化技术为基础，以网络为载体，以用户为主体为其提供基础平台、软件、架构等服务形式，整合大规模可扩展的应用、存储、计算、数据等分布式计算资源进行协同工作的超级计算服务模式。

（2）体系结构。云计算典型体系结构如图 2-2 所示。

云计算的体系结构通常分为基础设施即服务（Infrastructure as a Service，简称 IaaS）层、平台即服务（Platform as a Service，简称 PaaS）层和软件即服务（Software as a Service，简称 SaaS）层。其中，IaaS 层把比较底层的服务器、虚拟机、

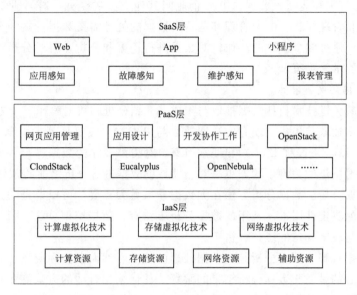

图 2-2　云计算典型体系结构

存储空间、网络设备等基础设施作为一项服务提供给用户使用，并据此研发出虚拟化层，即计算虚拟化、存储虚拟化和网络虚拟化。PaaS 层本质是将软件研发的平台作为一种服务，能够为用户提供一个运行平台或者应用开发平台，并以 SaaS 的模式提交给用户。底层硬件和应用基础设施是基于 IaaS 层实现的。SaaS 层主要是面向用户的，其为用户提供了一个完整的软件功能服务，实现的形式大多为 Web 浏览器的形式，也有 App 程序、小程序等。该层可以实现故障感知、维护感知、应用感知和报表管理等多项功能。三者之间的对比关系如图 2-3 所示。

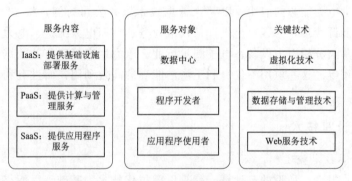

图 2-3　IaaS、PaaS、SaaS 的对比关系

（3）代表性云平台。现有云计算平台主要包括公有云、私有云，根据使用类型的不同可分为 IaaS、PaaS、SaaS 等。代表性的公有云计算平台见表 2-2。

随着我国信息行业的蓬勃发展，某些行业对于数据安全可靠、运营灵活自由的云计算需求越来越大，因此私有云应运而生，一些代表性的私有云计算平台见表 2-3。

表 2-2 代表性的公有云计算平台

云平台名称	Amazon EC2	Google App Engine	Microsoft Azure	Google Documents	Salesforce	阿里云 IaaS/PaaS
类型	IaaS	PaaS	PaaS	SaaS	SaaS	IaaS/PaaS
服务内容	存储、计算、管理和应用服务	程序运行 API 和开发、部署系统平台		Web 应用和服务		资源池/程序托管平台
调用方式	可靠的底层 API 和命令行工具	Web API 和命令行工具		浏览器		Web API
平台	Linux, Windows	Linux, Windows		Linux, Windows		Linux, Windows
特征	提供用户资源虚拟化等基础设施管理及框架	提供在云环境下的程序应用开发运行平台		提供任何时间、地点的应用程序使用	以客户订阅为核心商业模式	提供基础设施租用服务，提供程序开发运行平台

表 2-3 代表性的私有云计算平台

云平台名称	阿里云	华为云	浪潮云	麒麟云	其他
类型	私有云				
采用虚拟化技术	KVM 虚拟化技术	Xen 虚拟化技术	KVM 虚拟化技术	KVM 虚拟化技术	KVM 虚拟化技术
运行 OS 环境	Linux				
具体特性	自主率高、性能优异	功能多样、拓展性好			针对特定领域
基础架构	自主研发	基于 OpenStack			多样化

2. 云计算技术在电力系统中的应用

（1）电力系统云计算架构。在电力系统云计算模型当中可以将其分为应用层、数据管理层、接口层以及基础设施这四个层面，如图 2-4 所示。

在智能电网中，可以利用数据采集与监视控制系统（Supervisory Control and Data Acquisition，简称 SCADA）传感器实现数据采集，借助电源管理单元（Power Management Unit，简称 PMU）、智能电表等多种采集终端，实现数据的高效采集。在云计算平台上，通过传感器、通用分组无线业务（General Packet Radio Service，简称 GPRS）、5G 等技术，实现数据的传输与采集，并借助专线对信息数据进行可靠的传输。

（2）电力信息化基础设施建设。在电力信息化基础建设中，需要实现硬件设施和软件设施的有效建设。在硬件设施建设方面，必须配备先进的硬件设备，以达到设备之间兼容、协同等目的。在软件设施建设方面，

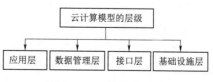

图 2-4 云计算模型图

需要选择合适的云计算操作性能和虚拟化的技术，保证云计算本身的性能最大化发挥。

（3）信息化建设管理机制确定。在电力信息化管理机制的构建中，可利用云计算技术整合数据资源，提高电力信息化系统数据处理能力，并且能够通过物理隔离的方法高效计算、存储以及管理各种数据。

2.1.3　数字孪生技术

1. 数字孪生技术概述

（1）数字孪生的概念。数字孪生目前被使用最多的定义来源于美国宇航局（National Aeronautics and Space Administration，简称 NASA）于 2010 年发表的《建模、仿真、信息技术与处理路线图》："利用物理模型、传感器更新、运行历史等数据，综合多学科、物理量、尺度和概率的模拟过程，实现虚拟空间的映射，以体现相应实体设备的整个生命周期。"

（2）数字孪生的特点。数字孪生有自治、同步、互动、共生 4 个重要特点。

1）自治即在给定的数字空间边界条件下，数字孪生体通过仿真即可自主推演并获得输出变量的演化轨迹，该过程可以独立于物理实体。

2）同步包含两层含义。第一层含义：在利用数字孪生体进行物理实体的变化轨迹推演时，需要根据物理实体的目前状态对数字孪生体进行初始化，以保证其与物理实体的初始条件一致。第二层含义：在物理实体演化过程中，必须遵循与数字孪生体一致的物理规律。

3）互动指的是数字孪生体与物理实体之间的交互影响作用。一方面，通过在数字孪生体上预测物理实体的变化趋势，可以筛选出不同的控制策略，从而改变物理实体的演化轨迹；另一方面，通过观察、分析物理实体，可以不断提高对物理实体的认识，进而改进数字孪生体，使之更精确地反映物理实体的演化规律。互动性是数字孪生的关键特征，也是数字孪生理念存在和发展的前提与保障。

4）共生指数字孪生体与物理实体之间有利于彼此的发展。对于物理实体，数字孪生体可以通过对物理实体未来的运行状态进行预测，来为不同控制策略提供验证平台，从而筛选出合适的控制，实现物理实体发展轨迹的调整；对于数字孪生体，实体的出现有助于技术人员对被测对象有更深入的了解，从而实现数字孪生体的调整和升级。

2. 数字孪生关键技术

（1）数据驱动与物理模型融合的状态评估。针对具有复杂机理结构的系统，可利用其历史和实时运行数据，辅以数据驱动的方法，修正、更新物理模型，使其机理特性和运行数据特性充分融合，以得到一个评估系统，实时追踪目标系统状态。

（2）VR 呈现。VR 技术能够较为直观、易于理解地呈现系统的制造、运行、维护状态，并对各个重要的子系统进行多维度的状态监控与评估，并将分析结果反馈到数字孪生系统中，提供给用户沉浸式的虚拟现实体验，实现实时、连续的人机交互。

（3）高性能计算。数字孪生系统背后的云计算平台是其复杂、强大的功能得以实现的基石。基于分布式计算的云服务器平台既保障了数字孪生系统演化的实时性，也是优化系统数据结构、算法结构的关键所在。平台数字化运算能力的高低是影响整个系统性能的关键因素，也是整个系统的计算基础。

（4）其他关键技术。随着人工智能的兴起，数字孪生相关技术也在不断演进和成熟，诸如多领域多尺度融合建模、小样本或无样本的增强深度学习、数据采集和传输、异常状态或故障状态仿真与注入、工业数据可用性量化分析等，均是当前在数据生成、数据分析与建模等方面的研究热点或挑战。全寿命周期数据管理、半物理仿真、验证与评估方法及体系也是数字孪生平台建设的重要内容。

3. 数字孪生技术在电力系统中的应用

在输变电工程开发期间，为了提高输变电项目在生命周期中的生命质量和效果，需要在电力系统建设过程中引入更多的数字孪生方面的手段及理念。

（1）电网设备远程智能巡视应用。将数字孪生技术应用于巡检工作中，通过铺设的音视频采集设备、传感器等终端，迅速采集相关数据信息，建立起实体的虚拟模型。通过对比模型与实体正常运行时的状态，更清晰地发现设备的变化，从而保证执行任务的准确性和速度。利用物联网的智能感知技术，对许多重要的测点进行监控，可以提高巡检的工作效率和节省人工成本。

（2）远程故障诊断。通过应用数字孪生建模技术，将无人机拍摄的现场照片发送回管理平台，迅速生成现场实景模型，进而定位出异常故障位置，实现远程故障诊断。

（3）智能预警与检修处理运用。数字孪生智能评估系统可实时监测运行中的设备，自行分析其工作轨迹，从而发现异常信号，并及时采取相应的措施，避免出现重大故障，影响到电网。

（4）电力系统数字孪生技术的潜在运用。

1）评价健康情况。由于电力设备牵涉甚广，而且各自差异也很大，所以在对设备的健康状态进行评估时，通常采取"事后"和"计划式"两种检修方式。目前，两种不同的维修方式都不能满足现代设备的管理要求，在设备维修过程中，还容易出现资源的浪费。而借助深度学习，可以通过电力装置历史工作资料分析出表征量。

2）剖析电力系统。在原本的电力系统分析中，一般都是采用物理模型，为了保证各个维度之间的联系，往往都会采用数学公式，这样就使得电网运行信息不能被有效利用，也不能充分发挥大数据的作用。而数字孪生技术可充分利用电网的运行信息，建立精准模型以及量化指标，以评估影响电网的因素及干扰程度，保障系统稳定安全运行。

3）用户的行为与负荷预测。智能电网中用户终端产生的信息量大幅增加，传统的负荷预测方法无法满足电力市场的需求。而凭借长短期记忆网络（Long Short-Term Memory，简称 LSTM）生成数据模型，在整合时间点数据后，便能支持预测需要；在非侵入式负荷预测（Non-intrusive Load Monitoring，简称 NILM）方面，利用总表信息，即客户端的用电情况，评估与分析用电状况以形成详单，总结出用户行为。

2.1.4　区块链技术

1. 区块链技术概述

（1）区块链简介。区块链技术是利用块链式数据结构来验证与存储数据、利用分布式节点共识算法来生成和更新数据、利用密码学的方式保证数据传输和访问的安全、利用由自动化脚本代码组成的智能合约来编程和操作数据的一种全新的分布式基础架构与计算方式。

（2）区块链结构。区块链的结构如图 2-5 所示。每个区块由区块头和区块体两部分组成，区块头包含有上一区块头哈希（Hash）值及当前区块的生成时间戳、根散列值和随机数等；区块体包含本区块所封装的有实际意义的信息。

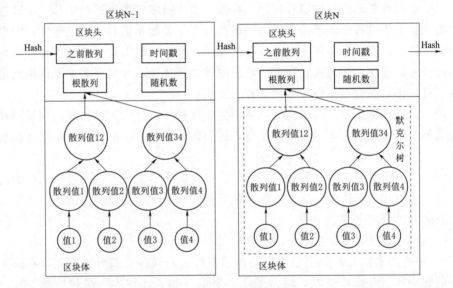

图 2-5　区块链的结构

各区块依照编号顺序首尾衔接构成链状，篡改一个区块内的值后，其后所有区块的值都会改变，区块之间可以相互印证。因此，基本上可避免篡改历史数据的可能性。

（3）智能合约。智能合约这一概念的产生与区块链没有直接联系，其目的是对传统的纸质协议进行规范化和数字化。但由于二者之间的互补关系，智能合约逐渐成了区块链技术不可缺少的组成部分。区块链为智能合约提供信任基础，智能合约为区块链提供功能性支撑。

（4）区块链的类型。根据区块链的开放程度，一般将区块链划分为 3 种类型：公有链、联盟链和私有链。其本质区别在于记账权所有者有所不同。

公有链面向所有网络节点，其运行、维护、存储的过程都是通过各个节点共同完成，并且每个节点都可以进行数据访问、获取，开放性和去中心化程度最高，对于数据的安全也有最严格的要求，因此需要更复杂的共识机制，比如工作量证明（Proof of Work，简称 PoW）和权益证明（Proof of Stock，简称 PoS）。

联盟链和私有链的记账权仅限于获得授权的部分特定节点，因此也被统称为许可链。联盟链参与方多为保险、银行等行业内联盟，即若干个地位平等的主体参与。而私有链仅有一个主体，与另外两类区块链相比，中心化程度是最高的，通常被应用于企业或组织内部。

2. 区块链技术在电力系统中的应用

（1）在智能电网中的应用分析。当前，我国的智能电网技术日趋成熟，供电企业在电力系统建设方面可以根据电网供求系统变化情况实现多机交互区块链支撑。例如，在电网系统用户流程自助管理方面，通过应用区块链技术，系统用户可以实现信息交易、信息处理和信息传递等。

（2）在能源互联网与交易中的应用分析。针对微电网，外国有研究人员建立了一个基于区块链的太阳能微电网原型系统，系统用户之间可以通过加密数字货币进行电力交易，地方居民则可以利用剩余电量进行交易，从消费者转变成供销者，当用户太阳能电力系统供电不足时，可以从该系统中采购电能。

针对碳排放市场中的商业模式需求及挑战等问题，江苏南京地区某地方政府利用区块链技术构建智能化碳排放平台，为当地电力企业碳排放额度计量及碳排放权认证提供技术支持，可以将与碳排放有关的法规和规范以代码的方式储存在区块链中，若企业碳排放量超标则可通过智能合约进行自动处罚。

（3）在大用户直购电中的应用分析。在大用户直购电交易方面，集中撮合和直接协商是大客户直购电交易的主要形式，这两种交易方式都有一定缺陷。而基于区块链的交易模式则更为可靠，可以帮助交易双方了解交易价格、交易时间、交易数量，从而增加交易的成功率。

2.2 信 息 化 技 术

2.2.1 5G 通信技术

1. 5G 通信技术概述

5G 是"第五代"蜂窝通信的缩写。5G 通信技术具有以下特点：

（1）高速率。相较于 4G 网络，5G 网络的传输速度有了很大的提高。5G 基站的峰值速率超过 20Gbit/s，其速率的大幅提高为数据的下载、上传提供了更优的服务，同时也保证了电力系统中数据的传输效果。

（2）高容量。在智能电网迅速发展阶段，电力系统更加复杂，依靠人工对系统的操作、监测和管理，已不能满足智能电网的发展要求，在电力系统中很多设备都需要互联网，而 5G 通信技术能够为电网的智能管理提供有力的保障。

（3）高可靠，低时延。在可靠性和延时上，5G 通信技术实现了基站与终端间上下行均为 0.5ms 的用户面时延。

（4）低功耗。5G 通信技术减少了信令开销，解决了高功率消耗问题，使得设备终端能够长时间地保持在线状态。

5G 通信技术的特点与电力系统的基本需求也是一一对应的，见表 2-4。

表 2-4   5G 通信技术的特点与电力系统的需求的对应关系

5G 通信技术的特点	电力系统的需求
高速率	海量数据传输
高容量	万物信息互联
高可靠性	电力系统可靠性
低时延	灵活响应与协同控制
低能耗	电池寿命保障

2. 5G 通信技术在电力系统中的应用

（1）配电自动化。无线通信网络能够使得配网自动化中馈线的量测、控制、自动隔离和恢复以相对较低的通信成本实现。基于 5G 通信系统的低时延特性，当发生异常情况时，配电自动化终端可将测量数据迅速回传，主站指令也将迅速发送至配电终端，基于通信网络快速控制开关、环网柜等其他相关设备，实现故障及时监测及位置判断，将故障设备或线路故障区段快速隔离，缩短配网故障处理时间。

（2）输电线路巡检。随着科技的进步，电路巡检工作逐渐智能化：带有摄像头的无人机可以代替人工巡检工作，但使用录像的方式，具有一定的延时性；采用输电线路监拍装置能够达到实时监控，而由于网络带宽的限制，视频画面清晰度不高，对有些小的问题很难发现。若无人机集成 5G 通信模块，则可以将数据及图像实时的传输到监控系统，方便快捷，针对发现的问题进行及时整改。此外，5G 通信系统具有大带宽性能优势，可使视频画面达到较高的清晰度，从而提高输电线路的监控效率。

（3）用电信息采集。在电能采集方面，我国已将传统电表更换为智能电表，具有计量精度高和通信扩展功能的特点，能够将用户的用电信息发送到控制中心，实现远程电能计量。

现阶段，用电信息采集主要依靠租赁运营商 GPRS 或 4G 公共网络来实现。考虑到电能采集的频次较低，5G 通信技术具有大宽特性，能够极大地提高数据的采集频率，为电力系统提供强有力的支持。与 GPRS、4G 公共网络相比，5G 通信系统具有更好的网络安全性，能够更好地保障用户的用电信息安全。

2.2.2 北斗技术

1. 北斗技术概述

（1）北斗卫星导航系统简介。北斗卫星导航系统是我国自主建设、独立运行，与世界其他卫星导航系统兼容共用的全球卫星导航系统。北斗卫星导航系统可为全球用户提供全天候、全天时、高精度的定位、导航及授时等服务。北斗卫星导航系统由空间段、地面段和用户段三部分组成。空间段包括 5 颗静止轨道卫星和 30 余颗非静止轨道卫星；地面段包括主控站、注入站和监测站等若干地面站；用户段包括北斗兼容其他卫星导航系统的基础产品以及终端产品、应用系统与应用服务等。

（2）北斗技术的特点。

1）全天候、全天时观测。北斗卫星导航系统已经完全建成，可进行全天候的连续卫星导航系统定位测量，不会受到天气影响，在崩塌、泥石流、滑坡等地质灾害的防治预报中，具有无可替代的优势。

2）高精度定位。使用传统的测量方法对终端的定位进行监测，需要对平面位移和垂直位移要求分别处理，监测的时间和点位有一定偏差，北斗技术降低了定位分析的复杂性，增加了定位系统的精度。

3）短文通报功能。与美国 GPS 相比，北斗卫星导航系统最显著的优势在于它具备了短报文的能力，可以在地面基础通信设备完全损坏的情况下通过短报文进行通信，保证关键数据的传输，因此具有更广阔的应用范围。

4）抗干扰性好。与 GPS 的双频率信号相比，北斗三代卫星采用的三频信号，能够消除高阶电离层延迟的影响。在某一频率信号发生故障时，可利用传统的双频信号定位方法进行工作，从而增强了系统的定位可靠性和抗干扰性。

2. 北斗技术在电力系统中的应用

（1）生产业务应用。

1）杆塔监测。输电杆塔会受到输电线拉拽和地质运动的干扰，会发生一定的倾斜，每个杆塔都会安装监测装置，及时获取倾斜数据，定期进行维护。使用北斗技术对输电线路进行监测，可实时发送输电线路的数据，实现对杆塔全天候、全天时的塔形姿态数据自动采集和远程监控，并对指标超过临界点的杆塔进行预警。通过远程监测，能够让工作人员及时掌握杆塔形变情况，给日常维护工作带来很大的便利。

2）配电线路自动化监测。现阶段，配电网通信使用专用光缆，使用光缆会带来很多问题，如价格高、施工困难和实现全面覆盖困难等，在很大程度上对配电业务的发展造成制约。在传统的配电监控终端，如故障指示装置上安装带有北斗定位的通信模块，能够实时获取配电线路的信息，使工作人员了解配电的状态。若发生故障，将会把故障信息和参数通过北斗短报文发送给监测中心，对故障分析、判断后，立即安排人员进行现场维修。

3）无人巡检。通过将北斗高精度定位、短报文服务等功能与无人机相融合，可有效提升无人机巡检的工作效率，提高无人机巡线精度，降低运维成本。

（2）基建业务应用。

1）人员管理。通过带有北斗定位模块的安全头盔，配以具有北斗定位功能的电子栅栏进行安全维修，施工人员、施工监理、施工项目部人员可以实现实时定位，一键呼救。在现场人员进入危险区时，会在后台发出警示，有效保障现场人员的生命安全。

2）车辆管理。基于北斗技术的车辆监测设备可以安装在汽车顶上，通过车载终端对电力工程车进行轨迹跟踪管理、安全管理。利用北斗卫星导航系统实现实时定位、实时查看当前车况、实时查看行走路线、回溯历史轨迹等。

（3）应急通信业务应用。通过北斗短报文通信实现紧急区域与外界的联系，并及时报告位置信息。当处于电力通信网及公共网络遭到损坏以至于完全失去地面通信的特殊环境时，可保证通信可靠性需求，填补应急抢修队伍的通信指挥及调度盲区。

2.2.3　物联网技术

顾名思义，物联网就是将物体和物体之间相互连接起来的网络，是未来互联网发展过程的重要组成部分。物联网基于约定协议，通过射频识别、红外感应器、全球定位系统等一系列信息传感设备，对互联网和物品进行连接和智能化识别、过程定位和监控跟踪，从而达到信息交换和管理的目的。

1. 物联网关键技术概述

（1）射频识别技术（Radio Frequency Identification，简称 RFID）。RFID 是一种简单的无线系统，由一个询问器（或阅读器）和很多应答器（或标签）组成。标签由耦合元件及芯片组成，每个标签具有扩展词条唯一的电子编码，附着在物体上标识目标对象，它通过天线将射频信息传递给阅读器，阅读器就是读取信息的设备。RFID 让物品能够"开口说话"。

（2）传感网。微机电系统（Micro - Electro - Mechanical Systems，简称 MEMS）是由微传感器、微执行器、信号处理和控制电路、通信接口和电源等部件组成的一体化的微型器件系统。它的目的是将信息的获取、处理和执行整合起来，组成多功能的微型系统，使系统的自动化、智能化、可靠性得到极大的提升。因为 MEMS 赋予了普通物体新的生命，使其有了属于自己的数据传输通路、存储功能、操作系统和专门的应用程序，从而形成一个庞大的传感网，这让物联网能够通过物品来实现对人的监控与保护。

（3）M2M 系统框架。M2M 是 Machine - to - Machine/Man 的缩写，是一种以机器终端智能交互为核心的、网络化的应用与服务。它将使对象实现智能化的控制。M2M 涉及 5 个重要的技术部分：机器、M2M 硬件、通信网络、中间件、应用。在云计算平台和智能网络的基础上，可以依据传感器网络获取的数据进行决策。

（4）云计算。详见 2.1.2 节。

2. 物联网技术在电力系统中的应用

2009 年以来，国家电网有限公司先后开展了电力用户用电信息采集、智能变电站、状态监测与检修、智能调度、配电自动化和智能用电等试点工作，有力促进了物联网在智能电网中的应用。

（1）电力资产管理。电力行业设备种类、数量众多，RFID 实现了对设备的自动识别和记录管理，具有较高的精确度和较低的能耗，同时还能与企业的管理系统相连，方便快捷。

（2）电力检修管理。在电网检修中，物联网技术主要用于电力设备的智能化巡检。智能化巡检要求电网能实时掌控关键设备的运行状态，在尽量减少人为干扰的情况下，及时发现、快速诊断和排除或隔离故障，实现自我恢复，使电网具有一定程度的自适应和自愈能力。物联网作为推动智能电网发展的信息感知和"物物互联"的重要技术手段，在电力设备状态监测与智能巡检方面得到一定程度的应用。

（3）用电信息采集与分析。物联网技术可应用于智能电表的用电信息采集及用电数据分析方面。应用物联网技术能够实现对电能表的远程、实时统计，方便、快捷、高效。用电信息采集系统能够基于所采集的用户侧信息，深入地分析和挖掘用户用电数据，获取有价值的信息。

2.3 人工智能技术

人工智能（Artificial Intelligence，简称 AI）技术在电力系统中应用，可实现辅助决策与运行控制、智能传感与物理状态、数据驱动与仿真模型的结合，有效提升对复杂系统的驾驭能力，改变了传统的能源利用方式。

2.3.1 机器学习

作为现代人工智能的代表，机器学习能通过计算手段、利用"经验"来改善系统的性能。此处的"经验"一般都是以数据的形式存在，所以机器学习是一种将数据转化为智能的技术手段。按照学习方式的不同，可以分为：传统机器学习、深度学习、强化学习、迁移学习、联邦学习。

1. 传统机器学习

传统机器学习方法主要是从观测样本中寻找规律（提取特征），从而预测未来的数据行为和趋势。传统的机器学习根据使用的数据是否有标签，可以分为监督学习、半监督学习、无监督学习。传统机器学习方法见表 2-5。

表 2-5 传统机器学习方法

分 类	典 型 方 法	代表性文献作者
监督学习	支持向量机	Cortes 和 Vapnik
	决策树	Quinlan
	随机森林	Liaw，Wiener 和 Breiman
	K 近邻算法	Peterson
	前馈神经网络等	Hecht - Nielsen，Broomhead
半监督学习	半监督核均值漂移聚类	Anand 等
	转导支持向量机	Chen 等
无监督学习	K 均值聚类	Hartigan，Wong 和 Jain
	主成分分析	Scholkopf 等
	自组织映射神经网络	Kohonen

2. 深度学习

与传统的浅层学习不同，深度学习可以增加模型的结构深度。同时，它明确了特征学习的重要性。与传统的基于专业领域知识人工设计特征提取器不同，深度学习是从底层到高层逐级提取输入数据的特征，建立从底层信号到高层语义的映射关系，并在通用的学习过程中获得数据的特征表达。典型的深度学习模型有卷积神经网络（Convolution Neural Network，简称 CNN）、深度信念网络（Deep Belief Nets，简称 DBN）、堆叠自动编码器（Stacked Autoencoder，简称 SAE）、长短期记忆网络（Long-Short Term Memory，简称 LSTM）等。

3. 强化学习

强化学习（Reinforcement Learning，简称 RL）是机器学习的范式和方法论之一，又称评价学习、增强学习或再励学习，用于描述并解决智能体（agent）在与环境的交互过程中如何通过学习策略以达成回报最大化或实现特定目标的问题。

强化学习的关键在于学习系统与环境的反复交互，当智能体的一个行动引起了环境的正面奖励时，则智能体后续便会加强产生这个行为策略的趋势。这种智能体与环境的交互过程可由图 2-6 闭环描述。强化学习的目标是在每个离散状态发现最佳的策略，从而得到最大程度的环境反馈奖赏。所以，强化学习可以仅从所在环境中，通过判断自身经历所产生的反馈信息来学会自我改进，它的在线自学习能力要强于其他的机器学习方法，且对研究对象的物理模型不敏感。典型的强化学习方法包括 Sarsa 方法、深度 Q 网络、Q 学习。

4. 迁移学习

迁移学习指把在一个场景中学习到的知识迁移到另一个场景中应用，使学习方法和模型具有更强的泛化能力。根据迁移项的不同，可以将其分为特征迁移、样本迁移、关系迁移和参数模型迁移，如图 2-7 所示。典型的迁移学习方法包括自我学习、TrAdaBoost 等。

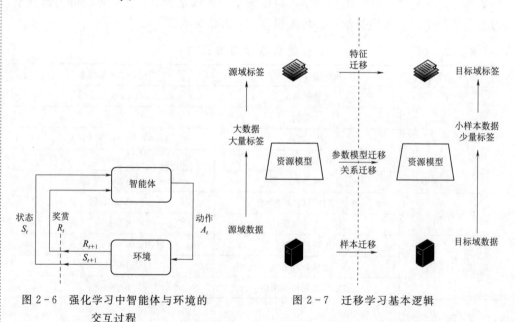

图 2-6　强化学习中智能体与环境的
　　　　交互过程

图 2-7　迁移学习基本逻辑

5. 联邦学习

联邦学习是一种加密分布式机器学习技术，各个参与方可以共建一个模型，但不需要披露各自的底层数据和加密形态。假设 n 个数据持有者 (U_1，U_2，…，U_n)，持有的数据为 (D_1，D_2，…，D_n)，传统的机器学习是将所有的数据进行整合，得到数据集 $D=D_1 \cup D_2 \cup \cdots \cup D_n$，建模得到模型 M；而联邦学习则是在所有的参与方不可见且不进行数据交换的前提下，协同建模得到模型 M'。假设 M 的 Loss 为 L，M' 的 Loss 为 L'，若 $|L-L'|<\delta$，那么则称联邦学习算法的损失精度为 δ。之所以提出联邦学习，就是为了在保障各参与方数据隐私和安全的同时，多个参与方在本地开展自行学习，最终建立一个更强大的模型。根据数据分割方式不同，分为横向联邦学习、纵向联邦学习和迁移联邦学习，如图 2-8 所示。

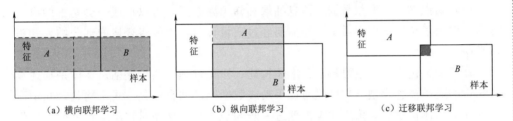

（a）横向联邦学习　　　　（b）纵向联邦学习　　　　（c）迁移联邦学习

图 2-8　基于数据分割方式的联邦学习分类

2.3.2　知识图谱

随着电力网络的规模越来越大，新知识不断涌入，知识总量也在以爆炸性的速度增长。这些知识结构愈发复杂，更新的频率越来越短，异构化知识不断增加。传统的知识组织与管理方法已不能满足需求，迫切需要引入知识图谱这一新兴技术，通过结构化的方法描述电力系统中的各种概念、实体、事件及其相互关系，促进电力市场的智能化发展。

1. 知识图谱概述

（1）知识图谱简介。知识图谱是一种将人工智能技术与传统数据库相结合的智能数据库，用于对海量知识进行结构化的管理。将知识图谱与电力领域相结合，使得电力系统能够从大量的文字信息中获取有用知识并对其进行分析，能够串联电力领域内零散的知识点。目前，基于知识表示和推理的知识图谱在电力系统中得到了广泛应用，如电力系统的智能决策、故障定位、输电网规划决策等领域。

（2）知识图谱三要素。知识图谱的组成三要素包括：实体、关系和属性。

1）实体。指客观存在并可相互区别的事物，可以是具体的人、事、物，也可以是抽象的概念或联系。

2）关系。在知识图谱中，用来表示不同实体间的某种联系。

3）属性。知识图谱中的实体和关系都可以有各自的属性。

2. 知识图谱构建流程

（1）数据获取。按来源渠道的不同，知识图谱数据源可分为网络上公开抓取的数据和业务本身的数据两种，按数据结构的不同，可分为非结构化数据、结构化数据和半结构化数据，根据数据类型不同，采用不同的方法处理。

（2）信息抽取。在信息抽取过程中，关键性问题是如何将异构的数据源中的信息自动抽取出来，得到候选的知识单元。知识的获取有两个途径：业务本身的数据只需要简单预处理即可以作为后续系统的输入；在网络上公开、抓取的数据，则需要利用自然语言处理等技术对其结构化信息进行提取，其中主要涉及关系抽取、属性抽取、实体抽取等。

（3）知识融合。信息抽取后，各信息单元之间的关系呈现出扁平化的特点，缺少层次、逻辑性，而且存在着大量的冗余甚至是错误的信息碎片。知识融合就是整合多个知识库中的知识、形成一个知识库的过程，其核心技术包含知识合并、共指消解、实体消歧。

（4）知识加工。海量数据经信息抽取和知识融合后，可以形成一套基本的事实表达，但为了确保知识库质量，还需要经过质量评估，方能将合格的部分纳入知识体系中。

知识加工包括三个主要环节：本体构建、知识推理、质量评估。本体是描述领域知识的通用概念模型，它可以通过手动或数据驱动的自动化方式来构建。知识图谱在完成本体构建后需采用知识推理进一步知识发现，从而对知识进行补全。质量评估通过舍弃置信度较低的知识来保障知识图谱的质量。

知识图谱整体构建流程如图 2-9 所示。

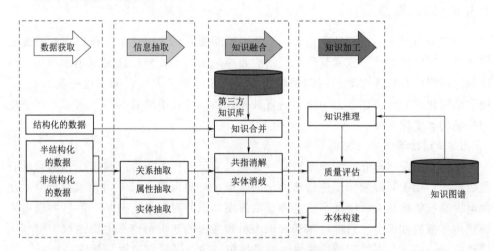

图 2-9　知识图谱整体构建流程图

2.3.3　人工智能的应用

人工智能技术在电力系统中的应用越来越频繁，图 2-10 表达了电力系统及综合能源系统与大数据、人工智能的关系。

1. 人工智能在能源预测中的应用

人工智能技术在回归方面有很大优势，据此，可以在电源侧研究多种类型能源发电功率预测，在负荷侧研究能源负荷预测，为电力系统的规划、运行和服务提供

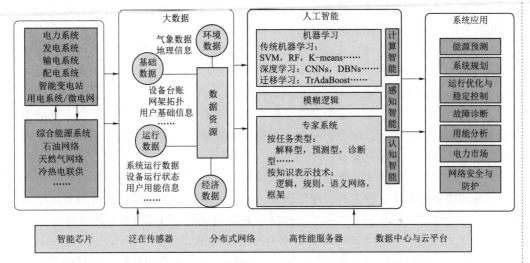

图 2-10 电力系统及综合能源系统与大数据、人工智能和系统应用的关系

有力的支持。

（1）间歇性可再生能源发电功率预测。一套好的模型是准确预测可再生能源发电功率的根本所在，其特征在于需要具备优秀的自学习修正能力、数据处理及特征提取能力。

常规的利用浅层模型预测的方法，对于风光这类间歇性可再生能源来说，预测效果不佳。因此，有研究人员提出了利用深度学习方法对预测模型进行改进。

1）长短期记忆网络中的循环结构和记忆单元善于捕捉时序变化特征，可利用长短期记忆网络构建深度长短期记忆循环神经网络模型，预测光伏系统输出功率。

2）采用深度卷积神经网络（Deep Convolutional Neural Network，简称 DC-NN）提取每日光照数据序列的非线性特征和不变性结构的优势，提高系统输出功率的预测准确度。

3）借助深度置信网络可有效表征复杂风速序列的内部结构和特征的优势进行风速预测，进而演算风电功率。

4）采用堆叠自编码器或堆叠降噪自编码器（Stacked Denoising Auto Encoder，简称 SDAE）在提取层次特征方面的强大优势进行风速预测，综合考虑风速数据中的各种不确定性，在深度学习预测模型中可以采用粗糙神经网络，如此可提升预测鲁棒性。

（2）能源负荷预测。能源负荷波动性往往取决于很多方面的影响因素，比如电价、气候、地区等，这就导致了传统的数学模型往往很难精准地预测能源负荷。而人工智能方法在不用建立准确目标模型的前提下，就能很好地拟合负荷与各影响因素之间的非线性关系，且效果较好，因此较多地被用于预测方面。

2. 人工智能在电力系统规划中的应用

大量新型电力电子装置的接入、高比例可再生能源发电单元的并网、物联网的快速发展，都加剧了电力系统的不确定性及规划难题。同时在满足传统的可靠性、安全性和经济性的前提下，智能配电系统还要兼顾能源的综合利用效率、绿色能源利用与社会效益的最大化、环境污染影响的最小化等其他规划目标。

而人工智能算法尤其适合求解这类多约束条件、多维变量、非线性多目标的优化问题。

3. 人工智能在电力系统稳定控制及评估中的应用

电力系统的稳定控制考虑的是在受到干扰后，系统是否能够正常工作。随着我国输配电网的不断建设，电力市场的参与度不断提高，使得电力系统的稳定性控制面临着越来越多的不确定性和困难。

传统的控制方式大多基于电网的物理特性，但由于电网结构的不断改变以及电力设备的更新迭代，这种方式已难以适应电网的发展。因此可以采用一种基于数据驱动的方法来替代过程仿真，利用强化学习的自主决策能力获得稳定控制策略。

4. 人工智能在电力系统故障诊断中的应用

从本质上讲，电气设备的故障诊断是一种复杂的模式识别问题，传统的故障诊断方法常常掺杂有人为主观因素，而人工智能以算法为依托，具备强辨识能力，可使故障诊断水平大幅提高。人工智能的深度学习能深度挖掘电力系统大数据之间的联系，并将其反馈至模型中，避免了人工选取特征和传统的特征抽取所造成的复杂问题。

此外，随着调度自动化五遥系统（遥测、遥信、遥控、遥调和遥视）的建设，利用设备采集到的电力设备音视频数据也可被用于故障诊断，此处涉及的人工智能图像识别技术将得以快速发展。

电网故障知识图谱记录了各种故障的事故特点，在故障发生后，根据系统运行方式的变化情况，在知识图谱中进行检索和推理，实现以知识驱动的辅助决策，并利用知识图谱对事故中的日志记录、信息通报、故障初报、保护信息汇总等非关键环节进行处理，以免在事故处理过程中对调度人员产生干扰。

上述几种故障诊断方法各有优缺点，且优势并不能互相补足，在实际的工程应用中效果不如预期。所以，将人工神经网络方法、知识图谱技术、粗糙集方法、专家系统方法和其他新技术相结合，建立一个具有自维护、自学习能力的，适用于大规模电网的故障诊断系统就非常重要。

5. 人工智能在用电行为分析中的应用

在人工智能领域，机器学习具有很好的分类、聚类和辨识功能，可以对电力系统进行异常用电行为检测、用户用电行为分析等。

（1）异常用电行为检测。通过对电力系统的分析，可以发现同类用户用电行为有一定相似性。因此，可以利用流密度聚类方法对电力系统中的大量用电数据进行快速的异常检测。值得注意的是，用电设备的变化、季节的变化、行为的变化等非恶意因素都会或多或少地改变原有的用电模式，从而会对检测的结果产生一定程度的影响，因此在利用机器学习算法进行异常用电行为检测时，需要准确辨识并排除这些非恶意因素的影响。

（2）用户用电行为分析。基于智能电表计量电流、电压、功率等数据，利用人工智能的聚类和数据挖掘技术，可对不同的用户群进行用电行为特征辨识，对客户进行详细划分、科学认知，从而提供个性化营销与服务。

6. 人工智能在电力及综合能源市场中的应用

我国新一轮电力体制改革自 2015 年起步，而其中电价机制是改革的核心，准确的电价预测对于市场中各个参与者而言都具有非常重要的意义。对于电价预测来说，人工智能算法可直接通过样本学习来模拟电价及社会经济、历史电价等影响因素之间的关系，使得其非线性拟合能力和预测准确率较高。

7. 人工智能在网络安全与防护中的应用

现代电力系统以及综合能源系统已经是一个信息和物理深度耦合的信息物理系统（Cyber Physical System，简称 CPS）。而除了物理子系统的安全性较薄弱以外，信息链也可能会是一个新的弱点。因此，保护电力信息物理系统的网络安全尤为重要。

目前最重要的网络安全防护技术是入侵检测。部分研究将人工智能引入电力入侵检测过程中，多智能体技术也被用于对电力系统的网络安全防护。此外，安全态势感知则是从全网络高度评估系统安全性，发现潜在薄弱区域和高隐蔽性攻击，并通过回溯攻击历史进而预测即将发生的安全事件。借助人工智能在大数据分析和态势感知方面的强大能力，可以进行网络的安全态势感知。

8. 人工智能在智能问答查询服务中的应用

知识图谱主要应用场景之一即智能问答服务。当搜索引擎接收到使用者输入的关键词时，知识图谱会识别、分析并定位至图谱中对应的实体上，通过图谱内的连接关系，反馈优质搜索内容。知识图谱技术可有效提升检索效率与检索准确度，精准反馈客户需要。电网系统知识图谱技术在智能搜索与深度问答方面的典型场景包括电网模型本体智能问答系统、调度自动化系统业务与流程检索和电力设备质量综合管理查询系统等。

9. 人工智能在异构数据管理中的应用

电力系统的正常运转有赖于各个业务系统之间的数据传输和协作，但由于这些业务系统所使用的数据库、操作平台和数据结构的差异，使得自动化系统中存在大量异构的结构化和非结构化数据。而知识图谱可以完全容纳不同结构的数据，建立连接关系，构建电网运行知识库，并向各业务系统开放，实现跨专业的统一知识管理、数据关联推理和数据检索服务，减少跨专业数据检索和沟通所需的人力成本。

参 考 文 献

［1］ 张友良. 从五个维度认识新型电力系统——访国家电网有限公司总法律顾问欧阳昌裕 ［J］. 国家电网，2021（5）：32 - 35.

［2］ 张沛. 电力大数据应用现状及前景 ［J］. 电气时代，2014（12）：24 - 27.

［3］ 郝明涛. 大数据技术在电力系统中的应用研究 ［J］. 数字通信世界，2020（12）：160 - 163.

［4］ 毛一凡，徐兴. 电力信息化建设中云计算的应用研究 ［J］. 现代信息科技，2021，5（4）：100 - 102.

［5］　沈沉，曹仟妮，贾孟硕，等. 电力系统数字孪生的概念、特点及应用展望［J］. 中国电机工程学报，2022，42（2）：487 - 499.

［6］　刘大同，郭凯，王本宽，等. 数字孪生技术综述与展望［J］. 仪器仪表学报，2018，39（11）：1 - 10.

［7］　白鹤举. 数字孪生技术在电力系统应用分析［J］. 数字通信世界，2022（1）：114 - 116.

［8］　王胜寒，郭创新，冯斌，等. 区块链技术在电力系统中的应用：前景与思路［J］. 电力系统自动化，2020，44（11）：10 - 24.

［9］　黄少华. 区块链技术在电力系统中的科学应用分析［J］. 通讯世界，2018，25（12）：74 - 75.

［10］赵洋，赵晓红，任天成，等. 5G 通信在电力系统中的应用［J］. 山东电力技术，2020，47（10）：6 - 10.

［11］董智. 北斗导航与 5G 技术在电力行业中的应用［J］. 能源与节能，2020（10）：187 -188.

［12］黄海洋. 基于三代北斗的电力系统应用研究［J］. 长江信息通信，2022，35（2）：224 - 226，229.

［13］麦炎胜. 物联网技术在电力行业的应用［J］. 电气时代，2018（12）：85 - 86.

［14］戴彦，王刘旺，李媛，等. 新一代人工智能在智能电网中的应用研究综述［J］. 电力建设，2018，39（10）：1 - 11.

［15］杨挺，赵黎媛，王成山. 人工智能在电力系统及综合能源系统中的应用综述［J］. 电力系统自动化，2019，43（1）：2 - 14.

［16］赵杨，张海岩，王硕. 联邦学习综述［J］. 电脑编程技巧与维护，2022（1）：117 - 119.

［17］刘津，杜宁，徐菁，等. 知识图谱在电力领域的应用与研究［J］. 电力信息与通信技术，2020，18（1）：60 - 66.

［18］高海翔，苗璐，刘嘉宁，等. 知识图谱及其在电力系统中的应用研究综述［J］. 广东电力，2020，33（9）：66 - 76.

第 2 章
习题

第3章 智能配电技术

随着新型电力系统的发展，"智能化"成为引领配电网高质量发展的必然途径。而配电网智能化离不开规划、运行管理、控制等环节。本章主要从配电网规划、运行管理、控制三个方面介绍智能配电网技术。

配电网规划技术以满足用电需求、提高供电质量、促进智能互联为目标，致力于解决配电网的薄弱问题，提高新能源接纳能力。近些年来，分布式能源的大规模接入给配电网带来一系列的问题，为应对这些问题，配电网规划技术的研究和应用逐渐成为研究热点。

配电网运行管理技术由单一、局部自动化向着整体自动化发展。利用先进的计算机通信技术，将配电网的实时运行状况、设备状态、地理图形等信息进行集成，实现配电网运行监控与管理的自动化、信息化，提高配电网供电可靠性和供电质量。

配电网控制技术在大规模分布式能源接入下有了更多的可能和意义，各分布式电源间的协同控制技术成为当前研究的热点。

第3章
智能配电
技术

3.1 配电网规划技术

配电网规划是指根据对未来负荷增长和城市配电网现状的分析和研究，设计一套扩展系统和改造计划。在尽可能满足未来用户容量和电能质量的条件下，针对不同可能的布线形式、不同的线路数量和不同的导线截面，以运行经济性为指标，选择最优或次优方案作为规划改造方案，使公用事业单位及其相关部门获得最大效益。近年来，随着新技术的发展，配电网面临着许多变化和挑战，这使得对配电网规划技术的要求更高。

3.1.1 配电网规划概述

1. 电网现状及面临的挑战

电力系统包括发、输、变、配、用五大主要环节，配电网是电力系统的重要组成部分，它是保证能源合理分配、使用的关键环节，直接面对终端用户，在能源的传输和分配过程中起着核心作用。

随着电力体制改革的逐步深入，新能源、分布式能源、电动汽车和储能装置快速发展，配电网日益复杂，其"多源性"对配电网的规划、运行和管理提出了新的挑战，配电网发展的形势和政策环境发生了重大变化。外部和内部的变化对分销网络的规划提出了更高的要求，主要体现在以下方面：

（1）经济社会。由高速增长阶段转向高质量发展阶段，迫切需要加强电网基础设施建设。

（2）能源领域。供应侧低碳化、消费侧电气化进程加速推进，对多能转换、智能控制、信息融合等提出了更高的要求。

（3）电力行业。电力体制改革特别是增量配电业务改革，一般工商业电价调整，对配电网的效率、成本、服务等提出更高要求，需要通过精细化规划和精益化管理满足要求。

（4）企业发展。国家电网有限公司提出"具有中国特色国际领先的能源互联网企业"战略目标，对配电网规划的理念、方法提出新要求。

2. 规划原则

根据《配电网规划设计技术导则》（Q/GDW 10738—2020），推行以供电可靠性为中心、全寿命周期资产管理的先进规划理念，运用供电模型和典型设计，推进配电网标准化建设和改造。图 3-1 介绍了配电网规划原则。

3. 规划目标与规划重点

规划目标是建立一个安全可靠、经济高效、灵活先进、绿色低碳和环境友好的整体智能电网。规划目标如图 3-2 所示。

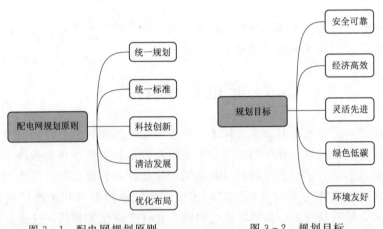

图 3-1　配电网规划原则　　　　图 3-2　规划目标

规划重点加强配电网结构建设，提高供电能力，提高配电网装备水平，协调推进配电自动化建设。同时，提高配电通信网络的商业支持能力，满足新能源、配电网和多元化负荷快速发展的需要，实现配电网络与用户的灵活双向互动，加大科技创新，建设试点示范工程。

3.1.2　配电网规划技术的分类

随着分布式发电、电动汽车和柔性负载等设备的应用不断增加，配电网出现一系列问题，如谐波污染、接入点电压升高、系统电流双向化、短路电流增加、三相不平衡和电压波动等，同时，这些问题的存在也会限制分布式能源的接入。为了解决这些问题，研究和发展配电网规划技术非常重要。

1. 传统配电网规划技术

在传统配电网中，配电网规划是指在一定的负荷预测值下，用最大的容量余量（给定网络结构）来应对负荷量最大的运行状况（即使该运行状况是低概率事件），这样在规划阶段就可以找到处理所有运行问题的最优方案，其运行和规划标准相对简单。然而，分布式能源的规模化接入与应用将对系统潮流分布、电压水平、短路容量等原有电气特性产生重大影响。而传统配电网在设计中没有考虑到这些因素，使其难以满足低碳经济背景下可再生能源接入和高效利用的高渗透率要求。

2. 主动配电网规划技术

主动配电网采用先进的电力电子技术、通信技术和自动控制技术，具有协调和控制不同类型分布式能源的能力，能很好地解决分布式能源接入配电网后对电网安全稳定运行造成的不良影响。它可以实现配电网系统的双向潮流控制，使新能源产生的能量得到有效利用，从根本上解决大量分布式能源接入配电网产生的问题。

主动配电网是一个具有灵活拓扑结构的公共配电网，其基本构成模型如图 3-3 所示。

目前，主动配电网规划不再仅仅以满足负荷需求作为电网需求分析的唯一标准，即配电网规划也已从简单的根据最大负荷水平来规划网络，转变为更为复杂的对不同负荷水平和分布式功率的配电网进行概率性规划的方式。如图 3-4 所示为主动配电网规划体系结构。

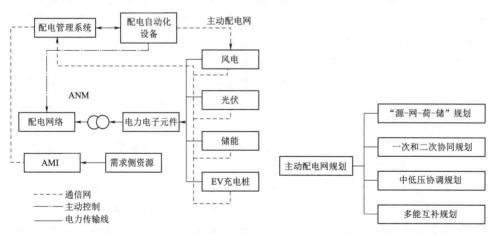

图 3-3　主动配电网的基本构成模型　　　图 3-4　主动配电网规划体系结构

（1）"源-网-荷-储"规划。"源-网-荷-储"一体化运行深度融合了低碳能源技术、先进的信息通信技术和控制技术，在源端实现了高比例新能源的广泛接入，在电网端实现了资源的安全高效灵活配置，在荷载端实现了多元化需求的充分满足，具有清洁低碳、安全可控、灵活高效、开放互动、智能友好等特点。"源-网-荷-

储"一体化运行是电力行业坚持新型电力系统理念的内在要求，是实现电力系统高质量发展的客观需要，是提高可再生能源开发利用水平的必然选择，对促进电力供应和构建新型电力体系具有重要意义。

（2）一次和二次协同规划。传统的配电网规划侧重于优化一次网架结构和优化能量流分配器容量，而没有考虑一次和二次能源互联网的协同互联的规划，包括自动化系统、通信系统和配电管理系统对电网运行和供电可靠性的影响。在传统的配电网规划中，一次和二次网架规划工作是相互隔离的，没有互补和合作的互联关系。智能电网是建立在数字电气设备的基础上，由数字电气设备组成的电网节点既控制能量流又控制信息流，是强弱电气技术相互结合的产物。

目前的供电形式正逐步发展为分布式电源模式，电网对多种能源的优化配置能力，多个用户的能源供需互动，使得传统的配电管理系统在对一次电网能量流的监控、二次信息流的保护和控制方面略显不足。而一次和二次协同规划配电网的提出，满足了电网一体化的要求，对于在配电环节实现智能电网的理想建设形态，实现电力设备数字化所涉及的关键技术，发挥电网在能源资源配置和利用转换中的基础平台作用，进一步提高电力系统的供电可靠性、稳定性和安全性具有重要意义。

一次和二次协同规划可以概括为：基于一级网络结构的规划，考虑提高供电可靠性的目标要求，在监控的可观测性基础上，从负荷均衡、互联网的功能角度进行协同规划研究，并对配电自动化终端的部署和配置进行协同优化。配电网络设计和规划方案通过结合先进的配电通信网络和一次联络线路，提高二次配电自动化、监测和保护以及控制设备之间的联系，可以提高该地区的供电可靠性和对配电网络停电的反应速度。

（3）中低压协调规划技术。中低压配电网络是电力系统和用户之间的最后一个环节，直接关系到供电质量水平。目前，中低压配电网络普遍薄弱，有大量的建设和改造需求，而配电网络普遍存在配电线路和设备负荷不平衡的问题，因此如何建设经济高效的中低压配电网络是规划中需要解决的关键问题。

配电网实际运行中的中压配电网典型接线模式如图 3-5 和图 3-6 所示：电缆网主要由单射接线、单环网和双环网组成，架空网主要由辐射接线和多分段适度联络接线组成。

中低压协调的内涵为：确保在电力系统安全可靠运行的基础上，充分发挥设备的使用效率，确保电力系统的运行是经济和高效的。从中压线路的供电能力和供配电的负荷水平来看，线路的供电能力过大，导致线路的负荷过低，不能促进设备使用效率的提高；供配电的负荷水平过大，导致线路的过负荷过高，影响运行的安全性和可靠性。只有中压线路的供电能力水平与所连接的负荷水平相对应，才能实现中低压配电网的协调。

（4）多能互补规划技术。随着社会用电资源总量的逐年增加，电力企业必须寻求在电力系统建设中应用新技术，走高效能源利用的道路。多能互补综合能源系统的出现，为促进多种能源的协同使用和可再生资源的最大应用提供了新的机会。

多能互补综合能源系统依托分布式能源技术，将火电、太阳能发电、水电、气

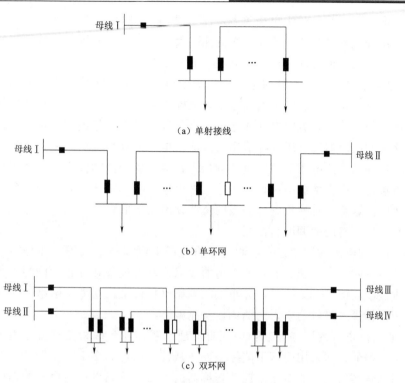

图 3-5 中压电缆网典型接线模式

■ 出口断路器（开关常闭）；▮ 开关常闭；▯ 开关常开

电等整合在一起，从而达到多个区域多能源同时供应的效果，并在多能源互补优化中最大限度地利用可再生能源。利用多种能源转化设备将各种能源转化为电能，以克服电力系统的能源供应不足。然而，从技术角度来看，多能互补综合能源系统具有多种特性，具有高度随机性和复杂的变量特性，被归类为非线性系统。多能互补综合能源系统与各种类型的能源耦合在一起，也与能源和信息系统深度融合。

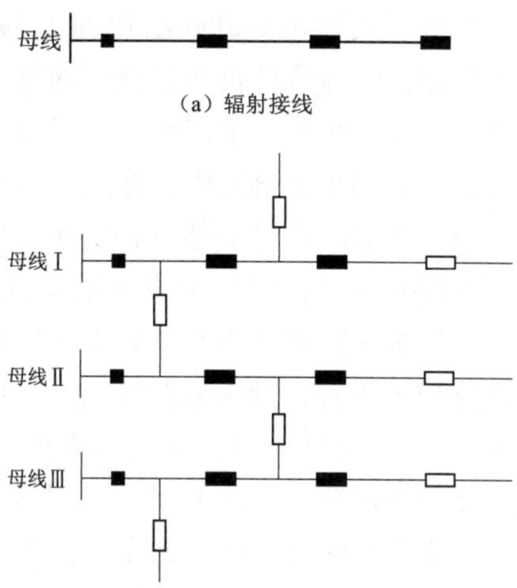

3. 直流配电网技术

直流配电网是未来能源互联网的基本支撑环节，以柔性直流技术为代表的中压配电网也会是未来的发展趋势。

(1) 直流配电网的规划与设计。

1) 直流配电网接地方式。无论是单极还是双极系统，都必须考虑直流配电网中 VSC 逆变器直流侧的接地问题。如果直流侧没有接地，由于 VSC 的开关频率，接地电势会发生振荡，这将影响直流输电

（a）辐射接线

（b）多分段适度联络接线

图 3-6 中压架空网典型接线模式

■ 出口断路器（开关常闭）；▮ 分段开关（开关常闭）；▯ 联络开关（开关常开）

线路上的电压。因此，对于单极系统，直流侧主要采用线路接地，而对于双极系统，则采用分裂电容接地。此外，交流侧的大多数耦合变压器都采用 $Y_{eo}/\triangle$ 或 YdY 的接线方式，以避免与低压直流配电网形成零序电路。

2）直流配电网电压等级的选择。直流配电网电压等级是直流配电网研究的重要内容。如果考虑将交流配电网改造成直流配电网，直流电缆允许直流电压为标称交流线电压的峰值，直流配电网的电压等级可以在最初就作出相应选择，即选择现有中压交流配电网的线电压的峰值作为直流配电网的标称电压。在直流配电系统的低压侧，过高的直流电压不利于负载的接入，会造成严重的安全问题，因此应将电压的中点接地，成为两极系统，用线电压来供应大功率负载，而小功率负载则由单极接地供应。这意味着连接到每一极的负载并不完全平衡。

（2）直流配电网的调度与控制。

1）直流配电网的调度方案：调度是直流配电网运行的关键，在分析直流配电网的调度方案时，应考虑到实际的负荷曲线以及储能设备和分布式能源的类型和容量。在直流配电网正常运行时，分布式能源始终提供最大功率，网络的中压侧通过直流变压器提供或吸收功率，为储能设备充电。

2）直流配电网的协调控制：中压直流配电系统与多端柔性直流输电系统的协调控制策略类似，即采用电压下陷控制或主从控制来协调多个变流器的控制。通过使用负载侧转换器的储能单元来调节转换器的等效阻抗，以避免由转换器的负电阻引起的稳定性问题。

（3）直流配电网安全运行与保护。直流配电网络分为直流负载侧、直流线路侧、交流负载侧和交流网络侧四个部分。不能确定故障的位置，只能评估故障等级。故障的精确位置仍然是搜索的重点和难点，特别是当线路较短时。因此，直流线路需要安装相应的限流装置，以限制故障发生时短路电流的增加速度，并在保护装置工作前将短路电流限制在允许的范围内。

（4）直流配电网关键设备研制。作为保护直流配电网运行的关键设备之一，断路器在限制故障范围方面发挥着重要作用。由于直流系统没有过载点，这给高电压、高容量的直流断路器的开发和应用带来了很大困难。迄今为止，所使用的机械式断路器由于其自身结构的限制，无法实时、灵活、快速地运行。近年来，在低压领域，400V 及以下的低压直流断路器已在工业上得到应用。在中压领域，虽然直流断路器的研究和开发取得了重大突破，但要实现其在该领域的广泛应用仍有困难。如果在低压直流配电网中直接使用现有的交流开关和插座，来自大功率负载的直流电流，如电磁炉和加热设备，就无法快速安全地关闭。因此，开发直流配电网的专用插头和开关已成为另一个关键问题。

3.1.3　配电网规划技术的应用

国网冀北电力有限公司第一个"源-网-荷-储"主动智能配电网工程项目位于秦皇岛开发区 10kV 宁海大道开闭站，在开闭站内建设"源-网-荷-储"一次设备架构，开发与之对应的协调控制系统，建立调度模型，并使用高速通信技术，实现分布式智能终端的信息交互、终端与协调控制系统的交互，提高主动配电网供电可靠性。

"源-网-荷-储"工程控制系统利用多源信息融合技术与分层分级形式，主要有设备控制层、分布式控制层和集中决策层。通过本地控制，建立集中决策层控制系统，形成主站优化-区域内协调决策的自上而下的控制技术，通过系统调节供电区域内的分布式电源、各种负荷和储能等资源，保证电力系统的安全可靠运行。"源-网-荷-储"协调控制系统结构图如图3-7所示。

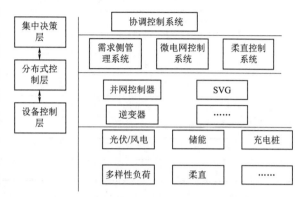

图3-7　"源-网-荷-储"协调控制系统结构图

（1）设备控制层。对现有配电自动化系统改造升级，在用电设备上增加控制终端，主要是针对配电网终端，负责采集设备的用电信息并且执行下发的指令。

（2）分布式控制层。对现有的微电网能量管理系统、需求侧管理系统升级改造，主要接受调度命令、负荷可调裕度、分布式电源可调容量信息，并下发相应的调控指令。

（3）集中决策层。通过多源数据融合、快速仿真，预测主动配电网的运行态势。通过设计协调调度策略，实现主动配电网优化调度，并在调度后对策略进行反馈，达到协同优化调度的闭环管理。该试点工程实现供电区域内"源-网-荷-储"协调控制，主要实现"源-网-荷"特性分析、主动配电网态势感知、"源-网-荷"协调控制决策三大功能。

3.2　配电网运行管理技术

3.2.1　配电网运行管理概述

随着计算机技术和通信技术的飞速发展，配电网的运行管理技术也在发生着深刻的变革，由单一的、局部的运行管理模式逐渐向全面的、整体的运行管理模式转变。通过运用现代计算机和通信技术，把配电网实时运行状态、电网结构、用户、地理位置等信息综合起来，形成一个一体化的配电网运行管理系统，实现配电网运行监测与管理的自动化、信息化，提高配电网供电可靠性和供电质量。

1. 现代配电网运行管理应用需求

在保证电力系统的高安全性、高供电质量的前提下，提高电力系统的经济性、环保性和能源利用效率，是配电网运行管理的发展方向。在分布式新能源发展迅速的今天，配电网必须具备大规模分布式可再生能源的接入能力。另外，与传统的配电网相比，目前的配电网不仅要兼顾用电端的电能质量和效率，而且要加强与用户的交互能力。传统与现代配电网应用需求差异见表 3-1。

表 3-1　　　　　　　　　　　　传统与现代配电网应用需求差异

传统配电网应用	新型配电网应用
SCADA	与 AMI 系统集成
电压无功优化控制	分布式发电（新能源）接入
停电管理	储能单元计入与控制
故障定位、隔离与系统重构	终端用户需求反馈
损耗控制	电动汽车充电管理
—	资产管理/设备诊断
—	电能质量管理

为了满足以上的应用要求，目前的配电网运行与管理系统面临着许多技术难题。这些技术与配电网管理系统有机结合，相互促进，推动着配电网管理系统的发展。新一代配电网管理系统结构如图 3-8 所示。

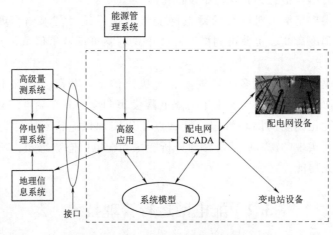

图 3-8　新一代配电网管理系统结构

2. 现代配电网运行管理的发展趋势

（1）不断提高配电网智能化水平。要加强智能配电网的运行管理，就必须提升配电网智能化程度。首先，要加大对配电自动化技术的运用，以保证配电网能根据用电量的变化，自动、合理地分配、调整电压，从而达到无功补偿的目的。同时，要完善信息保障系统，建立由通信网络、信息管理、数据信息平台组成的智能电网管理平台，以实现网络资源信息的共享和配电网络的现代化管理。

（2）加强配电网保护控制。在配电网的管理中，必须加强对电力系统的保护和控制。为了实现对配电网的历史信息和实时状态监控，必须加大对配电网监测力度。通过对这些数据的实时分析，可以及时地对配电网的状态进行分析，并能尽早地发现配电网的故障。在此基础上，对配电网的风险预警系统进行启动控制，并与相关的数据相结合，可以对配电网的故障进行及时的校正，从而有效提高配电网的防灾能力。

（3）做好分布式能源的运行管理。利用分布式能源可以提高配电网的发电效率，减少电网的能耗，但必须加强对分布式能源的管理。在实际的分布式能源管理中，也需要用户的合作。具体来说，就是要对使用分布式能源是否能够满足用户的需求进行分析，并与用户进行良好的交互。

3.2.2 配电自动化技术

配电自动化是在电网技术基础上进行创新与拓展，综合运用计算机、信息和通信技术，并与相应的应用系统进行信息整合，从而达到监测、控制、快速的故障隔离，并为配电网运行管理系统提供实时数据支持。通过快速的故障处理，提高电力系统的可靠性；通过优化运行模式，提高供电质量，提高运行效率，提升供电效益。

1. 配电自动化系统组成

从结构上划分，配电自动化系统一般由主站、配电终端、通信等部分组成。按功能划分，一般来讲，配电自动化系统是指所有能够实现一个或多个配电自动化功能的系统。通俗来说可实现配电网的运行和管理自动化的集成系统称之为配电自动化系统，如图 3-9 所示。其中 SCADA 系统和馈线自动化（Feeder Automation，简称 FA）是配电自动化最主要的两个功能。

2. SCADA 系统

SCADA 系统是配电自动化系统最重要的子系统，主要由主站、通信网络和各种配电终端组成。工作人员可以运用 SCADA 系统和 SCADA 平台上的高级应用软件对配电网进行调度和管理。

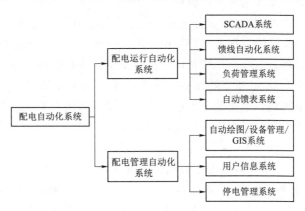

图 3-9　配电自动化系统功能结构图

（1）SCADA 主站。SCADA 主站是配电自动化系统最主要的组成部分，是数据汇集、处理的核心，主要功能包括数据采集、处理、监控等，并扩展出电网拓扑分析等功能。同时提供与其他系统的接口，可为与配电 GIS、生产管理系统等应用系统进行信息交互提供技术支撑。

1）硬件架构。主站系统硬件组成主要有前置服务器、配电网应用服务器、数据库服务器、SCADA 服务器、磁盘阵列、工作站、接口适配服务器、Web 发布服务器、无线公网前置服务器等。

2）软件架构。主站系统软件设计遵从全开放式系统解决方案，采用分层、分布式架构模式，包括操作系统层、应用支撑层、应用层等，应提供数据采集、数据处理、控制与操作、拓扑分析、潮流计算、馈线故障处理、基于地理背景的 SCA-DA 应用、配电仿真、分布式电源接入等高级应用功能。

（2）配电终端设备。配电终端是用于监测电网运行数据、控制开关设备开合的各类设备的总称，具备数据采集传输、设备控制、通信等功能。

根据监控对象和功能的不同，配电终端主要有馈线终端（FTU）、配变终端（TTU）和站所终端（DTU）三大类，如图 3-10 所示。

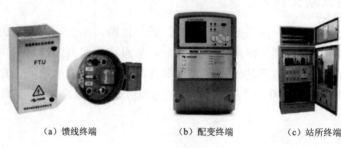

（a）馈线终端　　　　（b）配变终端　　　　（c）站所终端

图 3-10　配电终端类型

1）馈线终端设备对线路设备的实时操作参数和故障信息进行采集、上传，并完成 DA 主机的控制和调整指令。

2）配变终端设备对配电变压器低压侧的各类电力参数进行采集、处理，并将其反馈给上级，监控变压器的工作状态，在出现故障时，及时报告，同时，还可以实现对电容器组的就地、远程集中无功补偿和其他控制功能。

3）站所终端设备完成对各个开关的位置信号、电压、电流、有功、无功、功率因数、电能等的采集、计算，接收并执行遥控命令，与重合器、断路器执行操作并保存记录主站和当地遥控信息。

3. FA 系统

FA 系统是配电自动化系统中的一个重要组成部分，其作用是当配电网出现故障时，可以迅速确定故障位置，并对故障区域进行故障隔离，使正常线路实现供电恢复，从而缩小停电范围，提高配电网供电可靠性。

（1）FA 系统结构。FA 系统包括一次设备（开关、电流/电压互感器）、FA 控制主站和 SCADA/DMS 主站。其中 FA 控制主站可以与 SCADA 主站结合，在 SCADA 平台上运行 FA 高级应用软件完成馈线自动化功能；FA 控制主站也可以设置在变电所内的配电子站中。FA 系统结构如图 3-11 所示。

（2）实现方式。馈线自动化有两种实现方式：就地式 FA、集中式 FA。

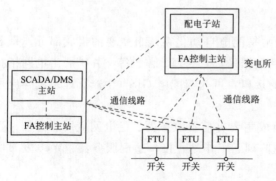

图 3-11　FA 系统结构

1）就地式 FA。

a. 重合器方式 FA。重合器方式 FA 指利用重合器和分段器之间的逻辑配合顺序动作完成故障处理的自动化。当线路存在故障时，开关通过检测线路电气信息的变化，依据预先整定的逻辑进行动作，完成故障切除。重合器方式 FA 可以分为电压时间型、电压电流型和自适应型。

b. 智能分布式 FA。智能分布式 FA 故障处理不依赖与主站的通信，可就地完成故障隔离，但是需要将故障处理的结果上传到主站，故障处理的过程中，主站处于旁观者位置，不参与处理过程，只是收集馈线处理结果。

2）集中式 FA。

集中式 FA 方式是通过配电终端设备将配电网的运行状态信息发送给主站，由主站根据线路的拓扑结构和故障数据，计算出相应的故障处理方法，并控制动作，如图 3-12 所示。集中式 FA 的故障处理可划分为架空线路和电缆线路的故障处理。

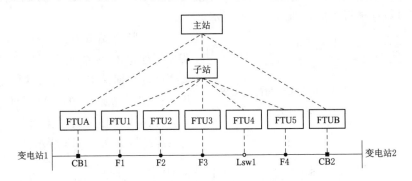

图 3-12 集中式 FA 示意图

■ 断路器；● 分段开关；○ 联络开关；—— 馈线线路；—— 通信线路

3.2.3 配电地理信息技术

GIS 是配电管理、配电自动化领域的一个重要组成部分，它能把数据库技术和图形操作结合在一起，通过 GIS 实现对电网的全面管理，为电力企业的信息化管理提供强有力的手段。

1. GIS 结构组成

计算机硬件、软件、数据和用户是 GIS 的四大要素。其中，计算机硬件包括各类计算机处理及终端设备；软件是支持数据信息的采集、存储加工、再现和回答用户问题的计算机程序系统；数据则是系统分析与处理的对象，构成系统的应用基础；用户是信息系统所服务的对象。配电 GIS 结构图如图 3-13 所示。

2. 配电 GIS 与 SCADA/DA 系统的集成

为了丰富系统的功能，增强数据性能，使人机界面交互更加友好，配电 GIS 必须与 SCADA 系统进行整合。另外，将配电 GIS 与 SCADA 系统相结合，可以避免重复施工，大大减少了数据传递冗杂问题和维护工作复杂的问题，确保了数据的完整性、一致性和可靠性。配电 GIS 和 SCADA 系统的集成有两种形式：一种是松散

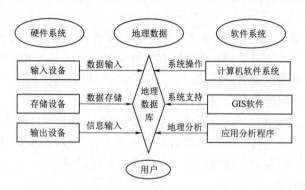

图 3-13　配电 GIS 结构图

的,另一种是紧密的。

(1) 松散集成方式。SCADA/DAS 系统与配电 GIS 系统为分立的两系统,通过交换实时数据进行集成,如图 3-14 所示。

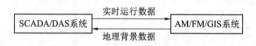

图 3-14　SCADA/DAS 系统与配电 GIS
系统的松散集成

(2) 紧密集成方式。SCADA/DAS 系统与配电 GIS 系统为一体,SCADA 系统负责数据采集和监控;图、模、库及人机交互界面全在 AM/FM/GIS 系统进行在线操作。紧密集成的 DMS 主站系统结构如图 3-15 所示。

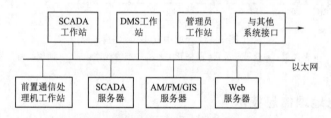

图 3-15　紧密集成的 DMS 主站系统结构

紧密集成方式下的 SCADA/DA 系统与配电 GIS 系统应用功能在统一的界面下工作,数据管理和维护相对集中。相对于松散集成方式,该系统可以有效地实现 SCADA 和配电 GIS 之间的信息共享,减少不必要的重复投入。但是,由于 DMS 系统的结构比较复杂,需要大量的数据,这不仅会影响到系统的实时性和可靠性,而且还会影响到系统的规划、设计和维护。

3.2.4　配电网通信技术

通信技术是配电网络管理的核心技术之一。没有一个先进的通信网络,就无法发挥出智能配电网的优势,因此,建立双向、高速、一体化的通信网络是实现智能配电网的关键。

目前,配电网通信技术主要采用有线和无线两种方式,有线方式的主流技术包括以太网无源光网络(Ethernet Passive Optical Network,简称 EPON)、电力线通信载波（Power Line Communication，简称 PLC）等，无线方式分为无线公网和无线专网两大类，无线公网主流技术包括 GPRS，无线专网包括 WiMAX 等。可根据应用场景的不同，采用不同的通信技术。

（1）EPON。EPON 是一种无源光网络技术，它是一种采用点对多点网络结构、无源光纤传输的无源光网络技术。由于 EPON 是一种拓扑灵活、支持多种业务接口的纯光介质接入技术，它已经被广泛地应用于配电自动化领域，具有很好的发展前景。

（2）PLC。PLC 是一种特殊的电力系统通信手段，它以现有的电力电缆为传输介质，以载波形式进行语音和数据的传送。在中低压配电系统中，PLC 可以为配电自动化、AMI 等提供数据的传输信道。

（3）GPRS。GPRS 是一种移动通信服务，适用于 GSM 手机用户。GPRS 是 GSM 的一种延伸。GPRS 与以前通过频道的连续传送不同，它采用了封包（Packet）发送，所以用户需要支付的费用以传输数据的单位计算，因为并没有使用整个频道，所以费用更低。

（4）WiMAX。WiMAX 是基于 IEEE 802.16x 系列标准的宽带无线接入城域网技术，能够实现固定及移动用户的高速无线接入，其基本目标是为企业和家庭用户提供"最后一公里"的宽带无线接入方案。WiMAX 网络体系由核心网和接入网组成。

配电网特别是 10kV 及以下电压等级网络结构复杂，电压等级高，配电设备数量多、支线多、分布广。根据区域的特点，采取多种通信模式，构成目前比较普遍的混合通信系统。如果在光纤资源充足、可靠的情况下，可以使用光纤通信等；配电线路的载波通信模式可用于变电站与馈线 RTU 的通信；而远程抄表则可以通过中央控制中心与无线公共网络 GPRS 进行通信。通过这种方法，可以最大限度地利用各种通信方式的优势，同时也避免了它们的不足之处。

3.2.5 配电网运行管理技术应用

为使读者了解配电自动化在配电网管理中的具体应用，更加深入了解配电自动化系统的功能与结构，以绍兴配电自动化系统应用为例进行介绍。

绍兴城区的配电自动化系统是一个分层控制系统，该系统设立一个配电网控制中心，同时按照"结构分层、功能分级、布置就近、信息集中、控制可靠"的原则，在外围设置 6 个配电自动化子站。市中心区采用主站控制方式，郊区采用无信道控制方式（预留"三遥"接口），两者的结合部分采用两种方式并存并逐步向主站控制方式过渡。

1. 系统结构

（1）主站系统。主站系统包括配电 SCADA/DA 系统和配电 GIS 两个子系统，二者通过网络接口（路电器）交换数据。此外，SCADA/DA 系统通过路由器与 EMS 交换变电所 10kV 出线断路器监控数据，并且向 MIS 提供配电网实时运行数据。系统软件采用 UNIX 操作系统，支持窗口标准 X - Windows 和建立在其上的用户界面；采用统一的关系型数据库；实时数据库支持 SQL 查询语言并提供 API 接口。主站系统配置如图 3-16 所示。

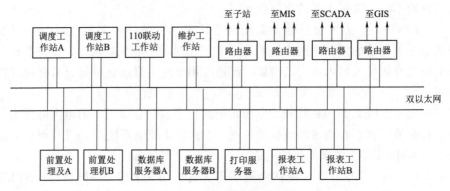

图 3-16　主站系统配置示意图

（2）配电子站。配电子站具有 SCADA 功能，可以监测本地馈线、配电室和开闭所的设备，并根据这些功能完成线路故障检测、故障隔离、网络重构等功能，并与 SCADA/DA 主站进行数据传输。

（3）远方监控终端。除了传统的"三遥"功能，开闭所 RTU 还具备故障检测、隔离、网络重构等功能，并将故障处理的信息上报给主机。在故障隔离、自动恢复供电等方面，柱上 FTU 可以对故障进行探测和向主站（子站）报告故障信息，并对其进行故障处理。

2. 通信方式

该系统采用光纤作为通信媒介，并通过光纤 IP 数据网进行通信。主站、基地站和 FTU 都按照 TCP/IP 协议，实现对等通信，充分体现了配电自动化系统的通信一体化理念。该系统采用了分级架构，在 IP 层通过路由器（或网桥）进行设备间的数据交换，其中，物理上的连接可以分为环形模式和"井"形模式。

3.3　配电网控制技术

3.3.1　配电网控制技术概述

近几年，随着我国社会经济的迅速发展，电力系统的可靠性、电能质量等问题越来越受到广大电力用户的关注和重视。另外，以新能源为代表的分布式电源和新型用电负荷在配电网中的渗透率日益增加，这使配电网在网络规模、接线方式、操作控制等方面都有了很大的改变，这些变化给配电网的安全稳定运行带来更大的挑战。因此配电网对控制技术提出了更高的要求。

1. 智能配电网控制的需求

（1）电源侧需求。近几年分布式电源的大规模分散接入，使得配电系统的控制变得更加复杂，也更加不稳定。因此，在进行智能配电网的控制时，应充分考虑分布式电源接入其对电网的影响。

（2）负荷侧需求。在新的基础设施建设中，新型负荷表现出多样化、复杂的特点。随着新型负荷占比不断扩大，配电网的运行特性也将随之发生变化。因此，在智能配电网络的控制策略设计中，必须充分考虑到新型负荷接入对配电网的影响。

（3）配电网系统稳定性的需求。随着分布式电源接入量和用户的负荷需求量的不断增加，智能配电网的规模不断扩大，影响配电网安全稳定运行的不确定因素越来越多，这对配电网系统的供电质量和可靠性提出了更高的要求。

2. 智能配电网控制方式

配电网控制的典型特点是需要依靠大量广域分布的多样化装备，既要解决局部问题，又要追求整体成效。智能配电网控制方式分为集中式控制、分布式控制、自适应控制等。

（1）集中式控制。配电网中的各种终端设备将采集的信息发送给控制中心，以全局最优为目标，通过协调优化控制手段，发挥组合优势，统一调配可控资源。但配电网集中控制计算、通信负担重。

（2）分布式控制。配电网中分布式电源接入点多、面广，可采用区内基于就地信息快速控制，区间交互边界信息分散式协调优化，实现近似全局最优控制。通过边界信息交互，兼顾控制快速性与全局协调能力。

（3）自适应控制。分布式电源高比例接入下的配电网运行状态变化频繁，且精确的机理模型参数难以获得，需充分发掘运行数据潜力，以实现配电网自适应运行调控。基于实时量测，自适应调控，可减轻对物理参数的依赖性。

3.3.2 分布式控制技术

目前，我国电力系统的生产与分配框架以集中式电网为主。随着 DER 技术的不断发展，未来的智能电网结构将由传统的集中式结构转变为分布式的模式。采用基于对等通信的分布式控制系统，不仅可以充分利用多个站点的监测信息，改善系统的运行控制效果，而且还可以克服由于主站集中而造成的通信和数据处理延迟问题。

1. 分布式控制方式与控制方法

（1）分布式控制方式。分布式控制不依赖于控制主站，智能配电终端（Smart Terminal Unit，简称 STU）通过对等通信网络与相邻开关处的 STU 之间交换信息，自主或与其他 STU 协同来完成智能配电网的控制任务，如分布式馈线自动化系统。这种方式既有就地控制响应速度快的优点，又有集中控制性能比较完善的优点。与集中控制方式相比，分布式控制增加了可扩展性，方便系统资源的接入和退出，有利于实现"即插即用"。分布式控制方式如图 3-17 所示。

（2）分布式控制方法。在分布式控制系统中，把做出或发布控制指令的 STU 称为"主控 STU"。在某一特定的控制任务中，可以按照参与决策的主控 STU 数目，将其分成两类：协同控制和主从控制。

协同控制是指在两个或两个以上的主 STU 中，主要负责处理本地和相关 STU

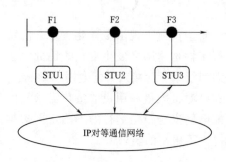

图 3-17　分布式控制方式

的测控信息并做出决策，并对本地的或有关的配电设备进行控制。在分布电流差动保护中，基于局部故障电流测量的相量和其他终端的故障电流测量相量，判断是否应该跳闸。

主从控制是指在某一控制任务范围内，以一个 STU 为主要控制单元，对相关站点的测控数据进行采集、处理，并做出相应的控制决策；其他 STU 是从 STU，与主 STU 进行通信，将本地配电设备的工作信息发送给主 STU，并按照主 STU 发出的控制指令来操作本地的配电设备。

2. 分布式拓扑识别

由于配电网的故障隔离、网络重构等操作会改变联络开关的位置，因此要实现分布式控制，就必须要搞清楚配电网的实时拓扑结构。所以在分布式控制中，如何实现配电网的实时拓扑识别成为一个亟待解决的问题。

（1）分布式拓扑分类。分布式拓扑分为静态拓扑和实时拓扑两种。

1）静态拓扑。静态拓扑指系统配电设备与线路的静态连接关系，配电设备连接关系的变化会导致静态拓扑的变化。

2）实时拓扑。实时拓扑指实现某一具体功能时，其控制作用域内相关设备的实时连接关系。实时拓扑是由静态拓扑结合开关状态决定。

（2）分布式拓扑识别方式。当前，配电网的拓扑结构识别方式主要有主站式和分布式两种。在集中主站模式下，配电线路上的配电终端不存储馈线拓扑信息，馈线的静态拓扑存储在主站中，主要通过树搜索法和邻接矩阵法等拓扑识别算法计算获得实时拓扑。分布式控制为了实现对配电网的实时控制，通常不要求整个馈线拓扑结构，仅需要在控制区域内的拓扑信息。获取实时拓扑信息的过程如图 3-18 所示。

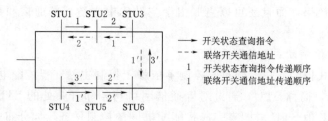

图 3-18　获取实时拓扑信息的过程示意图

3. 分布式控制通信手段

实现分布式控制，需要有较完善的通信手段，需满足快速性、可用性、可靠性、互操作性、可扩展性、安全性、同步性。

（1）通信媒介。配电网中使用的通信介质可分为有线通信和无线通信两种。电缆线路通常都有光缆，通信状况良好；而架空线路则以无线通信为主，也可分为公用和专用两类。在分布式配电保护和自愈控制系统中，要实现良好的通信效果，必须尽可能地使用光纤，而无线通信则要选用专用网络。

（2）通信协议。IEC 61850 易于实现即插即用、互联互通，是分布式控制的最佳选择。利用 GOOSE 机制传递状态量信息对配电网络进行拓扑结构辨识，交换故障方向信息构成纵联方向保护，并发送控制指令，实现对电网进行故障隔离和供电恢复。在通信能力许可的情况下，也可以直接传输模拟量信息，从而形成纵联差动保护。

3.3.3 自适应控制技术

自适应控制可以看作是一个能根据环境变化智能调节自身特性的反馈控制系统，系统能按照一些设定的标准工作在最优状态。由于配电网运行特性未知或扰动特性变化范围特别大，因此，将自适应控制技术应用到配电控制领域，结合配电网当前的负荷状态以及节点电压降、线路损耗、各个电源点的供电能力等具体情况，实现网络拓扑自适应、设备配置自适应和运行方式自适应。

1. 配电网信息智能分析与控制自适应系统框架

由于配电网负荷信息综合分析能力较差，自适应控制与调节能力较弱，可采用一种配电网信息智能分析及自适应控制技术，构建配电网信息智能分析与自适应控制系统。

（1）系统设计。配电网信息智能分析与控制系统主要包括 3 个部分：基础层、支撑层和应用层，如图 3-19 所示。

基础层主要负责采集 SCADA 系统、电能采集系统等获取的配电网运行数据。以上这些数据资料基本包含了配电网运行过程中所有的信息，这些信息是配电网智能化分析和自适应控制功能实现的基础。

支撑层通过通信网络将基础层获取的配电网数据进行处理、分析，建立配电网运行相关理论模型。

应用层更加深入地分析处理基础层获取的配电网数据，完成各种高级功能，例如配电网重构方案分析、快速仿真与模拟等功能。

（2）配电网智能分析。数

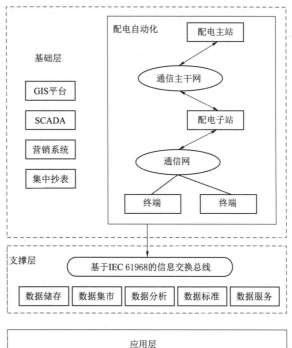

图 3-19　配电网信息智能分析与控制系统框架

据采集包括电力信息采集数据、外部数据等。面对海量的配电网数据，在导入大数据平台数据库实现多数据融合前，先根据不同的融合需求进行关联和分类，进行数据预处理程序。然后在数据融合的基础上，提取反映负荷特性的特征向量，完成信息的智能分析。

1）多源数据融合。数据融合就是将获得的初始数据转化为成熟的数据。利用规划的数据模型，结合融合维度提取初始数据的特征向量。特征向量包含了融合维数下的数据属性。在此基础上与数据流标准等数据处理规则进行融合，从而获得一个标准的特征向量。由于标准特征向量内容与成熟数据属性一致，因此就转化为在标准特征向量中获取到需要的成熟数据。

2）特征提取。在进行数据预处理之后，根据规划要求进行特征向量的提取。这个向量是一个一维或多维的向量。由于特征提取的目标是节点电压降、线路损耗等可以反映出负荷特性的指标，因此要选取多个系统的历史和实时数据进行数据融合。此外，在进行数据提取后，还需要对矢量单位、格式和精度进行标准化，以方便数据的聚类分析。

2. 自适应控制策略

根据目前配电网的负载状况、节点电压降、线路损耗、各电源点的供电容量等特点，通过采用自适应遗传算法，在电力系统容量不能满足全部负载要求的条件下，确定最优的开关投切顺序，从而达到调节负载的目的，确保系统的负载供电能力最大。

该方法是一种基于自然选择的元启发式算法，它是一种新的演化算法。利用该算法，可以将优化问题的候选解（染色体）群体演化成更好的或更合适的解。而在配电网的供电与负荷需求问题中，种群染色体可以用来表达问题的候选解，当某个解满足了该问题的约束条件时，该解可行，反之，则不适用。通过对所获得的最佳解进行开关控制，以达到配电网优化重构的目的，提高整个电网的供电能力。基于自适应遗传算法的控制策略流程如图 3-20 所示。

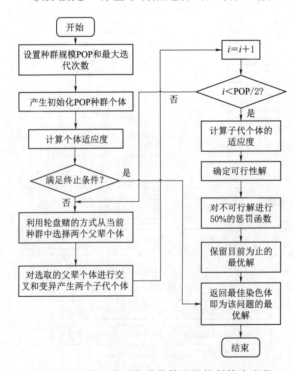

图 3-20　基于自适应遗传算法的控制策略流程

3.3.4 配电网自愈控制技术

配电网直接面向电力用户，为满足用户种类和用电需求的多样性，配电网必须朝着智能化的方向发展，实现自愈控制是配电网智能化的重要标志。自愈控制技术不仅能够在配电网发生故障时快速且尽可能多地恢复失电区域供电，而且能够在系统平稳运行时对网络结构进行优化，起到预防和预警的作用。

1. 自愈控制功能

智能配电网自愈控制应具有以下功能：

（1）正常时（故障发生前）：经济优化运行，分布式电源的即插即用和协调控制，在线风险监测、评估和安全预警等，降低系统风险。

（2）故障中（配电网故障自愈中）：故障快速定位、隔离、转供和恢复，主动孤岛切换和运行，脆弱点分析与评估，客户停电时间自动统计等。

（3）故障后（故障自愈后）：分布式电源和微电网并网，在线风险评估和脆弱点分析，网络重构，快速抢修等。

2. 智能配电网自愈控制系统架构

智能配电网自愈控制系统架构采用三层控制结构，如图 3-21 所示。

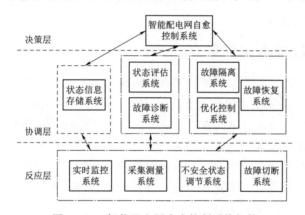

图 3-21　智能配电网自愈控制系统架构

在图 3-21 系统架构中，决策层是最高级的控制结构，它能够完成仿真的功能。决策层的工作主要是通过与其他两层的实时通信来进行故障原因的分析，然后根据快速仿真的结果，寻找和实施最优的控制策略，实现对智能配电网自愈控制系统的智能控制。

协调层负责从反应层接收各状态下的配电网运行情况，并进行分析和处理，将其上传至决策层。协调层存在状态信息存储系统、用于分析系统状态的状态评估系统、有效地判断故障位置并将信号发送给决策层的故障诊断系统、接收决策层指令隔离故障的故障隔离系统、负责采用故障自愈技术重构恢复供电的故障恢复系统以及在满足操作约束的情况下改善系统的经济性的优化控制系统。

反应层是整个体系结构的最底层，位于局部控制区，它可以利用远程终端对各种工况下的配电网进行数据采集，利用智能监控技术对其进行实时监控，并与协调层进行通信，执行不安全状态调节和故障切断。

3. 自愈控制的实现方式

（1）集中控制方式。利用先进的分析计算能力，辅助主站进行故障检测，并将故障信息反馈给主站，通过分析计算，确定故障类型，建立控制决策体系，收集故障位置，并将故障信息传递给专用的保护设备和执行终端，故障处理全部由主站完成。但是，从实际应用来看，目前的集中控制模式仍有许多缺陷，很难达到自愈控制，也不能满足快速故障切除的需要。

（2）分布控制方式。通过与保护设备和智能终端相结合，可以达到分布式控制的目的。在故障清除阶段与故障清除后，快速恢复电力供应，通过局部信息保护装置和智能终端设备，快速恢复电力供应。分布式控制模式具有高效率和高可靠性，虽然保护装置和智能终端设备之间有某种关联，但是由于主站的参与程度较低，而且处于局部信息的故障修复阶段，很难保证整体的协调性。

（3）集中—分布协调控制方式。采用集中—分布式协同控制方法，可完成分布式协同控制，排除故障，加强防护设备的协同工作。在故障修复阶段，通过主站的分析和运算，可以完成对指令的发布，采用集中—分布协调控制方式，在排除故障的过程中，可以快速完成故障的处理，从而达到整体的协调和调度，提高系统的性能，促进系统的适应性。

3.3.5　配电网控制技术应用

图 3-22 为某超大城市双环网分布式继电保护与自愈控制系统的工程实例，为简洁起见只画出一部分保护控制设备。S1 和 S4 形成一个环网，S2 和 S3 形成另一个环网。S1 和 S2 可以来自不同变电站或者同一变电站的不同母线，S3 和 S4 类似。主干网配置纵联差动保护装置，采用专用光纤通道，动作信号通过硬接点方式接入到分布式继电保护与自愈控制装置。环网两端的变电站侧出线间隔另外配置 1 台线路保护装置参与自愈控制，开闭所每段母线分别配置分布式继电保护与自愈控制装置，相互之间采用 GOOSE 通信。

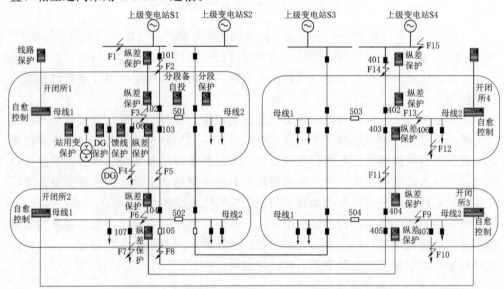

图 3-22　双环网分布式继电保护与自愈控制系统工程实例

参 考 文 献

［ 1 ］ 周溧. 基于 GIS 的配电网规划智能决策支持系统及其算法研究 ［D］. 重庆：重庆大学，2004.

［ 2 ］ 高东亮. 配电网综合规划算法研究 ［D］. 天津：天津大学，2006.

［ 3 ］ 李瑶. 考虑通道规划的城市中压配电网络规划 ［D］. 西安：西安理工大学，2010.

［ 4 ］ 唐偲. 深圳盐田区配电网规划的研究 ［D］. 长沙：湖南大学，2011.

［ 5 ］ 童德明. 配电网规划模型研究 ［J］. 企业技术开发，2012，31 (25)：45 - 46.

［ 6 ］ 罗旭. 考虑环境约束的城市配网规划模型及其遗传算法的研究 ［D］. 重庆：重庆大学，2006.

［ 7 ］ 张冠洲. 东莞长安新区配电网规划研究 ［D］. 广州：华南理工大学，2015.

［ 8 ］ 张祖平. 配电网规划及相关技术发展 ［J］. 电器与能效管理技术，2016 (7)：1 - 5.

［ 9 ］ 邢海军，程浩忠，张沈习，等. 主动配电网规划研究综述 ［J］. 电网技术，2015，39 (10)：2705 - 2711.

［10］ 黄晟. 基于变电站为中心的配电网电压态势图片图形特征的态势评估模型及算法 ［D］. 杭州：杭州电子科技大学，2017.

［11］ 刘东，张弘，王建春. 主动配电网技术研究现状综述 ［J］. 电力工程技术，2017，36 (4)：2 - 7，20.

［12］ 谭旸. 基于态势感知的主动配电网运行优化方法研究 ［D］. 上海：上海交通大学，2017.

［13］ 张建华，曾博，张玉莹，等. 主动配电网规划关键问题与研究展望 ［J］. 电工技术学报，2014，29 (2)：13 - 23.

［14］ 顾水福，张媛，陈西颖. 主动配电网规划方法研究 ［J］. 发电技术，2018，39 (3)：220 - 225.

［15］ 丛鹏伟，张高. 源网荷储一体化的重大机遇 ［J］. 能源，2021 (12)：34 - 37.

［16］ 纪永新，王承民，张玉林，等. 智能配电网一二次协同规划方法研究 ［J］. 智慧电力，2020，48 (1)：69 - 73.

［17］ 宣菊琴. 一种改进的中低压配电网协调规划方法 ［J］. 电器与能效管理技术，2017 (21)：16 - 21.

［18］ 宣菊琴，吴桂联. 中低压配电网协调规划方法 ［J］. 农村电气化，2017 (10)：13 - 15.

［19］ 时盟，庄镇宇，姚晶. 多能互补综合能源电力系统的建设模式初探 ［J］. 中国设备工程，2021 (11)：192 - 193.

［20］ 郑欢. 柔性直流配电网的若干问题研究 ［D］. 杭州：浙江大学，2014.

［21］ 邓铭，黄际元，吴东琳，等. 地区电网源网荷储示范工程现状与展望 ［J］. 电器与能效管理技术，2021 (9)：1 - 9.

［22］ 胡臻达，王海冰，吴桂联，等. 国内外典型配电结构及其发展趋势综述 ［J］. 电器与能效管理技术，2017 (5)：37 - 43.

［23］ 罗扬，段登伟，苏鹏，等. 计及负荷精细化建模的主动配电网双层规划模型 ［J］. 浙江电力，2019，38 (6)：40 - 45.

［24］ 陈云辉，石方迪，龚海华，等. 考虑多元协同互动效应的主动配电网多目标规划方法研究 ［J］. 电力与能源，2018，39 (1)：53 - 58.

［25］ 刘长义，谢勇刚. 抽水蓄能在新型电力系统中的功能作用分析 ［J］. 水电与抽水蓄能，2021，7 (6)：7 - 10.

［26］ 李可，唐传能，唐道伟，等. 现代配电网运行管理系统应用方向探讨 ［J］. 山东电力技术，2020，47 (12)：49 - 52，76.

[27] 冯浩鹏. 探讨智能配电网的运行管理 [J]. 通讯世界，2017 (18)：119-120.

[28] 曹津铭. 配电自动化技术与电网安全管理分析 [J]. 电子技术，2022，51 (8)：296-297.

[29] 韩岩. 某区域配电自动化系统应用和管理研究 [D]. 济南：山东大学，2020.

[30] 王风华，康童，朱吉然，等. 基于 IEC 61850 标准的分布式配电终端自描述信息模型研究 [J]. 湖南电力，2021，41 (3)：42-45，57.

[31] 许菲. 就地型馈线自动化系统研究 [D]. 淄博：山东理工大学，2020.

[32] 彭娟. 配电网通信技术研究 [J]. 电力大数据，2018，21 (8)：87-92.

[33] 舒心蕾，高阳. 智能配电网保护自愈控制系统研究 [J]. 电气应用，2021，40 (11)：42-46.

[34] 范开俊. 智能配电网分布式控制技术及其应用 [D]. 济南：山东大学，2016.

[35] 王宗晖，陈羽，徐丙垠，等. 基于逻辑节点的分布式馈线自动化拓扑识别 [J]. 电力系统自动化，2020，44 (12)：124-130.

[36] 王宗晖. 基于 IEC 61850 的拓扑自适应分布式馈线自动化研究 [D]. 淄博：山东理工大学，2020.

[37] 吴悦华，高厚磊，徐彬，等. 有源配电网分布式故障自愈方案与实现 [J]. 电力系统自动化，2019，43 (9)：140-146.

[38] 赵希才. 智能分布式配电保护及自愈控制 [J]. 供用电，2019，36 (9)：1.

[39] 朱军飞，徐民，李京. 配电网信息智能分析与自适应控制策略研究 [J]. 电子设计工程，2022，30 (2)：73-77.

[40] 张凯越. 智能配电网自愈控制策略研究 [D]. 兰州：兰州交通大学，2021.

[41] 陈樱露. 配电网智能自愈控制技术研究 [J]. 自动化应用，2018 (12)：111-112.

第3章
习题

第4章 智能用电及负荷供需互动技术

近年来，电网新能源接入大幅提升，但新能源本身出力不确定性等给电网消纳和稳定运行带来很大困难。因此需要研究并完善电力系统下的能源互联机制，完善与大电网连接的运行调度机制。本章涉及技术均为综合管理系统，能够做好基本公共服务供给和电力市场建设的衔接，可作为一个整体参与电力市场交易和电网调控运行，具有清洁、节能等优点，可促进可再生能源的投资、生产、交易、消纳，促进能源清洁低碳转型。

4.1 智 能 用 电 技 术

4.1.1 智能用电概述

智能用电一词兴起于以电气火灾监控系统为核心的用电监测技术领域，起初对智能用电的研究偏向于电力系统安全防控，后经发展，用电监测领域业界、学界达成共识：智能用电指具备一定程度人工智能技术色彩的无线物联网用电监控系统和基于这类系统的社会管理方法。智能用电系统具有告警、智能诊断、无线通信、远程控制等功能。

1. 告警

新型智能用电系统应对告警进行分级和归纳，避免对同一问题进行频繁反复告警，避免告警频度远超一线工作人员处置能力。

2. 智能诊断

智能诊断即隐患识别，即用人工智能方法识别出线路的各种安全隐患，并将隐患位置、故障类型、程度变化及推荐处置方式反馈给一线工作人员，指导排查整改工作。在以安全防控为目的的用电监测过程中，隐患识别有很强的现实意义。

3. 无线通信

以无线组网构建物联网监控系统是 5G 时代的趋势所向，能免除施工布线，可有效降低成本，但其通信稳定性和可靠性有待进一步提高。

4. 远程控制

远程控制实际上指开关控制，即远程控制用电线路的分闸与合闸。远程控制又分为自动控制和手动控制。远程自动控制指用户可以设置某些操作策略交由系统自动执行，远程手动控制指由用户远程进行手动分合闸操作。

智慧用电系统的远程控制包括两方面：一是智能断路器，主要特征是能实现远程分合闸、能设置自动控制策略，其优点是可帮助管理人员更灵活地控制用电线路，缺点是智能断路器可靠性不及传统断路器，远程合闸时有不可控风险，以及远程分合闸操作的责任归属问题尚未明确；二是以监测预警、解决早期安全隐患为方向，以避免出现需要紧急分断的情况为目标，不设置远程控制功能，或只设置远程分闸功能而不设置远程合闸功能。

4.1.2　智能家居

1. 智能家居的发展趋势

（1）运用5G与边缘计算逐步构建智联网。智能家居系统又称智能住宅，是利用各种先进技术，依照人体工程学原理，融合个性需求，将与家居生活有关的各个子系统有机地结合在一起，通过网络化综合智能控制和管理，实现全新家居生活体验。智能家居系统是大数据、传感器、移动设备、社交网络以及定位系统等的融合。智能家居系统的发展是个长期的过程，现阶段智能家居系统可利用传感器收集家居环境中的数据（温度、亮度、音量等），通过控制中枢进行判断，并协调执行器就环境情况进行动作。通信网络支持各组件间的通信，能接受用户指令，并进行信息反馈。未来智能家居将向着"智联"水平发展。

智联网是以互联网、物联网技术为基础，以知识自动化系统为核心系统，以知识计算为核心技术，以获取知识、表达知识、交换知识、关联知识为关键任务，能建立包含人机物在内的智能实体之间语义层次的联结，实现各智能体所拥有的知识之间的互联互通。智联网的关键技术分为大数据技术、新一代通信技术（5G技术）、边缘计算技术和联邦智能技术。

（2）结合移动边缘计算（Moving Edge Calculation，简称MEC）构建智能家居耦合生态体系。通过使用无线接入网，为电信客户提供近距离的IT需求及云端运算能力，创造出高性能、低延迟、高带宽的电信级业务环境，称为移动边缘计算。社区服务与家庭居住在物理安全和能源控制等领域有着密切的关系，所以可以把移动边缘计算和社区服务在家庭中进行集成。并在此基础上，提出以移动边缘计算为核心，将智能社区生态与智能家庭结合起来，形成"智慧社区""智能家庭""云计算、边缘计算、家庭终端计算"的生态系统。

将智能家居移动边缘计算与社区服务结合，具有如下优势：

1）边缘节点的布点可以与小区的建设和改建计划相结合，从而缩短通信距离，减少数据传送费用，加快传输速率。

2）从物理安全角度，可以实现对社区治安信息的全方位收集和集成，从而提升社区治安管理的效能，改善社区和家庭环境的安全。

3）在信息安全上，让使用者的资料管理更为便利，并明确资讯的安全责任，以确保使用者的权利。

2. 智能家居系统通用技术

（1）通信/物联网技术。物联网技术是智能家居系统最基础的部分，可实现智能家居产品间的互联互通。

（2）传感与控制技术。传感器可将室内外温度和湿度、天气情况等数据输入控制器。控制器可根据输入数据，对各个智能家居产品，如空调、加湿器、灯光等，进行调节，并对各项环境参数进行控制。

（3）语音语义识别技术。语音语义识别技术的实质就是在语音特征参数的基础上进行模式识别，并利用一定的自然语言处理技术，将输入的语音按照不同的识别方式进行识别，从而达到最优的匹配结果。

（4）图像识别技术。目前，图像识别技术已广泛应用于家庭安防领域，其中包括了基于人脸的门禁系统和监视防盗系统，以及家庭监控和防灾系统。它的工作原理是：通过对监控摄像机获取的影像信息与数据库中的影像进行比较，从而确定访客身份、事故位置、类型和严重程度等。

（5）云计算与边缘计算技术。云计算就是利用计算机和服务器之间的强大联系，让计算机和服务器在数据中心进行计算，从而保证了智能家居系统的运算能力和存储能力。云计算技术在智能家居系统中的应用，主要体现在数据集中、管理智能化等方面。

3. 智能家居产品

目前智能家居产品有：门锁、开关面板、电视机、变频空调、摄像机、环境质量检测系统、门窗磁探测器、一键报警器、燃气探测器、冰箱、吸油烟机、厨房净水器、一键断水/断电装置等。

智能网关是网络智能化和智能家居系统控制的核心，通常具有虚拟网络接入、Wi-Fi接入、宽带接入等多种技术，以及对各传感器、网络设备、摄像头、主机等设备进行信息采集、输入、输出、集中控制、远程控制和联动控制等多种功能。

4.1.3 智慧楼宇

1. 智慧楼宇概述

（1）智慧楼宇的概念。智慧楼宇是指将计算机、网络、自动控制、软件工程、建筑艺术等技术与建筑艺术设计相融合，打破单个独立系统之间的信息壁垒，形成一个信息互通的智能主体，实现对楼宇的智能管理及其信息资源的有效利用。

（2）智慧楼宇的组成。

1）网络层由传输媒介和IP功能控制器组成，以无线通信网络作为传输介质，通过物联网标准的通信协议将感应层信号传递给相应的IP功能控制器。

2）平台层充分体现了整个物联网的体系结构，而顶层则采用云计算技术，对整个系统进行全面的管理与控制。

3）感应层包含各种传感器，如楼宇控制系统的传感器、摄像头、红外辐射传感器、各种门禁传感器、智能水电气表、消防探头等，这些传感器将共同构建"智慧化"控制系统的传感网络。

4）应用层由集中管理和分散应用的功能软件组成，它仍然遵循分布式控制原理。功能软件直接影响到IP功能控制器的应用领域和控制功能，同时也可以在同一管理软件层次上实现不同的控制要求，从而达到大的整合控制方式。

5）云计算作为最上端的集中管理和控制平台，实现建筑群的整体管控功能，运用集散控制原则将单栋建筑的小集散控制系统扩展至建筑群的大集散控制系统，使得整个建筑群的感测单元（感应层的传感器）、控制单元（IP 功能控制器及应用层的功能软件）、执行单元（IP 功能控制器及现场执行装置）、反馈单元（反馈机制及传感器）构成大型控制环路，以达到大闭环控制与管理的目的。

（3）智慧楼宇的功能。

1）大数据为楼宇提供云服务。智慧楼宇的系统网络可以自动跟踪物业资料，并依业主的工作习惯自动设定照明、暖气、电梯等系统。另外，智慧楼宇还可以根据顾客的生活习惯、消费习惯等信息，为顾客提供更好的服务。

2）提升楼宇节能效果。通过对楼宇运行设备的收集、整理、挖掘，结合云计算、云存储等新技术，利用大数据进行统计，确定不同类型的建筑能耗，制定不同的节能标准，并通过物联网技术，有效地提升建筑的智能和节能效果。

3）增强楼宇的自动感知能力。智能建筑中的传感器数量很多，除了常见的温度、湿度、光照强度传感器之外，还有一种新型的气体传感器，可以检测二氧化碳、PM2.5、甲醛等。

4）物联网使楼宇高度集成。通过物联网的形式，可以将照明、暖通、安全、网络等信息系统整合在一个平台上，实现对信息的共享。

智能建筑集成控制平台通过集中监控、能源管理、运维管理等方式，实现了多个系统的联动控制和协同处置；降低能耗、维护成本、提高建筑环境舒适度、延长设备使用寿命，打造安全、舒适、便捷、智慧的楼宇，实现精细化管理目标，为人们提供安全、高效、便捷、节能、环保、健康的环境。

2. 智慧楼宇系统架构

信息物理系统（Cyber Physical System，简称 CPS）是一个综合计算、网络和物理环境的多维复杂系统，具有可靠感知、实时传输、精准控制等特点，在智慧楼宇建设中具有举足轻重的作用。CPS 分为单元级 CPS、系统级 CPS 和平台级 CPS。

单元级 CPS 的实质就是利用软件来感知实体和周围的状态，计算分析，从而实现对实体的最终控制，建立起一个闭环的数据流，实现物理与信息的相互交融。单元级 CPS 是一个具有可感知、可计算、可交互、可延展和自决策功能的 CPS 最小单元，该系统可实现对空调、照明、电加热等能源系统的动态信息感知，以及标准化信息建模和控制。

系统级 CPS 以状态感知、信息交互和实时分析为基础，在需求端进行自组织、配置、决策和优化。基于单元级 CPS 的功能，系统级 CPS 利用智能用能网关进行多种信息融合和边缘运算，从而达到建筑节能分析、节能诊断和多设备协同控制的目的。在此基础上，互联互通、边缘网关、数据互操作等主要实现了单元级 CPS 的异质整合；即插即用，主要是通过系统级 CPS 来完成单元级 CPS 的识别、配置、更新和删除；协作控制是指在多个单元层次上进行协同、联动、协作等；监测与诊断的重点在于对单元级 CPS 系统的运行状况进行实时监测和判断。

多个系统级 CPS 的有机结合即形成平台级 CPS。如将多个智能家居连接到同一平台上，就会形成平台级别的信息、物理、需求交互。在图 4-1 中显示了一个由单元级 CPS 和系统级 CPS 组成的平台级 CPS 体系结构。

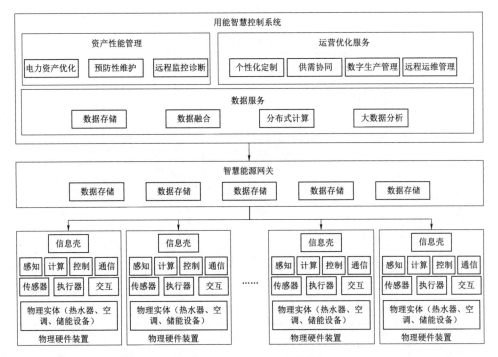

图 4-1　平台级 CPS 体系架构

3. 智慧楼宇应用场景

负荷聚合商利用智能服务云平台，统一监控、实时分析和集中控制多个系统级 CPS 的集成模式；运用数据融合、大数据分析等方法，对多个系统级 CPS 融合模式进行科学规划，以达到更大规模的新能源资源配置，提高能源利用率，并对平台级 CPS 进行智能控制。

4.2　虚　拟　电　厂　技　术

4.2.1　虚拟电厂概述

1. 虚拟电厂的定义

虚拟电厂（Virtual Power Plant，简称 VPP）是将分布式能源、可控负荷、储能、电动汽车等有机地结合起来，以实现对各类分布式能源的统一调节与协同优化，同时考虑到需求响应、不确定性等因素，并与控制中心、云中心、电力交易中心等之间信息互通，从而实现与大电网的能量互动。总之，虚拟电厂可以认为是分布式能源的聚合并参与电网运行的一种形式。虚拟电厂框架如图 4-2 所示。

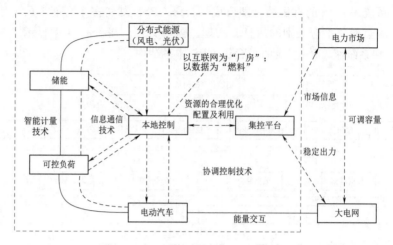

图 4-2　虚拟电厂框架

- - - - - ▶ 信息流；──── 能量流

2. 虚拟电厂的发展历程

表 4-1 中，虚拟电厂的发展历程可以从内部资源类型变化的角度进行总结归纳。

表 4-1　　　　　　　　　　　　虚拟电厂发展历程特征

虚拟电厂	虚拟电厂 1.0	虚拟电厂 2.0	虚拟电厂 3.0
资源类型	负荷侧虚拟电厂	"源-网-荷-储"一体化	自主灵活聚合虚拟电厂
设备种类	居民、工业负荷	新能源、负荷、储能	新能源、负荷、储能、气、冷、热
建设架构	电价激励	固定聚合	动态资源池管理
市场应用	智能楼宇群控、深度调峰、填谷	能源聚合商、共享电源	市场型虚拟电厂
交互过程	用户响应	用户响应、智能调控、电能交易	用户响应、资源共享、智能调控、电能交易、市场博弈

（1）虚拟电厂 1.0。最早出现的虚拟电厂主要为负荷侧虚拟电厂，它的作用是对闲置的用电设备进行聚集管理。负荷侧虚拟电厂能够利用智能楼宇群控、工业负荷用电管理等方式来实现，它的主要功能是实现调峰、深度调峰、填谷等。

（2）虚拟电厂 2.0。随着虚拟电厂内部资源的不断充实丰富，它进入了第二个发展阶段，以冀北地区的虚拟电厂为代表，它可以对电采暖、智能家居、储能、电动汽车充电站、分布式光伏等进行智能调节。与虚拟电厂 1.0 比较，因为资源具有互补性、多样性等特点，虚拟电厂 2.0 在参与规模、资源种类、供电范围、供电可靠性等方面都有显著提升。虚拟电厂 2.0 已经初步参与了电力市场的调峰辅助服务市场，在一定程度上显示出了其商业价值。

（3）虚拟电厂 3.0。随着市场机制的构建和完善，海量的可调资源和综合能源进入虚拟电厂的运行管理中。与此同时，在市场的鼓励下，虚拟电厂的服务目标变得更加多元化，有调频、调峰、电能量虚拟电厂，也有中长期虚拟电厂、实时虚拟电厂，以及支撑系统电压、惯性的虚拟电厂。与虚拟电厂2.0相比，目前的资源侧在加入何种类型的虚拟电厂方面存在着更多的不确定性，而资源池则更为动态化。在现有市场机制下，虚拟电厂代理层也面临着如何申报以博取最大利益的问题，当多种竞争引入虚拟电厂和电力市场时，虚拟电厂充分展现出其灵活性、可靠性，以及可促进能源消纳、提供多种多类型服务的特点。

3. 虚拟电厂类型与应用模式

（1）虚拟电厂类型。

1）需求响应虚拟电厂（或称需求侧资源型虚拟电厂），它是由可控负荷、用户侧储能和自用型分布式能源等资源为主体的虚拟电厂，也称为"能效电厂"。按照响应方式的不同，可控负荷可分为基于电价的可转移负荷和基于激励的可中断负荷两大类，受用户自身决策主导。

2）供应侧虚拟电厂（或称供给侧资源型虚拟电厂），以公用型分布式发电、电网侧和发电侧储能等资源为主。当系统处于用电低谷或用电高峰时段时，通过合理调整机组出力或储能装置的充放电过程，改变电力供应情况，进而适应需求侧的电力需求，能提高电能的利用率以及电力系统供电的稳定性。

3）混合资产虚拟电厂（或称混合资源型虚拟电厂），由前两者共同组成，通过能量管理系统的优化控制，实现能源利用的最大化和供用电整体效益的最大化，实现更为安全、可靠、清洁的供电。虚拟电厂类型与应用模式如图4-3所示。

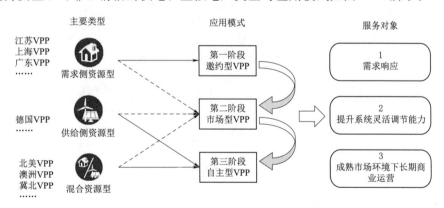

图4-3 虚拟电厂类型与应用模式

（2）虚拟电厂应用模式。虚拟电厂应用模式可以分为邀约型、市场型和自主型三个阶段。

1）邀约型。在不成熟的电力市场条件下，邀请响应与激励是由政府或电网调度部门主导的。邀约型虚拟电厂主要通过需求响应激励资金池推动市场需求，这种方式很难持续发展，同时也存在着"寻租"问题。

2）市场型。在建立了电力市场、辅助服务市场、容量市场之后，虚拟电厂聚合商按照与实体电厂相似的方式，独立地参与到各市场中，并从中获取利润。当前，我国虚拟电厂建设正在由邀约型向市场型转变，各省份的虚拟电厂建设还停留在试验阶段，还没有形成一套完整成熟的技术体系。

3）自主型。伴随着虚拟电厂所聚集的资源种类、数量、空间的进一步扩大，虚拟电厂开始向虚拟电力系统发展，它不仅包括了可控负荷、储能和分布式能源等基础资源，还包括了由这些基础资源所组成的微网、局域能源互联网。虚拟电厂是一种将各种资源集中起来，参与到电力交易中来获得利润的方式，这种方式要求更深层次的市场变革。

4. 虚拟电厂参与电力市场的交易路径分析

虚拟电厂通过聚合常规发电机组及可再生能源发电机组，既可作为"正电厂"向系统供电调峰，又可作为"负电厂"加大负荷消纳，配合系统填谷。多聚合单位可以在为用户供电的过程中，实现对电网调整的快速响应，从而保证系统的稳定。多聚合单位还可以获取经济效益，也就是使虚拟电厂参与容量、电量、辅助服务等各类电力市场，从而获得经济收益。在电力市场交易中，虚拟电厂可以按照自身发电能力的差异，在不同的时间尺度上进行多种类型的交易。如图 4-4 所示虚拟电厂参与电力市场流程。

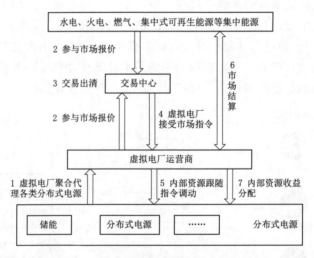

图 4-4　虚拟电厂参与电力市场流程

虚拟电厂可参与市场交易的种类可分为：

（1）中长期市场。虚拟电厂聚合供给侧电源单位，通过对发电量的中长期预测，结合市场运行模式，与用户签订双边合约，以固定电价合约或者差价合约的形式，固定部分电量收益。

（2）现货市场。虚拟电厂可以参加由日前电力市场和实时电力市场共同构成的现货市场的交易，与市场运行模式相结合，对中长期电量分解、机组出力预测等因素进行考虑，在日前市场中展开报价，在市场出清之后，虚拟电厂进行跟随并对其利润进行结算。在实时电力市场中，虚拟电厂因其灵活的调度方式，可以为市场运行提供后备资源，在实时交易中占有一定优势，从而实现相关收益。

（3）辅助服务市场。从当前我国电力市场改革现状来看，现货市场仅在试点中进行试运行，大部分地区仍依靠辅助服务市场进行调峰。因此，虚拟电厂可结合内部常规机组及储能装置，考虑市场备用、调峰需求及机组补偿机制，参与辅助服务市场交易获取相关经济利益。

4.2.2 虚拟电厂优化运营技术

1. 虚拟电厂运营关键技术

虚拟电厂在各种商业模式下的优化运营需要系列关键技术的支撑方可得以实现，主要包括：状态感知与灵活聚合、信息预测与容量估计、市场交易与优化决策、补偿结算与效益评估等。虚拟电厂运营关键技术框架如图 4-5 所示。

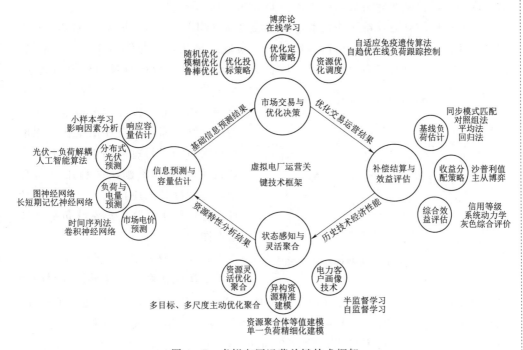

图 4-5　虚拟电厂运营关键技术框架

（1）状态感知与灵活聚合技术包括电力客户画像技术、异构资源精准建模与资源灵活优化聚合 3 个部分。电力客户画像技术是基于用户的社会属性、生活习惯以及用能行为等信息而进行的一种标记，它能够帮助虚拟电厂筛选出高质量的需求响应用户。针对虚拟电厂中具有柔性调节能力的广义负荷资源，提出了可灵活调整的异构资源精准建模方法。在虚拟电厂中，负荷模型不仅要考虑到负荷的基础物理特性，而且要兼顾负荷的泛化性。而资源灵活优化聚合则是基于对异构资源特征的模型分析，根据不同的目标，对一定数量的时间和功能互补的多元 DER 进行匹配和聚集，从而构建可调度的资源池。

（2）信息预测与容量估计技术包括市场电价预测、分布式光伏预测、负荷与电量预测和响应容量估计 4 个部分。对市场价格的准确预测是虚拟电厂在电力市场交易中准确投标报价、获得最大收益的基础和前提。对虚拟电厂进行负荷与电量预测，为其参加电力市场的交易提供了有力的支持。分布式光伏预测可以减少发电功率的随机性对虚拟电厂的最优运行所带来的影响。而虚拟电厂的响应容量估计则是解决需求侧柔性资源在什么时间段内为虚拟电厂提供多少灵活性的问题，并对虚拟电厂的竞价决策有直接影响。

（3）市场交易与优化决策技术包括市场侧的优化投标策略、用户侧的优化定价策略和资源优化调度 3 个部分。优化投标策略是在对资源状况的感知和信息预测的基础上，综合考虑市场价格、用户响应行为等多种不确定因素的影响，制定最优投标策略。优化定价策略是指以最小的激励费用，以满足系统运营商的需求响应量要求，来设定一个合理的用户侧激励价格。资源优化调度策略是指在市场出清结束之后，虚拟电厂根据竞标结果，优化各类 DER 的序贯调控策略。

（4）补偿结算与效益评估技术包括基线负荷（CBL）估计、收益分配策略和综合效益评估 3 个部分。基线负荷是需求响应实施效果认定和补偿结算的根本依据，同时也是计算用户响应能力的基础。收益分配指虚拟电厂权衡自身与用户的利益，合理分配所获利润，保证用户参与需求响应项目的积极性和虚拟电厂运行的稳定性。综合效益评估指在虚拟电厂单次市场交易过程结束后，对综合效益进行定量刻画，并利用复盘总结，持续提升响应执行度，对外部特性指标进行优化。用户基线负荷估计示意图如图 4 - 6。

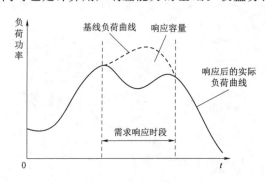

图 4 - 6　用户基线负荷估计示意图

2. 虚拟电厂资源聚合技术

资源优化聚合是在异构资源特性建模的基础上，依据不同目标（如不同的电网调控需求、不同市场参与需求），匹配并汇聚一定量具有时域互补性、功能互补性的多元 DER 形成可调度资源池的过程，是一多目标、多尺度灵活优化聚合问题，可以理解为灵活性资源的优化配置问题。

（1）虚拟电厂资源聚合方案。根据设备控制权限是否托管至虚拟电厂，将用户的响应电量分为有风险资产、无风险资产两类。然后基于投资组合理论，衡量聚合收益、风险，优化有、无风险资产的配置权重。

由于参与互动的 DER 的异构性，"产品"具有多样性。可根据投资组合理论中均值—方差分析方法和投资组合有效边界模型进行分析，多种类型资产聚合后对虚拟电厂预期收益 $E(R_p)$ 的影响及收益风险的分散效果，即

$$\begin{cases} E(R_p) = \sum_{i=1}^{I} w_i E(R_i) \\ \sum_{i=1}^{I} w_i = 1 \end{cases} \tag{4-1}$$

式中　　i——表示资产类型；

　　　　I——为参与聚合的资产类别总数；

　　R_p、R_i——聚合资产和第 i 类资产的收益；

w_i、(R_i)——聚合中第 i 类资产的投资所占权重及其预期收益；

　　$E(R_p)$——聚合后虚拟电厂的预期收益。

虚拟电厂聚合的收益风险用方差 σ_p^2 来衡量，其关系式满足

$$\sigma_p^2 = \sum_{i=1}^{I} w_i^2 \sigma_i^2 + \sum_{i=1}^{I} \sum_{j=1, j \neq i}^{I} w_i w_j \rho_{ij} \sigma_i \sigma_j \qquad (4-2)$$

式中　　σ_i——第 i 类资产收益的标准差；

　　　ρ_{ij}——第 i 类和第 j 类资产收益之间的相关性。

效用函数 $U = E(R_p) - 0.5A\sigma_p^2$ 表示不同投资者对风险的偏好程度。在效用相同且效用最大时（U 为常数且 $U = U_{max}$）可获得无差异曲线 $E(R_p) = U_{max} + 0.5A\sigma_p^2$，在点 $[\sigma_p^*, E(R_p^*)]$ 处，无差异曲线相切于组合有效边界，切点斜率 $k^* = A\sigma_p^*$。根据经验，A 取值范围为 $2 \sim 4$：对于风险偏好投资者，$A < 3$；对于理性投资者，$A = 3$；对于风险厌恶投资者，$A > 3$。

虚拟电厂组合中包含无风险资产时，可基于有风险资产的最优聚合方案，利用无风险资产替代部分有风险资产，降低聚合的收益风险。此时，有效边界形状为一条直线与曲线的组合，直线又称作资本配置线。直线过点 $[\sigma_p^*, E(R_p^*)]$，截距 $(0, R_f)$ 表示无风险资产的预期收益可得到斜率的另一表达式，且此时斜率被称为夏普比率 k_{SR}，为

$$k_{SR} = \frac{E(R_p^*) - R_f}{\sigma_p^*} \qquad (4-3)$$

综上所述，将虚拟电厂运营商视为理性投资者，资源优化聚合所需解决的问题转化为在满足应用约束的聚合方式中，以夏普比率为指标衡量不同聚合方式下的收益及风险，选取预期收益最大值作为最优解。考虑效用最大化的最优聚合方案为

$$\begin{cases} E(R_p) = U_{max} + 0.5A\sigma_p^2 \\ k_{SR} = A\sigma_p^* \end{cases} \qquad (4-4)$$

（2）资源响应特性。

1）有风险资产。在虚拟电厂与用户签订的合同中，若用户未将终端设备的控制权限托管至虚拟电厂，可视为自由响应用户。此类用户提供的响应电量存在不确定性，视为有风险资产。为了合理优化用户的用电计划，此类用户需要在调度周期前向虚拟电厂提交购电需求预测曲线 $\widetilde{P}_t^{n,s,i}$ 及响应范围 $[\Delta P_{lb,t}^{n,s,i}, \Delta P_{ub,t}^{n,s,i}]$，虚拟电厂则认为用户可以实现区间内的任一响应电量。此类资源的响应特性可建立为

$$\Delta P_{lb,t}^{n,s,i} \leqslant \Delta P_t^{n,s,i} \leqslant \Delta P_{ub,t}^{n,s,i} \qquad s \in S_{DR} \qquad (4-5)$$

$$P_t^{n,s,i} = \widetilde{P}_t^{n,s,i} + \Delta P_t^{n,s,i} \qquad s \in S_{DR} \qquad (4-6)$$

式中　S_{DR}——有风险资产用户集合；

$\Delta P_t^{n,s,i}$——响应后虚拟电厂实际购电负荷值；

t——时间段；

n、s、i——资源并网节点编号、资源类型及资源编号。

考虑不确定性后，$\Delta P_t^{n,s,i}$ 可改写为

$$\Delta P_t^{n,s,i}=\Delta \overline{P}_t^{n,s,i}+\varepsilon_t^{n,s,i} \quad s\in S_{DR} \tag{4-7}$$

式中　$\Delta \overline{P}_t^{n,s,i}$——用户被分配的响应电量期望值；

$\varepsilon_t^{n,s,i}$——用户响应随机偏差量。

2）无风险资产。在虚拟电厂与用户签订的合同中，若用户将终端设备的控制权限托管至虚拟电厂，则此类用户提供的响应电量被视为无风险资产。此类用户提供的响应电量本质为 $\sigma=0$、$\rho=0$ 的无风险资产，可以规避由用户响应意愿引起的收益风险。考虑到托管至虚拟电厂的终端设备的技术特性各有不同，将互动资源划分为可平移负荷、可转移负荷（含储能）、可削减负荷及分布式电源 4 类。

a. 可平移负荷响应特性为

$$P_t^{n,s,i}=\widetilde{P}_t^{n,s,i}+\Delta P_{in,t}^{n,s,i}-\Delta P_{out,t}^{n,s,i} \quad s\in S_{shift} \tag{4-8}$$

式中　S_{shift}——可平移负荷用户集合；

$\Delta P_{in,t}^{n,s,i}$、$\Delta P_{out,t}^{n,s,i}$——t 时段移入和移出的可平移负荷值。

b. 可转移负荷满足

$$\begin{cases} P_{min}^{n,s,i}\leqslant P_t^{n,s,i}\leqslant P_{max}^{n,s,i} & s\in S_{trans} \\ P_t^{n,s,i}=\widetilde{P}_t^{n,s,i}+\Delta P_t^{n,s,i} & s\in S_{trans} \end{cases} \tag{4-9}$$

式中　S_{trans}——可转移负荷用户集合；

$P_{max}^{n,s,i}$、$P_{min}^{n,s,i}$——可转移负荷的允许功率上、下限。

可转移负荷要求调度周期内负荷总量保持不变，受到约束，其表达式为

$$\sum_{t=1}^{T} P_t^{n,s,i}\Delta t=\widetilde{P}_t^{n,s,i}\Delta t \quad s\in S_{trans} \tag{4-10}$$

c. 可削减负荷满足

$$\begin{cases} P_t^{n,s,i}=\widetilde{P}_t^{n,s,i}+\Delta P_t^{n,s,i} & s\in S_{re} \\ -\beta^{n,s,i}\widetilde{P}_t^{n,s,i}\leqslant \Delta P_t^{n,s,i}\leqslant 0 & s\in S_{re} \end{cases} \tag{4-11}$$

式中　S_{re}——可削减负荷用户集合；

$-\beta^{n,s,i}$——用户允许的最大削减比例。

d. 分布式电源满足

$$\begin{cases} P_t^{n,s,i}=\widetilde{P}_t^{n,s,i}-\Delta P_t^{n,s,i} & s\in S_{DG} \\ 0\leqslant \Delta P_t^{n,s,i}\leqslant \beta^{n,s,i}\widetilde{P}_t^{n,s,i} & s\in S_{DG} \end{cases} \tag{4-12}$$

式中　S_{DG}——分布式电源用户集合。

（3）虚拟电厂资源优化聚合模型。

1）目标函数。以虚拟电厂同时参与日前能量市场预期收益最大化为目标，其

目标函数表达式为

$$
\begin{cases}
\max E(R_{\mathrm{p}}) = C_{\mathrm{in}} - E(C_{\mathrm{cost}}) \\
E(C_{\mathrm{cost}}) = E(f_1) + E(f_2) + f_3 \\
f_1 = \sum_n \sum_s \sum_i \sum_t C^{n,s,i} \mid \Delta P_t^{n,s,i} \mid \Delta t \\
f_2 = \gamma \sum_t \mid P_{\mathrm{VPP},t} - P_{\mathrm{aim},t} \mid \Delta t \\
f_3 = \sum_n \sum_s \sum_i \lambda V^{n,s,i}
\end{cases}
\tag{4-13}
$$

式中　$E(R_{\mathrm{p}})$——聚合后虚拟电厂的预期收益；

　　　　C_{in}——虚拟电厂的预期收入。

在市场出清确定竞标结果 $P_{\mathrm{aim},t}$ 后，来自能量市场的预期收益 $C_{\mathrm{in}}^{\mathrm{DA}} = (C_{\mathrm{r}} - C_{\mathrm{w}})P_{\mathrm{aim},t}\Delta t$ 为确定的恒定值，利润空间来源于零售电价 C_{r} 与电力市场批发电价 C_{w} 的差额，$E(C_{\mathrm{cost}})$ 为预期成本，由三部分组成：f_1 为激励用户改变出力计划提供响应电量所需的激励成本；f_2 为虚拟电厂实际功率与目标功率之间存在的偏差而产生惩罚成本；$P_{\mathrm{VPP},t}$ 为 VPP 响应后的实际负荷值；γ 为单位偏差惩罚价格；f_3 为维护用户参与虚拟电厂互动所需的对通信、计算资源造成的接入成本；$C^{n,s,i}$ 为互动资源的单位响应激励成本，即内部交易电价；λ 为单个资源参与调节所需的接入成本；$V^{n,s,i}$ 为 0-1 二元变量，$V^{n,s,i}=1$ 和 $V^{n,s,i}=0$ 分别表示该资源参与和不参与响应。

2）约束条件为

$$
\begin{cases}
h(\Delta P_t^{n,s,i}) \geqslant 0 \\
u(\Delta P_t^{n,s,i}) \geqslant 0 \\
s(\Delta P_t^{n,s,i}) \geqslant 0
\end{cases}
\tag{4-14}
$$

式中　$h(\Delta P_t^{n,s,i})$——式（4-1）～式（4-4）所示的最优聚合方案时的风险及效用约束；

　　　　$u(\Delta P_t^{n,s,i})$——式（4-5）～式（4-12）所示的资源响应特性约束；

　　　　$s(\Delta P_t^{n,s,i})$——应用约束。

且根据式（4-13）聚合后虚拟电厂的预期收益表达式，式（4-1）中各类资产组合权重可表示为 $w^{n,s,i} = E(C_{\mathrm{cost}}^{n,s,i})/E(C_{\mathrm{cost}})$。

3. 虚拟电厂多时间尺度优化调度技术

（1）多时间尺度优化调度概述。虚拟电厂多时间尺度优化调度框架如图 4-7 所示。系统的优化调度与运行控制被划分为日级、小时级、5～15min 级、秒级 4 个等级，分别对应日前计划调度、日内滚动优化、实时校正和自动发电控制。其中，日前计划调度、日内滚动优化、实时校正三部分组成系统的多时间尺度优化调度框架。3 个时间尺度之间的典型关系如图 4-8 所示。

1）日前计划调度。日前计划调度一般是在 24h 内进行一次，一个决策的周期是 24h，通常是将决策的时间段进行离散，每个时间段的时间间隔为 1h。在此基础上，通过对可再生能源、负荷的日前预测，结合电力市场中的实际电价，求解系统

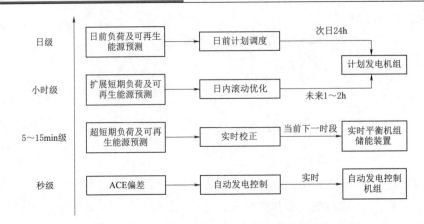

图 4-7 虚拟电厂多时间尺度优化调度框架

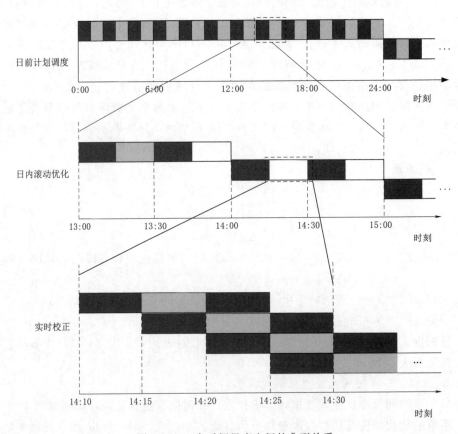

图 4-8 3 个时间尺度之间的典型关系

内发电机组的开停机状态和有功出力。日前计划调度的最优目标一般是经济指标，同时还可以考虑其他指标，如环保指标。在约束方面，要综合考虑功率平衡、机组出力约束和系统的安全约束等因素。电网运行条件时刻发生变化，新能源和负荷的随机性强，使得单纯依靠日前计划很难保证系统的安全经济运行，因此，必须从多个时间尺度（如日内滚动优化、实时校正）上进行协调控制。此外，日前调度还需要为下一时间尺度的调度留出控制余量，以保证调度和控制的鲁棒性。

2）日内滚动优化。日内滚动优化通常每 30min～1h 执行一次，决策周期为 1～2h，时间间隔为 15min，是对日前调度计划的补充和修正。日内滚动优化是在日前调度计划的基础上，根据最新的负荷及可再生能源预测信息，按照日前制定的机组开关机计划、储能系统充放电计划，确定各机组计划出力的调整量。与日前计划相似，日内滚动优化以经济为目的，同时还可以考虑系统调整费用。约束条件与日前类似，但一般需要将系统的运行计划调整量限定在一定的范围内，不能偏离日前计划值太远。

3）实时校正。实时校正通常每 5～15min 执行一次，决策周期为 15～30min，时间间隔为 5min。实时校正环节以日内运行计划为基础，利用最新的超短期负荷及可再生能源预测信息，对日内计划进行修正，弥补日内滚动优化环节周期较长的不足，同时还可处理某些机组未能有效跟踪计划、调节裕度不足等不确定因素。实施计划可以以经济性为目标，实现平衡有功功率偏差、增强电网有功频率控制的需求，也可以以电网安全稳定运行为目标，实现联络线断面的功率控制、机组的出力波动控制等。

（2）日前计划调度模型。虚拟电厂的运行调度目标按照其要求可以划分为经济性、环保性等多种目标。然而，在实际运行中，虚拟电厂的经济效益和环保性往往会相互矛盾，环保性的改善会带来运行费用的增加，这就要求在两者间找到一个平衡点。通常情况下，可以将其他的优化问题全部转换成经济优化问题，也可以将多个优化问题转换成单个优化问题。同时考虑经济性、环保性多个运行目标的目标函数为

$$\min F_1 = F_{ope} + F_{co} \tag{4-15}$$

式中 F_{ope}——系统的运行成本；

F_{co}——系统的污染气体治理成本。

$$F_{ope} = \sum_{t=1}^{T} (f_{1,t}^{G} + f_{1,t}^{OM} + f_{1,t}^{Dr} + f_{1,t}^{Grid}) \tag{4-16}$$

式中 T——优化周期，日前为 24h；

$f_{1,t}^{G}$——t 时段虚拟电厂内所有机组总的燃料消耗成本；

$f_{1,t}^{OM}$——t 时段虚拟电厂内各设备运行维护成本之和；

$f_{1,t}^{Dr}$——t 时段虚拟电厂需求响应成本之和；

$f_{1,t}^{Grid}$——分时电价情况下 t 时段虚拟电厂与上级电网之间的交互成本。

$$F_{co} = \sum_{t=1}^{T} \sum_{k=1}^{K_e} \lambda_k E_{k,t} \tag{4-17}$$

式中 K_e——污染气体的种类；

$E_{k,t}$——t 时段第 k 种污染气体的总排放量；

λ_k——第 k 类污染气体的单位治理成本。

各个虚拟电厂在进行日前优化的过程中需满足：

1）虚拟电厂功率平衡约束为

$$P_{1,t}^{ge} + P_{1,t}^{buy} + P_{1,t}^{PV} + P_{1,t}^{WT} + P_{1,t}^{dis} + P_{1,t}^{dr} = P_{1,t}^{L} + P_{1,t}^{ch} + P_{1,t}^{sell} \tag{4-18}$$

式中 $P_{1,t}^{ge}$ ——虚拟电厂在 t 时刻发电机组的发电功率;

$\qquad P_{1,t}^{buy}$ ——虚拟电厂在 t 时段的购电功率;

$P_{1,t}^{PV}$、$P_{1,t}^{WT}$ ——风电和光伏发电功率;

$P_{1,t}^{dis}$、$P_{1,t}^{ch}$ ——储能在 t 时刻充放电功率;

$\qquad P_{1,t}^{dr}$ ——需求响应功率;

$\qquad P_{1,t}^{L}$ ——内部负荷功率;

$\qquad P_{1,t}^{sell}$ —— t 时段的售电功率。

2) 发电机组的约束包含其出力上下限约束及爬坡约束,即

$$P_{min}^{ge} \cdot u_t^{ge} \leqslant P_t^{ge} \leqslant P_{max}^{ge} \cdot u_t^{ge} \tag{4-19}$$

$$-r_d^{ge} \cdot T \leqslant P_t^{ge} - P_{t-1}^{ge} \leqslant r_u^{ge} \cdot T \tag{4-20}$$

式中 P_{min}^{ge} ——虚拟电厂内发电机组的出力下限值;

$\qquad P_{max}^{ge}$ ——虚拟电厂内发电机组的出力上限值;

$\qquad u_t^{ge}$ ——虚拟电厂在 t 时刻发电机组的状态变量,取值为 1 时机组启动,取值为 0 时停机;

$\qquad r_d^{ge}$ ——虚拟电厂内发电机组的下行爬坡速率;

$\qquad r_u^{ge}$ ——虚拟电厂内发电机组的上行爬坡速率。

3) 储能设备的约束包括电量约束及出力约束,即

$$E_t = (1-k)E_{t-\Delta t} + \eta^{ch} P_t^{ch} \Delta t - \frac{P_t^{dis} \Delta t}{\eta^{dis}} \tag{4-21}$$

$$E_{min} < E_t < E_{max} \tag{4-22}$$

式中 E_t ——储能的容量;

$\qquad k$ ——储能的自损系数;

$\qquad t$ ——调度时间间隔;

η^{ch}、η^{dis} ——储能的充、放能效率;

E_{min}、E_{max} ——储能容量下限和上限。

4) 联络线功率约束包括上级电网购电约束和售电约束,其关系式为

$$\begin{cases} 0 \leqslant P_t^{buy} \leqslant u_t^{bs} P_{max}^{ex} \\ 0 \leqslant P_t^{sell} \leqslant (1-u_t^{bs}) P_{max}^{ex} \end{cases} \tag{4-23}$$

式中 P_{max}^{ex} ——联络线最大传输功率;

$\qquad u_t^{bs}$ ——虚拟电厂在 t 时段的购售电状态,1 为购电,0 为售电。

5) 系统旋转备用约束。为保证一定的调度裕量,使得在不确定条件下,系统仍能正常运行,需要保证系统有足够的旋转备用容量,其满足

$$\sum_i (P_{max}^{ge} - P_t^{ge}) \geqslant P_r^{set} \tag{4-24}$$

式中 P_r^{set} ——系统旋转备用容量最小值。

(3) 日内滚动优化模型。日内滚动优化周期为 2h,每 1h 滚动更新,且每一调度时段为 15min。其目标函数为

$$\min F_2 = \sum_{t=1}^{T} (f_{2,t}^{\mathrm{G}} + f_{2,t}^{\mathrm{OM}} + f_{2,t}^{\mathrm{Dr}} + f_{2,t}^{\mathrm{Grid}}) \qquad (4-25)$$

式中　T——优化周期，日内为 2h；

$f_{2,t}^{\mathrm{G}}$——t 时段虚拟电厂内所有机组总的燃料消耗成本；

$f_{2,t}^{\mathrm{OM}}$——t 时段虚拟电厂内各设备运行维护成本之和；

$f_{2,t}^{\mathrm{Dr}}$——t 时段虚拟电厂需求响应成本之和；

$f_{2,t}^{\mathrm{Grid}}$——分时电价情况下 t 时段虚拟电厂与上级电网之间的交互成本。

各个虚拟电厂在进行日内滚动优化的过程中需满足以下约束条件：

1）虚拟电厂功率平衡约束为

$$P_{2,t}^{\mathrm{ge}} + P_{2,t}^{\mathrm{buy}} + P_{2,t}^{\mathrm{WT}} + P_{2,t}^{\mathrm{PV}} + P_{2,t}^{\mathrm{dis}} + P_{2,t}^{\mathrm{dr}} = P_{2,t}^{\mathrm{L}} + P_{2,t}^{\mathrm{ch}} + P_{2,t}^{\mathrm{sell}} \qquad (4-26)$$

式中　$P_{2,t}^{\mathrm{WT}}$、$P_{2,t}^{\mathrm{PV}}$——日内 2h 调度阶段和风电、光伏出力预测结果；

$P_{2,t}^{\mathrm{L}}$——日内 2h 调度阶段负荷预测结果。

2）功率调整量约束。滚动修正时，发电机组新的出力计划应以日前调度计划为依据，修正量应维持在一定的范围内，其范围为

$$|P_{2,t}^{\mathrm{ge}} - P_{1,t}^{\mathrm{ge}}| \leqslant P_{\max}^{\mathrm{ge}} \qquad (4-27)$$

式中　$P_{\max}^{\mathrm{ge}}$——发电机组最大功率修正。

其他约束条件与日前计划调度约束一致。

4.2.3　虚拟电厂通信技术

通信系统是虚拟电厂的核心内容，先进的信息通信技术（Information and Communication Technology，简称 ICT）和标准化的协议为虚拟电厂实现对需求侧资源（Demand Side Resource，简称 DSR）的监控、数据快速汇集、数据管理、虚拟电厂交互和数据交换等提供技术支持。图 4-9 为虚拟电厂通信系统网络架构示意图。虚拟电厂中的通信系统由感知（终端）层、接入层、骨干层和平台层组成的层次结构组成，并为用户提供了可靠的通信协议。

感知层主要由虚拟电厂数据采集终端和需求侧资源（Demand Side Resources，简称 DSR）控制终端等组成，DSR 分别包括电动汽车、分布式新能源、储能设施、工商业楼宇负荷等。接入层的主要通信装置包括接入终端、汇聚路由器、网关等，它负责收集、清洗和上传辖区内的数据，接入层通过各种通信协议与 DSR 建立通信联系，并适应不同的感知设备，而上传辖区则通过光纤、230M 无线专网、5G 等来上传和传送服务数据，所以必须在接入层实现对不同终端的统一接入。骨干层是虚拟电厂通信的主干网，它以光纤、以太网等技术为核心，支持多个平台与系统的互联，并能实时地进行 DSR 资源的状态监测和控制运行。在此基础上，基于人工智能、大数据等技术，采用软件平台，对离散 DSR 进行负荷预测、动态聚集管理，并通过云端协作，实现多 DSR 系统的协同调度，并指导 DSR 参与到电力市场中的竞价和交易。可靠、安全的虚拟电厂交互和运营必须基于能提供充分服务品质（QOS）需求的通信系统，而虚拟电厂的运行风险可能是由于虚拟电厂的运行数据的丢失或者 DSR 的不可靠控制所造成的。

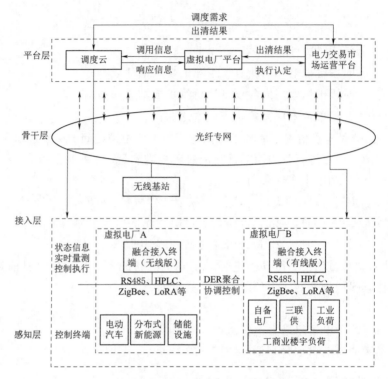

图4-9　虚拟电厂通信系统网络架构

4.3　综合能源技术

4.3.1　综合能源规划技术

综合能源系统呈现出复杂的随机特性和多种形态的不确定性,其稳定、经济运行依赖于系统级的规划设计,需充分考虑负荷、分布式电能与储能装置之间的时序互补特性,结合供应侧仿真和需求侧管理与响应等技术集成,以实现多种能源和终端负荷的灵活供需及配用电网络整体的优化调度、经济运行。

1. 综合能源规划步骤

目前比较成熟的综合能源系统规划方案有以下几个步骤:

(1) 分析建设综合能源系统区域现状。目前我国的综合能源系统示范工程大多试点在国家级、省级等工业新区,因此需要分析搜集不同地区的政策法规、当前配用电网辐射的总建筑面积、不同功能区类型面积、人口数量、基础设施规划布局、道路建设规划布局、可再生能源分布情况、电力资源、燃气资源等基础信息。

(2) 分析供能侧出力特性。供能侧主要以风电、光伏等新能源电源点出力以及与区域配电网的交互功率为主,考虑时间、温度、电价等多重因素下的出力特点及约束条件。

(3) 预测工业园区负荷侧的用能特性。依照步骤(1)的相关信息,结合人工智能等负荷预测方法，实现对当前园区电、热、冷、气等负荷需求的预测，从而进一步确定负荷密度。

（4）建立综合能源系统耦合模型。多能协同耦合的主要方式是通过多能耦合设备实现的，因此需要建立完善的多能耦合设备数学模型，反映出电/热/冷/气四种能流的耦合关系，并通过数学耦合矩阵的形式反映多能流的输入与输出关系。

（5）规划方案。一方面，合理规划综合能源系统设备单元的选址；另一方面，确立优化目标函数及约束条件，建立求解模型，优化配置园区资源，规划出区域级综合能源系统的最佳方案。

2. 综合能源规划三要素

在综合能源系统中，综合能源站与能源网络互为依托，为不同区域多能负荷供能，同时基于电动汽车、数据中心的交通系统、信息系统等与能源系统深度融合，不同主体能够在"源-网-荷-储"多个环节参与多时间尺度互动。在规划设计过程中可充分考虑多能流耦合、多系统融合、多区域联合三方面要素。

（1）多能流耦合。主要发生在能源生产、转换、消费环节，能源分配、存储过程对耦合起间接作用。选择不同的能源转换和存储设备，将直接改变综合能源系统的异质能量耦合方式，同时多能存储设备具备削峰填谷、系统备用的功能，配合对应能量转换设备，能够间接扩大系统可运行区间。在进行综合能源规划时，应首先聚焦能源转换装置的耦合机理和输入输出关系，再建立多能存储模型，定量描述储能对扩大多能流耦合运行区间的积极作用，并考虑多能网络安全稳定等约束。

（2）多系统融合。随着交通电气化技术和信息技术的发展，能源系统与交通系统、信息系统融合不断深入。能源—交通系统互联是典型的时空耦合问题，交通系统影响能源系统的负荷时空分布，能源系统影响交通系统的交通行为。在进行综合能源规划时，既要考虑能源系统中设备出力等变量的连续变化，又要考虑交通系统中交通工具发生位移的离散过程，还要考虑用户心理等难以量化的因素。信息系统通常由智能量测设备、网络通信设施、数据中心、数据云和能量管理中心构成，综合能源系统保障信息系统稳定运行，信息系统促进能源系统智慧管理，其中能源路由器负责综合能源系统的通信与控制，数据中心则包含了电、热、冷负荷数据和数据间的耦合关系，二者共同构成能源系统与信息系统双向融合的桥梁。

（3）多区域联合。区域综合能源站通过管线联络后，能够相互支撑、互为备用，一定程度上节约了各区域综合能源站的规划容量。在进行综合能源规划时，多区域综合能源系统互联需在市政规划基础上充分利用不同功能区资源禀赋和用能需求的差异，形成能源站集群，减少各区域投资冗余，促进多区域互补互济和全局优化。

3. 综合能源多方位规划分析

（1）综合能源热电联储规划配置分析。区域综合能源系统对提高能源利用效率、促进可再生能源消纳及实现节能减排目标具有重要意义，已经引起全球能源领域的广泛关注。储能是综合能源系统的重要组成部分和关键支撑技术，能够解决能源的生产和消费在时间上的不匹配，满足社会发展对供能安全可靠性的要求，是提高综合能源系统能源利用效率和经济性的重要手段。且随着综合能源系统的不断发展，供给侧和需求侧的双向互动成为提升综合能源系统整体效益的重要切入点，各类能源之间的耦合程度加深，热负荷同样具有可调度价值。因此，有必要综合考虑电/热柔性负荷进行综合能源系统的储能优化配置。

在现有研究的基础上，首先从电力用户自主响应的角度构建可平移负荷、可转移负荷、可削减负荷3类电力柔性负荷模型，根据热网的传输延时性以及用户温度感知的模糊性，建立热力柔性负荷模型；其次，综合考虑系统用能、运维、投资、补偿成本，以经济性为目标建立考虑电/热柔性负荷的区域综合能源系统储能优化配置模型。

园区热电联储系统结构如图4-10所示。在电负荷低谷时期进行储电、制热与储热，提高本地居民的用电负荷，增加风光上网空间；在满足居民对电热负荷需求的同时，又可以在电价低谷期进行电能和热能的储存，在电负荷和热负荷的高峰期再释放出来，既做到了电能和热能在能量形式上的转变，又使其在时间层面上得到了转移。且系统的调度周期采用24h，单位调度周期为1h，园区电价采用分时电价。

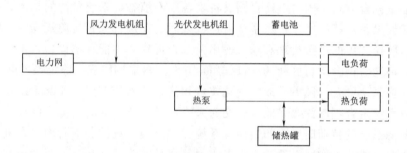

图4-10　热电联储系统结构

设置以下两种场景，对比其负荷优化结果以及储能配置结果，验证考虑电力和热力柔性负荷的储能配置方法的优越性：不考虑柔性负荷；综合考虑电力和热力柔性负荷。

通过分析证明，考虑了柔性负荷之后，可平移负荷从时段18：00—20：00的晚高峰平移到了时段6：00—8：00的用电低谷期，以缓解晚高峰的供电紧张，降低了电负荷峰谷差，并从分时电价的峰时平移到平时和谷时，有利于提高系统经济性，同时保证了负荷的连续性。可转移负荷从原来的时段7：00—10：00转移到了时段5：00—10：00和时段14：00—17：00，平滑了电负荷曲线，尽可能分布于电价平时和谷时多个时段，同时满足其功率和最小持续时间约束。

（2）能流联合取暖及生活热水装置规划。一直以来，我国大力提倡清洁绿色能源和可再生能源，并且出台多项政策积极支持并推动其发展。基于"煤改电"政策，电采暖为居民提供了一种安全、可靠、友好的取暖模式，在大气污染得到改善的同时也使居民的生活质量有所提高。与此同时，我国能源体系也在不断完善中。传统综合能源系统中，各电源及设备独立分布在园区之内，彼此之间耦合情况弱。

在园区系统中，太阳能集热器、空气源热泵以及固体电蓄热装置仅仅为单一取暖源或热水源存在，未得到高效利用。因此在这种情况下，有必要提出一种园区多能流联合取暖及生活热水装置，利用太阳能集热器子系统、空气源热泵子系统和固体电蓄热装置子系统协同运行，稳定高效地分级完成园区内的储热供暖以及生活热水使用。

针对园区内设备独立分布及耦合情况弱等问题，一种园区多能流联合取暖和生活热水装置使园区内各设备在独立运行的同时也能够协同运行，稳定高效地分级完成园区内的储热供暖以及生活热水使用。

为实现上述目的，多能流联合取暖和生活热水装置包括太阳能集热器子系统、空气源热泵子系统以及固体电蓄热装置子系统。

太阳能集热器子系统包含集热器、水泵、两个储热水箱和三通阀。太阳能集热器子系统是一个集热循环系统，其储热水箱可为园区提供为 30～40℃ 的生活热水。

空气源热泵子系统包含压缩机、两个冷凝器、节流膨胀阀、蒸发器、三通阀和水泵。该系统可为储热水箱及取暖设备提供 40～50℃ 生活热水及供暖热水。

固体电蓄热装置子系统包含电热元件、固体蓄热块、风机、绝缘支柱、汽水热交换器、储热水箱、隔板、保温层。电热元件铺设在固体电蓄热块凹槽中，以电阻发热方式将电能转变为热能，固体蓄热块将电热元件的热能进行存储和释放，风机为固体电蓄热装置内热量的循环提供动力支撑，使固体电蓄热块内热量传递给空气，热空气从固体电蓄热装置上方被传输到汽水热交换器，汽水热交换器左侧输出并进入园区用户取暖设备，取暖设备冷水流回汽水热交换器，完成固体电蓄热装置子系统循环，为园区用户取暖设备提供 50～85℃ 供暖热水。

多能流联合取暖及生活热水装置的工作过程如下（其系统工作流程图如图 4-11 所示）：设用户生活热水需求温度 t_1，晴天，若 30℃＜t_1＜40℃，启动太阳能集热器单独运行提供生活热水；若 40℃＜t_1＜50℃，控制空气源热泵三通阀与太阳能集热器协同运行，为园区用户提供 40～50℃ 生活热水。此条件下，太阳能集热器子

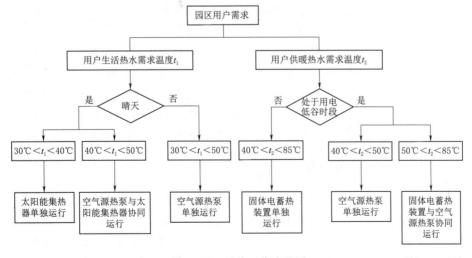

图 4-11　系统工作流程图

系统与空气源热泵子系统协同运行可以实现分级为园区用户提供 30～40℃以及 40～50℃的生活热水。

设用户生活热水需求温度 t_1，阴天，若 30℃$<t_1<$50℃，经控制空气源热泵三通阀完成循环，单独为园区用户提供 30～50℃的生活热水。

设用户供暖热水需求温度 t_2，用电低谷时段，若 40℃$<t_2<$50℃，经控制空气源热泵三通阀完成循环，单独为园区用户提供 40～50℃供暖热水；若 50℃$<t_2<$85℃，利用固体电蓄热装置子系统蓄热体边蓄边释的热量，与空气源热泵子系统协同运行，为园区用户提供 50～85℃的供暖热水。此条件下，空气源热泵子系统与固体电蓄热装置子系统协同运行，可以实现分级为园区用户提供 40～50℃以及 50～85℃的供暖热水。

设用户供暖热水需求温度 t_2，用电高峰时段，若 40℃$<t_2<$85℃，利用固体电蓄热装置子系统蓄热体在用电低谷时段储存的热量，固体电蓄热装置进行释热，为园区提供 40～85℃的供暖热水。

4. 综合能源规划模型及求解

综合能源规划基础模型为

$$\begin{cases} \min f(x,y,z) \\ \text{s.t. } h(x,y,z)\leqslant 0 \\ g(x,y,z)=0 \end{cases} \tag{4-28}$$

式中　　　　x——综合能源规划方案相关变量，如综合能源站选址标志位、站内设备选型标志位、能源网络管线投建标志位等；

y——综合能源模拟运行方案相关变量，如综合能源站时序出力、管线传输功率及流量等；

z——互联互动引入的优化变量，如考虑多能流耦合的能源转换设备启停状态和能源存储设备充放能状态、多系统融合的交通流模拟运行方案和信息流模拟分配方案、多区域联合的区域间联络管线功率、多环节互动的多能负荷削减量和平移量、多主体互动的实时供能价格、多时间尺度互动的热负荷舒适度等；

$f(x，y，z)$——考虑互联互动的综合能源规划目标函数，可以是单目标或多目标，一般包括经济性、环保性、可靠性、效率、满意度等；

$h(x，y，z)\leqslant 0$——不等式约束，包括能源站设备出力上下限、能源网络传输功率上下限、多能负荷削减上下限、交通流上下限、信息服务率上下限、区域联络管线功率上下限、热惯性负荷温度上下限等；

$g(x，y，z)=0$——等式约束，包括能源站内功率平衡、多能流约束、交通流平衡、信息负载均衡等。

在能源网络故障、多能负荷变化、交通流量、信息负载到达率、能源价格等诸多不确定因素的影响下，可以采用概率模型、模糊模型、机会约束模型和鲁棒模型来处理。综合能源规划问题是一类复杂的、具有多种变量的复杂系统的优化问题。现有的解法有两种：一种是根据数学最优的算法，在模型转凸后进行求解；另一种是在现代启发式算法的基础上进行求解。该算法对凸问题的求解有很好的寻优能力，并从理论上得到了最优解，但由于各个环节都有许多非凸约束，所以必须进行适当的简化和逼近。与此相比，新的启发式方法具有较好的模型适应性，可以解决非凸非线性问题，且算法结构简单，但易陷入局部最优。

4.3.2 综合能源建模技术

1. 设备单元建模

电、热、气三大能流是综合能源系统的基础能量单元；风电、光伏等是综合能源系统的新能源生产单元；冷热电三联供系统（Combined Cooling Heating and Power，简称 CCHP）、热电联产系统（Combined Heating and Power，简称 CHP）、电锅炉、燃气锅炉等设备是系统的能量耦合单元；储能设备是存储单元，以上述设备为组成部分，形成了生产、输送、存储、耦合、再输送的完整系统架构。针对综合能源的建模技术是系统规划设计及优化运行的核心环节，主要包含以能源集线器（Energy Hub，简称 EH）为代表的通用建模及包括 CCHP 系统、CHP 系统、电锅炉和燃气锅炉等设备单元建模。

（1）能源集线器模型。能源集线器模型利用 $L=CP$ 描述综合能源站内多能流耦合过程。其中，P、L 分别为能源站输入、输出向量；C 为耦合矩阵，包含能量分配系数和转换效率。以包含由变压器（Transformer，简称 T）、电锅炉（Electrical Boiler，简称 EB）和燃气锅炉（Gas Boiler，简称 GB）构成的能源集线器建模举例，其输入输出关系满足

$$\begin{bmatrix} L_e \\ L_h \end{bmatrix} = \begin{bmatrix} \lambda_{ee}\eta_{ee} & 0 \\ (1-\lambda_{ee})\eta_{eh} & \eta_{gh} \end{bmatrix} \begin{bmatrix} P_e \\ P_g \end{bmatrix} \quad (4-29)$$

式中 L_e、L_h——能源站电、热负荷；

       λ_{ee}、η_{ee}——电能分配系数和转换效率；

       η_{eh}——EB 电热转换效率；

       η_{gh}——GB 气热转换效率；

       P_e、P_g——能源站输入电、气功率。

（2）CCHP 系统建模。CCHP 是一种以冷、热、电三联供为主的多能耦合系统，它以燃气涡轮机为动力，采用溴化锂吸收式制冷机进行冷却，再利用废热锅炉加热，其数学模型为

$$P_{ele,CCHP}(t) = P_{gas,CCHP}(t)\eta_e \quad (4-30)$$

$$P_{cold,CCHP}(t) = P_{rest-ele,CCHP}(t)K_c \quad (4-31)$$

$$P_{heat,CCHP}(t) = P_{gas,CCHP}(t)\eta_{CCHP}^H(1-\eta_{CCHP}^{Loss}) \quad (4-32)$$

$$\eta_{CCHP} = \frac{E_P(t)+E_C(t)+E_H(t)}{F_{CCHP}(t)H_{low}} \quad (4-33)$$

$$\eta_{RER} = \frac{P_{ele,CCHP}(t)+P_{cold,CCHP}(t)+P_{heat,CCHP}(t)}{F_{CCHP}(t)H_{low}}\Delta t \quad (4-34)$$

式中 $P_{\text{ele,CCHP}}(t)$——t 时刻燃气轮机发电功率；

$P_{\text{gas,CCHP}}(t)$——t 时刻天然气消耗功率；

η_e——t 时刻运行转换效率；

$P_{\text{cold,CCHP}}(t)$——t 时刻溴冷机输出冷功率；

$P_{\text{rest-ele,CCHP}}(t)$——$t$ 时刻溴冷机输入电功率；

K_c——制冷系数；

$P_{\text{heat,CCHP}}(t)$——余热锅炉的输出热功率；

$\eta_{\text{CCHP}}^{\text{H}}$——余热锅炉的热效率；

$\eta_{\text{CCHP}}^{\text{Loss}}$——热损失；

η_{CCHP}——系统㶲效率；

$E_p(t)$——电㶲；

$E_C(t)$——冷㶲；

$E_H(t)$——热㶲；

$F_{\text{CCHP}}(t)$——输入整个 CCHP 系统的燃料总量；

H_{low}——燃料在较低位时的发热值；

η_{RER}——CCHP 系统原料利用效率；

$P_{\text{ele,CCHP}}(t)$——CCHP 系统输出的电功率；

$P_{\text{cold,CCHP}}(t)$——CCHP 系统输出的冷功率；

$P_{\text{heat,CCHP}}(t)$——CCHP 系统输出的热功率；

Δt——转换时段。

（3）CHP 系统建模。CHP 是利用燃气在高温燃烧室内所产生的高质量热来作为动力，从而实现对电力的要求；该工艺所产生的中低品位热能被送入余热锅炉，以满足热负荷要求，其数学模型为

$$P_{\text{rest-heat,MT}}(t) = \frac{P_{\text{MT}}(t)(1 - \eta_{\text{MT}} - \eta_{\text{q}})}{\eta_{\text{MT}}} \tag{4-35}$$

$$P_{\text{rest,MT}}(t) = P_{\text{rest-heat,MT}}(t)\eta_{\text{w}}K_{\text{w}} \tag{4-36}$$

$$H_{\text{MT}}(t) = P_{\text{heat,MT}}(t)\Delta t \tag{4-37}$$

式中 $P_{\text{rest-heat,MT}}(t)$——$t$ 时刻微燃机发电过程中产生的中低品位余热功率；

$P_{\text{MT}}(t)$——t 时刻微燃机发电过程中产生的电功率；

η_{MT}——t 时刻微燃机发电过程中产生的发电效率；

η_{q}——余热传输过程中的热量损失；

η_{w}——余热锅炉制热效率；

K_{w}——余热吸收效率；

$H_{\text{MT}}(t)$——经过 Δt 时段，余热锅炉产生的实际热量值；

$P_{\text{heat,MT}}(t)$——t 时刻余热锅炉实际产生的热功率。

（4）电锅炉建模。电锅炉是一种以电—热耦合转换为主的能源供应装置，它满足了目前清洁能源的要求，在能源利用和电能替代方面具有良好的应用前景。其数学模型为

$$P_{\text{heat,EB}}(t)=P_{\text{ele,EB}}(t)\eta_{\text{EB}} \tag{4-38}$$

$$H_{\text{EB}}(t)=P_{\text{heat,EB}}(t)\Delta t \tag{4-39}$$

式中　$P_{\text{heat,EB}}(t)$——t 时刻电锅炉通过消耗电能产生的热功率；

　　　$P_{\text{ele,EB}}(t)$——t 时刻消耗的电功率；

　　　η_{EB}——电锅炉的实际转换效率；

　　　$H_{\text{EB}}(t)$——经过 Δt 时段，电锅炉产生的实际热量值。

（5）燃气锅炉建模。燃气锅炉是一种以气—热耦合转换为主的能源供应设备，它通过燃烧天然气来满足供热的需求，使气—热的耦合关系得到进一步强化。其数学模型为

$$P_{\text{heat,GB}}(t)=P_{\text{ele,GB}}(t)\eta_{\text{GB}} \tag{4-40}$$

$$P_{\text{gas,GB}}(t)=\frac{Q_{\text{GB}}(t)L_{\Lambda}}{\Delta t} \tag{4-41}$$

$$H_{\text{GB}}(t)=P_{\text{heat,GB}}(t)\Delta t \tag{4-42}$$

式中　$P_{\text{heat,GB}}(t)$——t 时刻燃气锅炉产生的热功率；

　　　$P_{\text{gas,GB}}(t)$——t 时刻燃气锅炉的热功率；

　　　η_{EB}——燃气锅炉的实际转换效率；

　　　$Q_{\text{GB}}(t)$——t 时刻燃气锅炉的进气量；

　　　L_{Λ}——天然气的低热值系数；

　　　$H_{\text{GB}}(t)$——经过 Δt 时段，燃气锅炉产生的实际热量值。

（6）热泵建模。热泵是一种通过做功使热量从低温介质流向高温介质的装置。它利用电能驱动，从环境中吸收低品位的热能，适当提高温度后再向楼宇供热，可减少用电量，达到节能的目的，热泵的性能系数（Coefficient of Performance，简称 COP）是指热泵输出热功率与输入电功率的比值。COP 的计算公式为

$$COP=\frac{\Phi_{\text{cond},t}}{P_{\text{hp},t}} \tag{4-43}$$

式中　$\Phi_{\text{cond},t}$——热泵在冷凝器处的热功率，MW_{th}；

　　　$P_{\text{hp},t}$——热泵的耗电功率，MWE。

热力学第二定律为热泵 COP 设定了上限，记为 COP_{carnot}，有

$$COP_{\text{carnot}}=\frac{\overline{T}_{\text{cond},t}}{\overline{T}_{\text{cond},t}-\overline{T}_{\text{evap},t}} \tag{4-44}$$

式中　$\overline{T}_{\text{cond},t}$——冷凝器输入和输出之间的平均温度；

　　　$\overline{T}_{\text{evap},t}$——蒸发器输入和输出之间的平均温度。

该上限仅取决于热源温度和供热温度，均以开尔文表示。

热泵 COP 实际值 COP_{real} 与理论值 COP_{carnot} 的关系为

$$COP_{\text{real}}=\eta_{\text{carnot}}\eta_{\text{pl},t}COP_{\text{carnot}} \tag{4-45}$$

式中　η_{carnot}——热泵性能系数相较于热力学最大值的比值；

　　　$\eta_{\text{pl},t}$——部分负荷效率。

整理得到热泵的实际值 COP_{real} 为

$$COP_{\text{real}} = \frac{\Phi_{\text{cond},t}}{P_{\text{hp},t}} = \eta_{\text{carnot}} \eta_{\text{pl},t} COP_{\text{carnot}} \tag{4-46}$$

$$P_{\text{hp},t} \eta_{\text{carnot}} \eta_{\text{pl},t} = \Phi_{\text{cond},t} \frac{\overline{T}_{\text{cond},t} - \overline{T}_{\text{evap},t}}{\overline{T}_{\text{cond},t}} \tag{4-47}$$

式中　$P_{\text{hp},t}$——热泵的耗电功率；

$\overline{T}_{\text{cond},t}$——热泵在冷凝器处的热功率。

1）空气源热泵建模。空气源热泵能够吸收空气中的热能传递到水中进行制热和制冷，通过风机盘管实现空间的降温和供暖。空气源热泵由压缩机、蒸发器、冷凝器及膨胀阀（节流装置）等组成，其工作原理为逆卡诺循环原理，该循环过程能量平衡方程为

$$Q_{\text{rejection}}(t) = Q_{\text{hpc}}(t) + P_{\text{comp}}(t) \tag{4-48}$$

$$Q_{\text{absorption}}(t) = Q_{\text{hpd}}(t) - P_{\text{comp}}(t) \tag{4-49}$$

式中　$Q_{\text{rejection}}(t)$——冷凝器侧制冷剂放热量；

$Q_{\text{absorption}}(t)$——蒸发器侧制冷剂吸热量；

$Q_{\text{hpc}}(t)$——热泵制冷量；

$Q_{\text{hpd}}(t)$——热泵制热量；

$P_{\text{comp}}(t)$——压缩机功率。

空气源热泵逐时制冷量和制热量与耗电量 $P_{\text{hp}}(t)$ 的关系为

$$Q_{\text{hpc}}(t) = COP_{\text{hpc}}(t) P_{\text{hp}}(t) \tag{4-50}$$

$$Q_{\text{hpd}}(t) = COP_{\text{hpd}}(t) P_{\text{hp}}(t) \tag{4-51}$$

式中　$COP_{\text{hpc}}(t)$、$COP_{\text{hpd}}(t)$——空气源热泵的制冷/制热能效比，是评价热泵性能的重要指标。

耗电量可以表示为压缩机功率和室内外风机功率 P_{fan} 的相加值，即

$$P_{\text{hp}}(t) = P_{\text{comp}}(t) + P_{\text{fan}}(t) \tag{4-52}$$

2）地源热泵建模。地源热泵通过地埋管与土地及地下水交换能量实现夏季供冷、冬季供热的功能，其数学模型为

$$Q_{\text{mer},i} = P_{\text{ice},i} EER \tag{4-53}$$

$$Q_{\text{tin},i} = P_{\text{hot},i} COP \tag{4-54}$$

式中　$Q_{\text{mer},i}$——夏季制冷出力；

$P_{\text{ice},i}$——制冷时耗电功率；

EER——制冷能效；

$Q_{\text{tin},i}$——冬季制热出力；

$P_{\text{hot},i}$——制热时耗电功率。

（7）制冷机建模。

1）电制冷机建模。电制冷装置是将电能转换为冷能的装置，其数学模型为

$$C_{\text{EC},t} = \eta_{\text{EC}} P_{\text{EC},t} \tag{4-55}$$

式中　$C_{\text{EC},t}$——电制冷装置的冷功率；

η_{EC}——电冷转换效率；

$P_{EC,t}$——电制冷装置输入的电功率。

2）吸收式制冷机建模。吸收式制冷机可将热能转换为冷能，进一步提高综合能源系统的能量利用率，主要由发生器、蒸发器、冷凝器等部件组成。吸收式制冷机可以直接利用燃气轮机的余热作为输入量，具有使用寿命长、调节范围广、运行方便等优点，其表达公式为

$$C_{AC,t} = \eta_{AC} Q_{AC,t} \qquad (4-56)$$

式中　$C_{AC,t}$——吸收式制冷机装置的冷功率；

　　　η_{AC}——热转冷效率；

　　　$Q_{AC,t}$——吸收式制冷机装置输入的热功率。

2. 考虑成本的综合能源电热联合仿真系统

综合能源多能流系统通常包括了电、热、冷、气多种能源形式，电力学、流体力学、热力学则分属于不同的领域，从而造成了许多差异。不同的能量流动具有不同的特性、不同的耦合方式和不同的时间惯性，使得耦合机制的研究变得更加困难。

目前，很多企业已经开发出了可用于电、热、冷、气等多种能量的联合模拟软件，这些软件都是基于各自的研究领域，拓展了能量模拟的应用范围，具备综合能量模拟的功能，可用于设计、规划和节能分析。但是，在更复杂的控制优化问题上，单一的软件单独进行分析并不现实。

TRNSYS 是可以提供联合仿真接口的软件，该软件不仅可以在一定程度上支持电力和热力的联合仿真，还支持建筑级别的仿真。TRNSYS 的热力学模型涵盖了不同的领域，它能够对建筑的年度动态节能进行优化，并对太阳能系统、蓄热系统、地源热泵系统、冷热电联产系统、风力发电、燃料电池等进行仿真计算。

Simulink 是 MATLAB 中的一个可视化模拟工具，它包括电力系统、变压器、电路、电力电子、各种电机、电力线路以及大型系统，但是并不包括热力学模拟，例如太阳能集热器、气象元件、空气源热泵、地源热泵、水源热泵、燃气系统等。

建立园区电力网络、热网络耦合系统，该电热耦合系统将大电网作为联合系统的备用电源，一方面当联合发电系统有多余电量时，可以接入电网，向电网出售；另一方面当其电量不足时，可从电网购买。系统以风光互补微电网联合发电系统总成本最小为目标函数，考虑设备初始成本、运行维护成本、购电成本、售电成本、环保收益、供热收益。其表达式为

$$\min C_{total} = \min(C_{IN} + C_{OM} + C_{BE} - C_{SE} - C_{EP} - C_{HE}) \qquad (4-57)$$

式中　C_{total}——系统总成本；

　　　C_{IN}——系统初始成本；

　　　C_{OM}——系统运行维护成本；

　　　C_{BE}——系统向电网的购电成本；

　　　C_{SE}——向电网的售电成本；

　　　C_{EP}——环保收益；

　　　C_{HE}——供热收益。

将系统初始成本折算至日成本，日初始成本和资金回收系数为

$$C_{IN} = \frac{1}{365} f_{DR}(W_{wt}C_{wt} + W_{pv}C_{pv} + W_{he}C_{he}) \tag{4-58}$$

$$f_{DR} = \frac{d(1+d)^y}{(1+d)^y - 1} \tag{4-59}$$

式中　　f_{DR}——资金回收系数；

W_{wt}，W_{pv}，W_{he}——风电场、光伏电站、供热站机组的额定功率；

C_{wt}，C_{pv}，C_{he}——风电场、光伏电站、供热站机组的运行成本；

d——折现率。

系统运行维护成本为

$$C_{OM} = \Delta t_{wt}C_{wt}^{om} + \Delta t_{pv}C_{pv}^{om} + \Delta t_{he}C_{he}^{om} \tag{4-60}$$

式中　　Δt_{wt}——风电场的运行时间；

Δt_{pv}——光伏电站的运行时间；

Δt_{he}——供热站的运行时间；

C_{wt}^{om}——单位时间内风电场的运行维护成本；

C_{pv}^{om}——单位时间内光伏电站的运行维护成本；

C_{he}^{om}——单位时间内供热站的运行维护成本。

系统向电网的购电成本为

$$C_{BE} = C_P(t)[E_{BE}(t) + E_{HE}(t)] \tag{4-61}$$

式中　　$C_P(t)$——t 时刻电网的电价；

$E_{BE}(t)$——t 时刻系统从电网中购买的生活用电量；

$E_{HE}(t)$——t 时刻热网系统中各类设备的用电量。

系统向电网的售电收益为

$$C_{BE} = E_{SE}(t)C_S(t) \tag{4-62}$$

式中　　$E_{SE}(t)$——t 时刻系统向电网售出的电量；

$C_S(t)$——t 时刻系统上网电价。

由于本系统采用了风力发电和光伏发电系统，有效地减少了火力发电中的 SO_2、NO_x、CO_2、粉尘等污染物的排放，因此有效地保护了环境，创造了一定的环境收益。系统的环保收益为

$$C_{EP} = (w_{wt} + w_{pv})\sum_{i=1}^{N}(C_{tpi}^{ep} - C_{wti}^{ep} - C_{pvi}^{ep}) \tag{4-63}$$

式中　　w_{wt}——风力的日发电量；

w_{pv}——光伏的日发电量；

C_{tpi}^{ep}——火力发电的环境价值成本；

C_{wti}^{ep}——风力发电的环境价值成本；

C_{pvi}^{ep}——光伏发电的环境价值成本。

4.3.3　综合能源转化技术

能量路由器是一种集电、热、冷、气等能源的汇集、管理与转化的设备，它采

用电力电子、信息交互、自动控制、电气转化等技术，可将各种传输媒介、不同工作环境的配用电和集成能源网结合起来，并通过能量缓冲、控制、整流、转发等方式，达到能量消纳、能量质量监测、能量流控制、无线充电、通信保障、故障隔离等多种功能，是支持能源转换技术的核心。

1. 电力电子技术

电力电子技术是实现能量路由器控制的重要方式，而能量路由器则需要通过功率器件来进行能量的传递和控制。为了对网络进行实时管理，需要对控制模块的指令进行及时、可靠的响应，保证能量的安全。能量路由器以电能为核心，是整个能源系统的一个重要节点，它具有处理信息和能量流动的基本功能。

其中输入级、隔离级、输出级对应的分别是：整流级、DC/DC 变换级、逆变级。其中，整流级是直接与配电网络相连的能源路由器，它必须与配电网络进行电力交换，以确保网侧的电流具有较高的可控性，以减少对配电网络的谐波注入；DC/DC 变换级两侧为能量路由器提供电压等级不同的直流端口，通常采用直流变压控制和移相控制，来连接由可再生能源组成的直流系统；逆变级相当于 DC/DC 变换级的有源负载，需根据系统的实际要求确定拓扑结构。

2. 信息交互技术

能源和信息的流动都是双向的，因此，能源的传输控制必须以信息的时效性、安全性为前提，能量路由器的控制决策依赖于电网的状态信息。信息交互技术主要有传输延迟、交互可靠性、信息安全 3 个方面。

传输延迟是指信息通过传输网络从发送端到达接收端的最大时间。不同类型的信息在传输过程中所需要的延迟也是不同的，这主要依赖于所发生事件的信息。

交互性可靠度是指在不同情况下，能量路由器可以确保通信的传送功能，同时也可以利用传输路径的冗余，为可靠性提供基础。能源路由器应能够侦测到异常信息，并促使发送者重新传送信息，避免收到错误信息，确保传送错误的概率降低。

综合能源系统中，将会出现不同的生产、管理、营销等信息体系。不同类型的电力信息系统在信息共享、协同作用下，已实现了互联互通，存在着对信息系统进行非法入侵的风险，轻则导致数据泄露，重则导致系统瘫痪。因此，在能源路由器中，要考虑到信息的安全性问题，要采取适当的信息安全传输机制来阻止网络的泄露和篡改，同时要有能力对网络中的错误进行鉴别和处理。对此，为了确保采集到的电压、电流、频率、相位等信息传输的安全性和有效性，可采用三重 DES 算法、DSA 算法和 AES 算法对数据进行加密传输，实现信息屏蔽及外部的侵入式攻击造成数据虚假或泄露，从而保护信息安全。对于解密后的数据利用卡尔曼滤波、加权递推平均滤波、惯性滤波等方法对数据传输过程中的白噪声等进行滤波，还原真实数据以增强系统的鲁棒性，为后续的快速明确能量路由奠定基础。同时根据所检测负荷印记的变化情况来探测是否有新的即插即用设备计入系统，主要拟采用长短时记忆网络对神经网络进行自我参数的调整，使其能捕捉到负荷变化的趋势，从而进行即插即用设备的探测；接着对负荷数据进行特征提取，神经网络利用自身的学习能力提取数据的抽象特征；最后拟利用机器学习、深度学习等人工智能方法对即插即用负荷进行辨识，最终给出能源端口中每一个负荷的种类、数量和运行模式的识别信息，并将上述非侵入式监测得到的大量功率单元特征信息采用贝叶斯网络进行推导计算，获得对各个外接负荷设备的运行状态，为能量路由提供准确的基础数据和依据。同时可利用 D-S 证据理论和深度学习相结合的方法将实时数据与历史数据进行综合研判，为下一时刻的能量路由提供决策支撑。

3. 自动控制技术

能量路由器是一个高维复杂的强耦合多级多端口系统，具有丰富的中低压交直流接口，各个端口的功率流动因为配用电网实际需求的不同而呈现多向性和双向性等特点。因此，它的运行模态非常多变复杂，同时具有"即插即用"功能。以能源路由器为主所构建的综合能源系统是时变非线性系统，如何快速平抑新的源或负载接入给系统带来的结构和参数的不确定性，保证能量路由器安全稳定运行，并达到最优的运行模态，是自动控制技术研究的重点，相关技术路线可分为以下几步：

首先，对于物理级设备控制可通过高精度传感器采集能量路由器各端口电压、电流、相位、频率等输出信号，经过控制外环与控制内环，实现输出量的实际值快速跟踪参考值。外环控制器通常采用恒定功率（PQ）控制、恒压恒频（VF）控制，以及下垂（Droop）控制和改进下垂控制。在电压电流内环控制中，PI 控制器含有对直流成分的内模特性，比例谐振 PR 控制器具有交流信号的内模特性，从而可实现对信号的无差化控制。

其次，利用控制信号，利用中央控制器设置系统工作方式，实时监控工作状况，统筹各物理单元的控制，实现对发电、负荷两个方面的总体协调控制，从而实现对电源、负荷的综合控制，实现系统在源负荷协调的条件下，补偿由上一级控制引起的频率、电压对标称信号的偏移；该系统具有实时监控功能，可将干扰等不确定性因素的影响降到最低。

最后，需考虑环境天气、地理、负载信息和供给需求等输入信息的影响，探究能量路由器本地耦合特性，建立能量路由器在多层级的转换模型。同时，需要考虑系统信息流和能量流的流动特性，建立系统全局多样连通动态优化调度模型。为了实现这个目标，可以分析系统电气量特征，提取其关键变量，使用信息融合技术建立特征迁移机制，提出基于多数据驱动的能量路由优化算法。通过对不同的控制输入作出评价，来不断地主动学习寻找出能量路由器自动控制的最优策略。

4. 电气转化技术

电转气包括电制 H_2 与 H_2 甲烷化两个过程。在电解槽中通入高强度直流电解水生成 H_2 和 O_2，生成的 H_2 一部分存储在储氢罐中，在需要时供给氢燃料电池热电联产。另一部分 H_2 与 CO_2 在 CH_4 反应器中经 Sabatier 反应生成 CH_4 和 H_2O，制取的 CH_4 直接注入天然气网络供应气负荷或其他燃气机组。图 4-12 为电转气两阶段运行示意图。

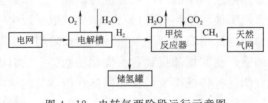

图 4-12　电转气两阶段运行示意图

4.3.4 综合能源负荷预测技术

1. 综合能源系统多元负荷用能特性

在介绍多元负荷预测技术之前，首先分析综合能源系统的用能特性，即从负荷构成机理入手，揭示综合能源系统负荷本身内在变化规律。基于此，从系统的能源交互结构和用户用能行为对多元负荷构成机理进行分析，并对综合能源系统多元负荷的变化规律进行讨论。

（1）能源交互结构。在综合能源系统运行过程中，各种能源转换设备以能量流的方式耦合不同的能源系统，各种能源储存设备用于提高系统运行的经济性和灵活性。

图4-13给出综合能源系统各层级的能源交互关系，根据地理因素、能源特性和转换难易程度可分为广域级、区域级和用户级3个层级。具体来说，在发、输层

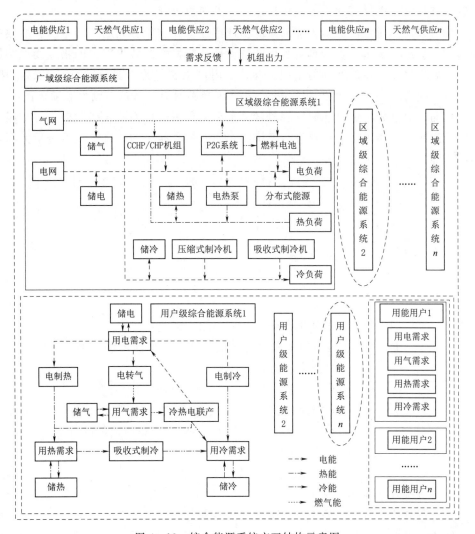

图4-13 综合能源系统交互结构示意图

面跨省市远距离互联构建广域级综合能源系统，而在配、用层面构建近距离的区域级和用户级综合能源系统，以满足工业园区、购物中心、办公大楼、居民楼宇、教育单位和医疗机构等多类用户的用能需求。

（2）用户用能行为。用户用能行为是用户用能需求在宏观和微观层面的直接体现，取决于社会发展水平、日类型和气候季节等宏观层面因素以及区域规划布局和建筑设计特性等微观层面因素。从宏观上看，不同地区的气候和社会发展水平通常不一样，而同一地区在不同季节的气象条件也不一样，导致用户用能行为在不同地区和季节存在差异；从微观上看，地区内功能定位主要分为商业区、居住区、工业区和公共服务区等类型，相同类型区域内的楼宇建筑或活动场所往往具备某些特殊或专一功能，其用能行为往往具有相似性，而不同类型区域内的建筑物类型通常不一样。这直接对用户用能习惯、能源终端用途（制冷、供暖、通风、照明、移动和空气加湿等）和各种能源利用比例造成影响。此外，用户用能行为还受到设备事故、检修和突发事件（如重大文体活动）等因素的影响。

（3）多元负荷特性。多类能源间的物理特性差异和耦合利用所伴生的影响效应使得综合能源系统多元负荷具有更大的波动性和随机性。各种能源的物理动态特性不同，使得多元负荷的波动性不同。此外，用户用能行为兼具规律性和不确定性，且用户用能需求趋于多元化，进一步使得多元负荷具有较大的波动性和随机性。

然而，通过分析综合能源系统能量关系和用户用能行为的规律性以及各种相关因素的影响，有望对多元负荷进行准确的预测。多类能源的耦合机理可表示为耦合矩阵，即

$$
\underbrace{\begin{bmatrix} L_\alpha \\ L_\beta \\ \vdots \\ L_\chi \end{bmatrix}}_{L} = \underbrace{\begin{bmatrix} \eta_{\alpha\alpha}\nu_{\alpha\alpha} & \eta_{\beta\alpha}\nu_{\beta\alpha} & \cdots & \eta_{\chi\alpha}\nu_{\chi\alpha} \\ \eta_{\alpha\beta}\nu_{\alpha\beta} & \eta_{\beta\beta}\nu_{\beta\beta} & \cdots & \eta_{\chi\beta}\nu_{\chi\beta} \\ \vdots & \vdots & \ddots & \vdots \\ \eta_{\alpha\chi}\nu_{\alpha\chi} & \eta_{\beta\chi}\nu_{\beta\chi} & \cdots & \eta_{\chi\chi}\nu_{\chi\chi} \end{bmatrix}}_{C} \begin{bmatrix} P_\alpha \\ P_\beta \\ \vdots \\ P_\chi \end{bmatrix}_{P} - \underbrace{\begin{bmatrix} \eta_{\alpha\alpha}s_{\alpha\alpha} & \eta_{\beta\alpha}s_{\beta\alpha} & \cdots & \eta_{\chi\alpha}s_{\chi\alpha} \\ \eta_{\alpha\beta}s_{\alpha\beta} & \eta_{\beta\beta}s_{\beta\beta} & \cdots & \eta_{\chi\beta}s_{\chi\beta} \\ \vdots & \vdots & \ddots & \vdots \\ \eta_{\alpha\chi}s_{\alpha\chi} & \eta_{\beta\chi}s_{\beta\chi} & \cdots & \eta_{\chi\chi}s_{\chi\chi} \end{bmatrix}}_{S} \begin{bmatrix} E_\alpha \\ E_\beta \\ \vdots \\ E_\chi \end{bmatrix}_{E}
$$

$$(4-64)$$

式中　α，β，$\cdots$，χ——分别表示 IES 中各种能源形式；

P、E——输入向量和中间向量，分别表示能源供应商输入的能源和能源储存设备的储能；

L——输出向量，表示终端用能用户的用能需求；

C、S——分别为关于能量转换和能量储存的耦合矩阵，表示种类众多的能源转换设备和能源储存设备组成的网络；

η——能源转换效率；

ν、s——某类能源在能源转换设备和能源储存设备之间的分配比例。

2. 多元负荷预测研究现状

多元负荷预测研究仍处于起步阶段，主要表现为成果丰富化、角度多样化、技术精细化、用途灵活化以及模式动态化。表 4-2 按照发表年份，分别从预测期限、

输入/输出特征设置、特征处理、负荷预测以及是否采用多任务学习（Multi－task Learning，简称 MTL）5 个方面列举了多元负荷预测研究现状，以便进一步分类整理及总结。

表 4－2 综合能源系统多元负荷预测研究现状

文献发表年份	预测期限	输 入 特 征	特征处理	负荷预测	MTL	输 出 特 征
2018	短期	气象条件、日类型信息、经济因素、各类负荷	RBM	DBN	√	多元负荷（气/电/热）
2019	短期	气象条件、日类型信息、各类负荷	—	WNN	—	多元负荷（电/冷/热）
2019	短期	气象条件、日类型信息、经济因素、各类负荷	K－Means CNN			多元负荷（气/电/热/冷）
2019	短期	气象条件、各类负荷	KPCA	GRNN		多元负荷（电/冷）
2019	短期	各类负荷	CNN	LSTM	—	多元负荷（气/电/热）
2019	短期	各种新能源、各类负荷	—	LSTM	√	①新能源（风/光）；②多元负荷（电/冷/热）
2020	中期	经济因素、各类负荷	—	SVM	—	用电量
2020	超短期	各类负荷	K－means CNN	LSTM	—	多元负荷（电/冷/热）
2020	短期	气象条件、日类型信息、各类负荷	—	LSTM		多元负荷（电/冷/热）
2020	短期	各类负荷	—	RNN		多元负荷（电/冷/热）
2020	超短期	电负荷	K－means GRU	ELM	—	电负荷
2020	短期	气象条件、日类型信息、各类负荷	—	SVM	√	多元负荷（气/电/热/冷）
2020	短期	气象条件、各类负荷	LSTM	GBDT		多元负荷（电/冷/热）
2020	短期	气象条件、各类负荷	CNN	LSTM BiLSTM		电负荷
2020	短期	气象条件、日类型信息、经济因素、各类负荷	RBM	DBN	√	多元负荷（气/电/热）
2020	超短期	电负荷	CNN	GRU		电负荷
2021	超短期	各类负荷	CNN GRU	GBDT	√	多元负荷（电/冷/热）
2021	超短期	气象条件、各类负荷	K－means	DBN	—	多元负荷（气/电/热）

注 "√"表示采用多任务学习一；"—"表示缺失，即原文献未对相应内容进行讨论或说明。

（1）综合能源系统多元负荷预测成果丰富化。以综合能源系统多元负荷为研究对象的研究日趋丰富，越来越多的学者及研究机构开展相关工作，但远未达到成熟阶段。相关研究主要涉及电力科学研究院有限公司、华北电力大学新能源学院电力系统国家重点实验室、天津大学教育部智能电网重点实验室、湖南大学电气与信息工程学院、北京交通大学电气工程学院、武汉大学电气工程学院、丹佛大学电气与计算机工程学院等研究机构，呈"多点开花、快速上升"的趋势。

（2）多元负荷预测角度多样化。现有的多元负荷预测研究可以从预测期限、预测对象和影响因素等方面来进行分类。从预测期限出发，相关研究大多进行短期及超短期负荷预测，充分挖掘海量多源数据信息（如各类负荷、气象条件、经济因素）的隐含价值以应对多元负荷较强的波动性和随机性，并进行实时性较强的预测；从预测对象出发，可考虑到多类能源耦合信息，开展单一负荷预测工作，也可既考虑多类能源的耦合关系，又同时对各类负荷进行预测；从影响因素出发，可只关注综合能源系统中预测对象自身的历史变化规律，并通过数据驱动技术来深入探究其影响，也可进一步地探索多元负荷与气象条件（如温度、相对湿、降雨量、太阳辐射强度和风速）、经济因素（如 GDP 和能源价格）以及日类型信息等相关因素的内在联系。

（3）多元负荷预测技术精细化。随着数十年的发展，能源领域的负荷预测问题已不限于负荷预测本身，还包括输入/输出特征集设置、数据处理和特征处理等环节，这些环节相互依存，在负荷预测过程中都不可或缺。图 4-14 给出了各种预测期限下数据驱动的多元负荷预测流程。

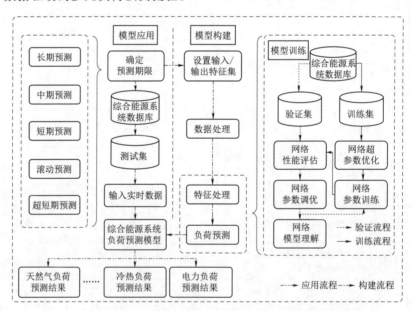

图 4-14　各种预测期限下数据驱动的多元负荷预测流程

1）输入/输出特征集设置。输入/输出特征集是决定模型表现能力的关键，综合能源系统多元负荷预测中输入/输出特征集的设置反映了能源领域预测问题的特色。当前综合能源系统多元负荷预测研究大多设置多种类型的输入特征集，除各类负荷自身外，主要还有气象条件（如温度、相对湿度、降雨量）、经济因素（如 GDP 和能源价格）和日类型信息（包括节假日和工作日）等影响因素，而输出特征主要为多种时间/空间尺度上相应的综合能源系统负荷。

2）数据处理环节。数据处理环节主要涉及数据时频域变换、异常数据清洗和特征缩放。其中，数据时频域变换将原始数据序列分解为多种频域分量并分别进行处理，而异常数据清洗对数据缺失、数据冗余、数据冲突和数据错误等数据噪声进行处理，特征缩放可消除特征之间的量纲影响，以提高收敛速度。

3）数据驱动的特征处理环节。数据驱动的特征处理环节主要包括特征提取和特征融合，虽然增加了计算的复杂度，但有利于提高多元负荷预测的效果。特征提取通过无监督学习对数据源的抽象特征进行提取，特征融合通过离散型的监督学习对人工选择的原始特征进行融合并获得高维的抽象特征。

4）数据驱动的负荷预测环节。数据驱动的负荷预测环节是多元负荷预测的最终环节，直接决定综合能源系统多元负荷预测效果，其学习任务是连续型的监督学习，而深度学习是数据驱动技术应用于负荷预测环节的重要方面。针对变化规律复杂的多元负荷特性，负荷预测环节采用传统机器学习的小波神经网络（Wavelet Neural Network，简称 WNN）、极限学习机（Extreme Learning Machine，简称 ELM）、前馈神经网络（Feedforward Neural Network，简称 FNN）及 SVM，集成学习的梯度提升决策树（Gradient Boosting Decision Tree，简称 GBDT）和深度学习的深度信念网络（Deep Belief Network，简称 DBN）、基于 RNN 的 LSTM 网络及衍生的双向长短期记忆（Bidirectional LSTM，简称 BiLSTM）网络等数据驱动技术。

5）小样本问题和多任务学习问题。实际上，综合能源系统是新兴的能源利用方式，其实际落地进程远未达到饱和程度，因此，新建设的综合能源系统普遍缺少大规模负荷历史数据，而新接入综合能源系统的用户同样缺少负荷历史数据，这使得相应综合能源系统负荷预测工作的开展变得困难。数据驱动的迁移学习（Transfer Learning）将一个领域（称为源域）的知识迁移到另一个领域（称为目标域），根据标签分为归纳迁移学习、转导迁移学习和无监督迁移学习，其区别见表 4-3，根据迁移项也可分为特征迁移、参数模型迁移、关系迁移和样本迁移，尤其适用于综合能源系统多元负荷预测的小样本问题。

表 4-3   迁 移 学 习 分 类

类　型	源域标签	目标域标签	学习任务	相关领域
归纳迁移学习	√	√	回归、分类	多任务学习
	×	√	回归、分类	自主学习
转导迁移学习	√	×	回归、分类	领域自适应、样本选择偏差、协变量偏移
无监督迁移学习	×	×	聚类、降维	—

综合能源系统多元负荷预测问题的特殊性在于既要考虑多类能源耦合信息，又经常需要对多类负荷进行联合预测，构成综合能源系统负荷预测的 MTL 问题，数据驱动技术在解决此类问题中效果拔群。MTL 是一类特殊的归纳迁移学习，典型 MTL 的共享机制如图 4-15 所示。具体来说，MTL 通过使用共享机制并行训练多

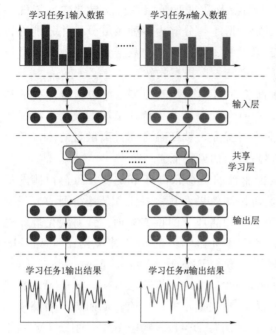

学习任务1输入数据　　学习任务n输入数据

输入层

共享
学习层

输出层

学习任务1输出结果　　学习任务n输出结果

图 4-15　典型 MTL 的共享机制

个任务来获取隐含在多个相关任务的信息，以提高模型泛化能力，采用 MTL 的方式能够有效使用能源转换的复杂共享信息，并对多元负荷进行联合预测。

（4）综合能源系统多元负荷预测用途灵活化。随着综合能源系统中风、光等可再生能源发电的广泛接入，综合能源系统多元负荷预测的用途逐渐趋于灵活。发掘综合能源系统使用可再生能源发电与储能的灵活性资源，以应对未来源和荷电波动等不确定性因素，促进能源高效利用和可再生能源消纳。也就是说，结合不确定性因素分析方法，综合能源系统负荷预测可连同可再生能源预测，共同作为综合能源系统规划、运行调度的重要依据。国内外关于多能流调度已经取得了丰富的研究成果，综合能源系统规划、运行控制与调度是近年来的热点。

此外，考虑多种能源之间的信息相关特性，综合能源系统多元负荷预测与可再生能源预测可以联合起来进行综合能源系统源-荷预测，综合能源系统实现分布式供需侧协同运行的目的。国内外关于综合能源系统源-荷联合预测的研究成果尚不多见。

（5）综合能源系统多元负荷预测模式动态化。目前，应用于负荷预测问题的数据驱动技术多采用批量学习（Batch Learning），即用已有的历史数据来学习模型，并在实际应用中将新数据输入模型来预测。然而，当历史数据种类较多、数量较大时，难以一次性学习模型，且无法保证新数据与历史数据满足独立同分布假设，这会影响学得模型的泛化能力。在线学习（Online Learning）在实际应用中每次接收一个新数据并进行预测，再用这个新数据对模型进行更新，同时保留先前学得的有效信息。然而，当需要进行超短期综合能源系统负荷预测时，批量学习和在线学习都难以满足实际需求。

为此，对批量学习和在线学习进行协同互补的想法应运而生，即增量学习（Incremental Learning）。增量学习在实际应用中当新数据积累到一定量时才对模型进行更新，即实现"批模式"（Batch-Mode）的在线学习。具体来说，增量学习以"离线训练＋在线预测"的方式，能够及时对整体模型进行调整或重新训练，使得模型训练和预测不间断。在实际工程应用中，增量学习模式将成为一种可靠的负荷预测模型部署方式：当预测期限较长时，增加用于更新的新数据积累量；当预测期限较短时，提高模型更新的频率。

图 4-16 给出批量学习和在线学习协同应用于综合能源系统多元负荷预测研究的工作流程。

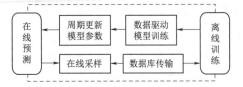

图 4-16 批量学习和在线学习协同的工作流程

4.3.5 综合能源优化运行技术

综合能源优化运行技术是指通过对能源的整体规划、建设、运行、运营等过程，通过建立相应的目标函数模型，对各种能源的产生、储存、传输、分配、转换、消费、交易等各个环节进行有效的优化和协调，实现对新能源的产供销一体化。综合能源系统的总体性能表现，与能源的运行、分配、消费息息相关。

1. 考虑含多目标的协同优化方法

目前，综合能源协调优化问题的数学模型基本上是以最小的投入费用和最大的综合效益为目标，并以 MATLAB 为基础，用线性规划进行求解的。该优化目标兼顾系统的经济效益和各能源生产运行环节、新能源消纳率、能源利用率、耦合设备动态成本、净现值、内部收益率、投资回报年限等专业数据，准确反映实际运行状态下的各类指标，并需研究包含多变量、多重约束的优化问题求解方法，建立更加科学完善的协同优化方案。

2. 考虑建立多场景的协同优化方法

构建多场景协同优化的关键在于在各种不确定性条件下，充分考虑各个能量流动的特点，对不确定因素进行边界化，并利用不同的情景对规划问题进行分类和优化，从而构建一个能源站子系统，并给出建设时序，避免因不科学的规划而导致的超前投资和资产闲置。

通过对各种方案进行设计，并对各个系统的工作状态和运行情况进行分析，可以为之后的模拟建模提供更为准确的约束。同时，所构建的规划情景可以使规划方案得到进一步的优化，尤其是对方案进行合理的设计。多场景规划理念反映了不同地区的特点，对配电网的需求侧进行了更为准确的分析，对电力系统的建设时间、多能互补、协同效益等具有重要意义。

3. 考虑储能设备运行特点的协同优化方法

在实际操作中，除了对多能耦合装置进行协调优化的研究之外，还需要根据运行经验来确定机组的功率或"以热定电"，并确定机组的电热比和在这种情况下需要满足的约束条件，以便指导生产实践，达到最优的综合节能和经济效益。

因此，可以根据配电网地区的能量特征，对电储能、热储能、气储能等进行合理配置，利用储能的充放电特性，提高系统的调整率，并将传统"以热定电"的方式进行解耦，从而使集成的能量系统"柔性耦合"，从而使整个系统结构得到进一步优化。应根据储能站选址定容、充放策略，根据实际的安全操作条件和需要，进行优化设计。

综合能源优化运行涉及设备间的相互耦合，属于非线性求解问题，数学模型相互之间的约束比较复杂，求解维度较高，求解此类问题的常用数学算法有粒子群算法（Particle Swarm Optimization，简称 PSO）、NSGA-Ⅱ算法、禁忌搜索算法等。

（1）粒子群算法。粒子群算法是 1995 年 Eberhart 博士和 Kennedy 博士一起提出的。该算法是通过模拟鸟群捕食行为设计的一种群智能算法。区域内有大大小小不同的食物源，鸟群的任务是找到最大的食物源（全局最优解），鸟群在整个搜寻的过程中，通过相互传递各自位置的信息，让其他的鸟知道食物源的位置，最终整个鸟群都能聚集在食物源周围，即找到了最优解，问题收敛。粒子群算法求解流程如图 4-17 所示。

（2）NSGA-Ⅱ算法。NSGA-Ⅱ算法的基本思想为子代继承父代优秀基因并继续繁衍，随机产生规模为 N 的初始种群，非支配排序后通过遗传算法的选择、交叉、变异三个基本操作得到第一代子群，从第二代开始，将父代种群与子代种群合并，进行快速非支配排序，同时对每个非支配层中的个体进行拥挤度计算，根据非支配关系以及个体的拥挤度选取合适的个体组成新的父代种群，最后，通过遗传算法的基本操作产生新的子代种群，依次类推，直到满足程序结束的条件，NSGA-Ⅱ算法求解流程如图 4-18 所示。

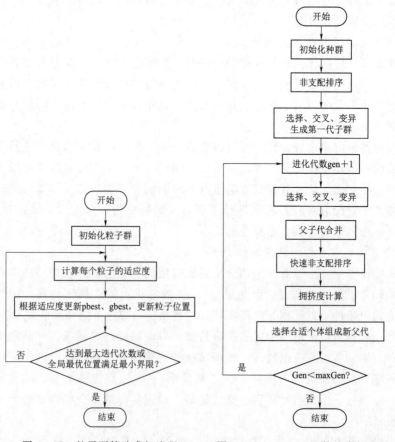

图 4-17 粒子群算法求解流程　　　图 4-18 NSGA-Ⅱ算法求解流程

（3）禁忌搜索算法。禁忌搜索算法（Tabu Search，简称 TS）由美国科罗拉多州大学的 Fred Glover 教授在 1986 年左右提出，是一个用来跳出局部最优的搜寻方法。禁忌搜索是一种亚启发式随机搜索算法，它从一个初始可行解出发，选择一系列的特定搜索方向（移动）作为试探，选择实现让特定的目标函数值变化最多的移动。为了避免陷入局部最优解，禁忌搜索算法模仿人类的记忆功能，使用禁忌表来封锁刚搜索过的区域来避免迂回搜索，同时赦免禁忌区域中的一些优良状态，进而保证搜索的多样性，从而达到全局最优。禁忌搜索算法求解流程如图 4 - 19 所示。

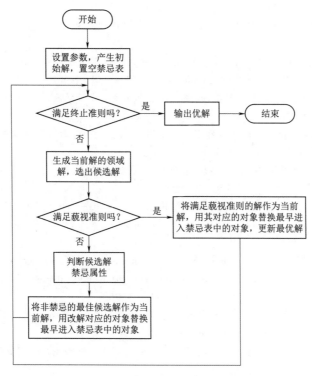

图 4 - 19　禁忌搜索算法求解流程

参 考 文 献

［1］　罗金海.基于物联网技术设计的当代智能家居控制系统［J］.厦门科技，2021（2）：57 - 59.

［2］　李昌奇，何志琴，周恒，王霄.基于 Android 和 Wi - Fi 的智能家居监控系统设计与实现［J］.现代电子技术，2020，43（20）：67 - 70.

［3］　李凌，汪洋，张艳玲.基于 BIM ＋ 3DGIS 的城市智能化管理研究［J］.中国设备工程，2019（5）：46 - 47.

［4］　Shi Jing，Zhou Qi，TAN Jian，et al. The load excavationand temperature sensitivity identification of air condition - ing in summer of Jiangsu Power Grid［J］. Electric Power Engineering Teachnology，2018，37（3）：28 - 32.

［5］　An Tao，Liu Zong，Ba Yu，et al. Research on distribut - ed energy storage controller and control strategy based onenergy storage cloud platform［J］. Electrical ＆ Energy Management Technology，2019（2）：54-59，66.

［6］　刘俊，彭浩，何涵，张之涵，李诗卉，赵长乐. 基于 CPS 架构的商业楼宇智能用能控制管理系统建设与应用［J］. 电力需求侧管理，2020，22（4）：13-18.

［7］　陈凯玲，顾闻，王海群. 能源区块链网络中的虚拟电厂运行与调度模式［J］. 系统管理学报，2022，31（1）：143-149.

［8］　李鹏，蒋正威，邓一帆，周金辉，蒋玮. 虚拟电厂参与电力市场与调度控制技术研究综述［J］. 浙江电力，2022，41（6）：8-14.

［9］　汤龙，王洪波，谢芝东. 区域电网中虚拟电厂建设探索与应用［J］. 中国科技投资，2020（5）：146-147.

［10］　吴静. 分布式资源聚合虚拟电厂多维交易优化模型研究［D］. 北京：华北电力大学，2021.

［11］　葛鑫鑫，付志扬，徐飞，王飞，王俊龙，王涛. 面向新型电力系统的虚拟电厂商业模式与关键技术［J］. 电力系统自动化，2022，46（18）：129-146.

［12］　云秋晨，田立亭，齐宁，张放，程林. 基于投资组合理论的虚拟电厂资源优化组合方法［J］. 电力系统自动化，2022，46（1）：146-154.

［13］　李彬，郝一浩，祁兵，孙毅，陈宋宋. 支撑虚拟电厂互动的信息通信关键技术研究展望［J］. 电网技术，2022，46（5）：1761-1770.

［14］　王鑫. 电力负荷控制管理终端运行中存在问题的探讨［J］. 石河子科技，2020，（8）：4528.

［15］　Li Jinghua，Huang Yujin，Zhang Peng. Review of multi-energy flow calculation model and method in integrated energy system［J］. Electric Power Construction，2018，39（3）：1-11.

［16］　Cui Demin，Zhao Haibing，Fang Yanqiong，et al. Renewable energy production simulation considering the coordination between local consumption and transmission［J］. Power System Protection and Control，2018，46（16）：112-118.

［17］　史佳琪，谭涛，郭经，等. 基于深度结构多任务学习的园区型综合能源系统多元负荷预测［J］. 电网技术，2018，42（3）：698-707.

［18］　李守茂，戚嘉兴，白星振，等. 基于 IPSO-wnn 的综合能源系统短期负荷预测［J］. 电测与仪表，2020，57（9）：103-109.

［19］　高靖，张明理，邓鑫阳，等. 基于特征聚类的多能源系统负荷预测方法研究［J］. 可再生能源，2019，37（2）：232-236.

［20］　马建鹏，龚文杰，张智晟. 基于 Copula 理论与 KPCA-grnn 结合的区域综合能源系统多元负荷短期预测模型［J］. 电工电能新技术，2020，39（3）：24-31.

［21］　Zhu R，Guo W，Gong X. Short-term load forecasting for cchp systems considering the correlation between heating，gas and electrical loads based on deep learning［J］. Energies，2019，12（17）：3308.

［22］　Wang B，Zhang L，Ma H，et al. Parallel lstm-based regional integrated energy system multienergy source-load information interactive energy prediction［J］. Complexity，2019，2019：1-13.

［23］　张铁岩，孙天贺. 计及季节与趋势因素的综合能源系统负荷预测［J］. 沈阳工业大学学报，2020，42（5）：481-487.

［24］　栗然，孙帆，丁星，等. 考虑多能时空耦合的用户级综合能源系统超短期负荷预测方法［J］. 电网技术，2020，44（11）：4121-4134.

［25］　孙庆凯，王小君，张义志，等. 基于 LSTM 和多任务学习的综合能源系统多元负荷预测

[J]. 电力系统自动化，2021，45（5）：63-70.

[26] 朱刘柱，王绪利，马静，等. 基于小波包分解与循环神经网络的综合能源系统短期负荷预测 [J]. 电力建设，2020，41（12）：131-138.

[27] 孙晓燕，李家钗，曾博，等. 基于特征迁移学习的综合能源系统小样本日前电力负荷预测 [J]. 控制理论与应用，2021，38（1）：63-72.

[28] Tan Z，De G，Li M，et al. Combined electricity-heat-cooling-gas load forecasting model for integrated energy system based on multi-task learning and least square support vector machine [J]. Journal of Cleaner Production，2020，248：119252.

[29] Wang S，Wang S，Chen H，et al. Multi-energy load forecasting for regional integrated energy systems considering temporal dynamic and coupling characteristics [J]. Energy，2020，195：116964.

[30] Wu K，Wu J，Feng L，et al. An attention-based cnn-lstm-bilstm model for short-term electric load forecasting in integrated energy system [J]. International Transactions on Electrical Energy Systems，2021，31（1）：e12637.

[31] Zhang L，Shi J，Wang L，et al. Electricity，heat，and gas load forecasting based on deep multitask learning in industrial-park integrated energy system：12 [J]. Entropy，2020，22（12）：1355.

[32] Du L，Zhang L，Wang X. Spatiotemporal feature learning based hour-ahead load forecasting for energy internet [J]. Electronics，2020，9（1）：196.

[33] Xuan W，Shouxiang W，Qianyu Z，et al. A multi-energy load prediction model based on deep multi-task learning and ensemble approach for regional integrated energy systems [J]. International Journal of Electrical Power & Energy Systems，2021，126：106583.

[34] Zhou B，Meng Y，Huang W，et al. Multi-energy net load forecasting for integrated local energy systems with heterogeneous prosumers [J]. International Journal of Electrical Power & Energy Systems，2021，126：106542.

第 4 章
习题

第5章 分布式电源

近年来，随着全球气候变暖及人类环保意识的不断提高，绿色、低碳、可持续发展已成为国际共识。为降低碳排放量，满足人民对美好生态环境的需求，我国对传统能源生产、消费和管理体制进行变革，不断对能源生产和消费技术进行创新，以风能、太阳能为代表的可再生能源发电比例得到大幅提升。

5.1 太阳能利用技术

太阳以电磁波的形式向宇宙辐射能量，称为太阳能。太阳每秒钟向太空发射的能量约为 3.8×10^{22} MW，其中有 22 亿分之一投射到地球上。投射到地球上的太阳辐射被大气层反射、吸收之后，还有约 70% 投射到地面。尽管如此，投射到地面上的太阳能一年中仍高达 1.05×10^{18} kW·h，相当于 1.3×10^6 亿 t 标准煤。太阳能资源分析是大规模太阳能开发利用过程中较为关键的环节，资源分析结果的差异对大规模太阳能项目的启动、开发利用及投资收益能够产生重大的影响。了解我国的太阳能资源分布，采用适当的方式获取有效的太阳能资源数据，利用先进的方法处理太阳能资源数据，依据国家颁布的太阳能资源评估标准（或规范）对拟开发项目的太阳能资源进行分析，其结果对太阳能资源的开发利用有着重要的指导意义。

5.1.1 我国太阳能资源状况及分析

我国国土辽阔，有着十分丰富的太阳能资源。据估算，我国陆地表面每年接受的太阳辐射能约为 50×1018 kJ，全国各地太阳年辐射总量高达 335～837kJ/(cm² · a)，中值为 586kJ/(cm² · a)。从全国太阳年辐射总量的分布来看，西藏、青海、新疆、内蒙古南部、山西、陕西北部、河北、山东、辽宁、吉林西部、云南中部和西南部、广东东南部、福建东南部、海南岛东部和西部以及台湾地区的西南部等广大地区的太阳辐射总量很大。尤其是青藏高原地区，那里平均海拔在 4000m 以上，大气层薄而清洁，透明度好，纬度低，日照时间长。例如被人们称为"日光城"的拉萨市，1961—1970 年期间的年平均日照时间为 3005.7h，相对日照为 68%，年平均晴天为 108.5 天，阴天为 98.8 天，年平均云量为 4.8，太阳总辐射为 816kJ/(cm² · a)，比全国其他地区和同纬度的地区都高。全国以四川和贵州两省的太阳年辐射总量最小，其中尤以四川盆地为最，那里雨多、雾多，晴天较少。例如成都市，年平均日照时数仅为 1152.2h，相对日照为 26%，年平均晴天为 24.7 天，阴天达 244.6 天，年平均云量高达 8.4，其他地区的太阳年辐射总量居中。

我国太阳能资源分布的主要特点有：

（1）太阳能的高值中心和低值中心都处在北纬 22°～35° 一带，青藏高原是高值中心，四川盆地是低值中心。

（2）太阳年辐射总量，西部地区高于东部地区，而且除西藏和新疆两个自治区外，基本上是南部低于北部。

（3）由于南方多数地区云多雨多，在北纬 30°～40° 一带，太阳能的分布情况与一般的太阳能随纬度的升高而减少的规律相反，而是随着纬度的升高而增加。

根据太阳能年总辐射量大小，可将我国划分为四个太阳能资源带。

用户可根据自身的不同需求获取太阳能资源数据，主要可以从地面长期测站、公共气象数据库和商业气象（辐射）软件包等三方面获取。

（1）地面长期测站。地面长期测站包含气象站、辐射站、生态站等台站，相关台站能部分或全部承担气象辐射观测。我国对于承担气象辐射观测项目（任务）的气象站，按辐射观测内容分为一级辐射站、二级辐射站和三级辐射站。其中，一级辐射站为总辐射、直接辐射、反射辐射和净全辐射观测的辐射观测站；二级辐射站为只进行总辐射和净全辐射观测的辐射观测站；三级辐射站为只进行总辐射观测的辐射观测站。

（2）公共气象数据库。我国气象科学数据共享服务网是覆盖全国、分布式的科学数据共享服务系统。用户通过身份认证系统，可对共享网站上的气象辐射资料进行数据的检索和下载，可获取网站内存在的站点收集包，含有近 50 年的总辐射、净辐射、散射辐射、直接辐射和反射辐射五个要素的气象辐射资料。

美国国家航空航天局（NASA）气象数据库是一个可以免费查询到全球任何地点的气象数据的服务网站。用户可以通过注册用户、登录网站、输入项目地点的经纬度，即可获得太阳能资源（太阳能辐射量）以及相关（降水量、风速）气象资料。

（3）商业气象软件包。通过光资源查询网站可以查询包括地表水平辐射、直接辐射、散射辐射等一系列光资源指数，以乌鲁木齐市为例，如图 5-1 和图 5-2 所示。

关于太阳能资源等级，我国早在 20 世纪 80 年代初已展开相关研究，目前已经出现多种不同的太阳能资源评价分级方法，因此也导致了评价结果的差异。太阳能资源多以太阳总辐射曝辐量度量，它直接反映了太阳能资源可开发程度。根据《太阳能资源评估方法》（OX/T 89—2008）与《太阳能资源等级　总辐射》（征求意见稿）中对太阳能年总辐射量分类，太阳能年总辐射量指标见表 5-1。

水平年代表数据中各月总辐射量（月平均日曝辐量）的最小值与最大值的比值可表征总辐射年变化的稳定度，在实际大气中，其数值在（0,1）区间变化，越接近于 1 越稳定。采用稳定度作为分级指标，将太阳能资源分为四个等级：稳定（A），较稳定（B），一般（C）以及不稳定（D），见表 5-2。

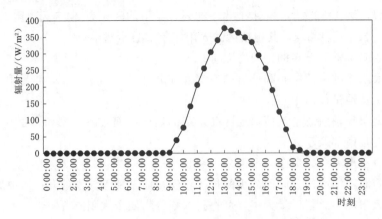

图 5-1 乌鲁木齐市某一天的小时辐射量变化图

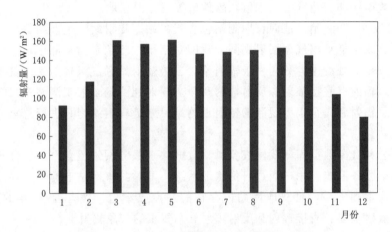

图 5-2 乌鲁木齐市 2022 年月辐射量变化图

表 5-1　　　　　　　　　　　太阳能年总辐射量指标表

等级名称	等级符号	年总辐射量/(MJ/m²)	年总辐射量/(kW·h/m²)	平均日辐射量/(kW·h/m²)
最丰富	A	$GHR \geqslant 6300$	$GHR \geqslant 1750$	$GHR \geqslant 4.8$
很丰富	B	$5040 \leqslant GHR < 6300$	$1400 \leqslant GHR < 1750$	$3.8 \leqslant GHR < 4.8$
丰富	C	$3780 \leqslant GHR < 5040$	$1050 \leqslant GHR < 1400$	$2.9 \leqslant GHR < 3.8$
一般	D	$GHR < 3780$	$GHR < 1050$	$GHR < 2.9$

表 5-2　　　　　　　　　　　　　稳 定 度 等 级

等 级 名 称	等 级 符 号	分级阈值
稳定	A	$GHRS \geqslant 0.47$
较稳定	B	$0.36 \leqslant GHR < 0.47$
一般	C	$0.28 \leqslant GHR < 0.36$
不稳定	D	$GHR < 0.28$

注　$GHRS$ 表示水平面总辐射稳定度，计算 $GHRS$ 时，首先计算代表年各月平均日水平面总辐照量，然后求最小值与最大值之比。

太阳能辐射形式与当地的纬度决定了太阳能资源开发利用的形式。水平面总辐射由水平面直接辐射和散射辐射两种形式组成，不同气候类型地区，直接辐射和散射辐射占总辐射的比例有明显差异，不同地区应根据主要辐射形式特点进行开发利用。直射比可以用来表征这一差异，在实际大气中其数值在［0，1）区间变化越接近于1，直接辐射所占的比例越高。采用直射比作为衡量指标，将全国太阳能资源分为四个等级：直接辐射主导（A），直接辐射较多（B），散射辐射较多（C）以及散射辐射主导（D），见表5-3。

表5-3 直射比等级

名　　称	符　　号	分级阈值
直接辐射主导	A	≥0.6
直接辐射较多	B	0.5～0.6
散射辐射较多	C	0.35～0.5
散射辐射主导	D	＜0.35

5.1.2 太阳能光热转换利用技术

太阳能光热转换利用指的是用集热器把太阳辐射能收集起来转换成为热能，分为低温集热技术（太阳能热水器）、中高温集热技术（发电）。

1. 太阳能低温集热技术

太阳能热水器的核心组件——集热器分为真空管式和平板式两种，如图5-3所示。真空管式集热器的抗压强度通常在0.1MPa以下，单位采光面积相对较小，且装置的可靠性不高，容易出现漏水、破裂、爆管等问题；但是，由于热水是在真空环境中进行换热的，所以其换热损耗低，热能利用率高，在冬天也表现出良好的抗冻性；并且技术成熟，具有较高的市场价值。与此相比，平板式集热器的工作压力大于0.6MPa，具有较大的单位采光面积、高可靠性、部件模块化等优点，但热量损耗大，冬天防冻能力差，市场价值也比较低廉。

（a）真空管式集热器　　　　　　　（b）平板式集热器

图5-3 太阳能热水器的集热器

从目前的市场状况来看，我国太阳能热水器市场以真空管式为主导，特别是在冬季严寒、风沙多的地区，真空管式集热器对环境的适应能力较强。而平板式集热器具有组件易于模块化、可靠、安装方便、可与储热系统分开等技术特性，是一种理想的综合能源材料，它与建筑物的整体结构相结合，在欧美等发达国家已经被广泛应用。随着我国城市建设和环保意识的提高，我国的平板式集热器制造商也越来越多，市场占有率呈逐年增长的趋势，并在我国南部的许多大城市中推广应用，"南板北管"的太阳能集热器模式正逐步成型。

2. 太阳能中高温集热技术

太阳能中高温集热技术是太阳能光热利用产业发展的重要组成部分。若采用太阳能中高温集热发电，其太阳能利用效率与光伏发电系统相近，但鉴于采用高效集热器的同等规模系统占用的空间较小，而且热能的存储和管理更为方便，因此可以确保电力的稳定和传输质量。另外，中高温集热发电还有一个特殊的优点，那就是可以在冬季将产生的余热转化为居民供热，从而使太阳能的综合利用率和经济效益得到进一步的提升。

太阳能中高温集热系统集热器可分为槽式、塔式和碟式 3 种形式（图 5-4）。槽式集热器采用槽型聚光镜，将太阳光反射到镜面聚焦的集热管上，使管内的工质产生高温蒸气，从而带动传统的涡轮发电。塔式集热器采用一套定日镜对太阳进行单独追踪，将太阳光集中在中心，接收塔上加热工质，从而产生电能。碟式集热器是一种用旋转抛物面镜来集中太阳光线的设备，在三种系统中，它的光效率最高，启动损失小。

（a）槽式集热器　　　　　（b）塔式集热器　　　　　（c）碟式集热器

图 5-4　太阳能中高温集热系统的集热器

太阳能中高温集热技术的难点主要集中在以下两个方面：

（1）集热器表面的吸热涂层。中高温集热器要达到高的集热率，应选用对频谱选择性较好的耐热涂料，以维持对各种光波的高吸收率、低辐射率，并能在 40～60℃的高温下保持较好的热稳定性，避免单晶氧化、晶粒长大、相分离、扩散等问题。

（2）金属集热管与真空玻璃管间的密封性。集热管和真空玻璃管之间的密封性是保证装置安全运行的重要环节。在真空环境中，金属和玻璃管之间存在着很大的膨胀系数差异，造成了金属和玻璃管之间难以实现有效的密封。在密封接头时，必须严格确保波形膨胀在高温下的强度和刚性能够与玻璃管相匹配，并能有效地解决由于温度变化造成的内部和外部管道的损坏问题。另外，由于集热管在工作时，需要经受内外两层的轴向刚度和强度，所以接头的力学性能要符合循环工质的工作条件，以确保其工作可靠。太阳能中高温真空集热管如图 5-5 所示。

图 5-5　太阳能中高温真空集热管

3. 太阳能集热器模型

太阳能集热器的出力只考虑与光照强度和温度的关系，其输出热功率为

$$Q_{PV} = \frac{G_{AC}}{G_{STC}} [1 + k(T_{AC} - T_{STC})] Q_{STC} \tag{5-1}$$

式中　Q_{PV}——太阳能集热器输出热功率，kW；

Q_{STC}——太阳能集热器在标准测试条件下的输出热功率，kW；

G_{AC}——实际光照强度，kW/m^2；

G_{STC}——标准测试条件下的光照强度，取值为 1kW/m^2；

k——功率温度系数，取值为 -0.47%/K；

T_{AC}——电池板工作温度；

T_{STC}——标准测试条件下参考温度，值为 25℃（计算时需要换算到 K）。

5.1.3　太阳能光电转换利用技术

1. 太阳能光伏发电原理

太阳能光伏发电装置是通过光生伏特效应，将太阳能转换成直流电的装置。光伏发电是当今太阳能发电的主流，所以，现在人们常说的太阳能发电就是光伏发电。太阳电池（Photovoltaic Panels，简称 PVP）是光伏设备的核心。主要用于发电的半导体材料有：单晶硅、多晶硅、非晶硅、碲化镉等。

太阳能发电能力主要由照射到光伏阵列上的光照强度决定，此外还受光伏系统的运行工况及其物理参数等因素的影响。对于准稳态的光伏出力，其实际输出功率可由标准测试条件（所谓的标准测试条件指的是光照强度 1kW/m^2、环境温度 25℃、无风的环境条件）下的峰值功率，结合当前环境温度及光照强度给予估算，即

$$P_{PV} = f_{PV} P_{PV,cap} \left(\frac{G_T}{G_{T,STC}} \right) [1 + \alpha_P (T_{cell} - T_{cell,STC})] \tag{5-2}$$

式中　f_{PV}——光伏阵列的功率降额因数，表示光伏面板自身一些因素引起的功率损耗，如自身老化、表面尘垢遮盖等，通常取值 0.9；

$P_{PV,cap}$——标准测试条件下光伏阵列的峰值功率，kW；

G_T——光伏面板实际光照度，kW/m^2；

$G_{T,STC}$——标准测试条件下的光照强度，取 1kW/m^2；

α_P——功率温度系数；

T_{cell}——光伏面板实际温度；

$T_{\text{cell,STC}}$——标准测试条件下的光伏面板温度，取 25℃。

光伏面板的表面温度对光伏阵列的输出功率有影响，通常将光照强度 0.8kW/m^2、环境温度 20℃、风速 1m/s 的环境条件规定为光伏的额定运行条件。

对于面板实际温度，计算公式为

$$T_{\text{cell}} = \frac{T_{\text{a}} + (T_{\text{cell,noct}} - T_{\text{a,noct}}) \left(\dfrac{G_{\text{T}}}{G_{\text{T,noct}}} \right) \left[1 - \dfrac{\eta_{\text{MPP,STC}}(1 - T_{\text{cell,STC}})}{\tau \alpha_{\text{s}}} \right]}{1 + (T_{\text{cell,noct}} - T_{\text{a,noct}}) \left(\dfrac{G_{\text{T}}}{G_{\text{T,noct}}} \right) \dfrac{\alpha_{\text{p}} \eta_{\text{MPP,STC}}}{\tau \alpha_{\text{s}}}} \qquad (5-3)$$

式中　T_{a}——环境实时温度；

$T_{\text{cell,noct}}$——额定运行条件下的光伏面板温度，一般为 45~48℃；

$T_{\text{a,noct}}$——额定运行条件下的环境温度，取 20℃；

$G_{\text{T,noct}}$——额定运行条件下的光照强度，取 0.8kW/m^2；

$\eta_{\text{MPP,STC}}$——标准测试条件下光伏尖峰功率点的效率；

τ——光伏遮盖物的太阳能透过率，通常取 0.9；

α_{s}——光伏阵列的太阳能吸收率，通常取 0.9。

2. 太阳能光伏发电系统的分类

（1）独立光伏发电系统。独立光伏发电系统又称为离网光伏发电系统。离网光伏发电系统适用于其他没有并网运行或并网电力系统不稳定的地区。一般来说，离网光伏发电系统通常由太阳能光伏面板、控制器、逆变器、蓄电池组和支架系统组成。白天，它们产生直流电源可直接使用；夜间、多云或下雨的日子，产生的电能储存在蓄电池组中，通过蓄电池组提供电力。离网光伏发电系统是相对独立的解决方案，可安装在大多数地方且易于就地维护。它们是更可靠、更清洁且具备成本效益的解决方案，能够有效替代燃油发电机组。

（2）并网光伏发电系统。并网光伏发电系统是将太阳电池的直流电通过并网逆变器转化为交流电，从而达到电力市场的需求。并网光伏发电系统主要为集中式大型光伏电站，其特点是将电力直接输送至电网，然后通过电力网的统一调度为客户提供电力。但是，该电站投资大，建设周期长，占地面积大，发展起来比较困难。

（3）分布式光伏发电系统。分布式光伏发电系统又称分散式发电，特指建在用户所在地周围的光伏发电设施。运行方式以用户侧自发自用、多余电量上网，且在配电系统平衡调节为特征的光伏发电设施，是一种新型的、具有广阔发展前景的发电和能源综合利用方式，它倡导"就近发电，就近并网，就近转换，就近选用"的原则，不仅能够有效提高同等规模光伏电站的发电量，还能够有效解决升压和长途运输过程中的电能损耗问题。

5.1.4　太阳能光伏/光热一体化技术

当太阳电池本身的温度持续上升时，它就会聚集太阳能来产生电能。但是，当温度升高时，光电转换效率往往会降低 5%，例如，当温度升高到 10℃时，光电转换效率就会下降 5％，通过使用空气或液体工质来冷却电池板，以达到在向外提供热能的同时，增加太阳电池的转换效率，减少电池板的加热温度。此项技术既能有效地改善光电转换效率，又能充分利用太阳能板所收集的热量，从而达到节能、节省空间、节约能源等目的。

经过调查发现，在无冷却方式运行时，太阳能板的温度可以达到 30~40℃，冷却后可以降低 20℃左右，同时可以维持 10％~13％的发电效率，集中热效率为 55％~65％，太阳能综合利用效率达到 70％以上，另外，还可以根据客户的需要，调节太阳电池的覆盖密度，改变 PV/T 的热电比，从而提高系统的运行经济性。

太阳能光伏/光热一体化组件（Photovoltaic and Thermal，简称 PVT）主要由太阳电池、光集热器、输水管路及相关附件组成，其中光集热器中的铜吸收层部分利用太阳能将冷水加热并通过铜管输送到热力管网或者直接输送给用户，该 PVT 组件在利用太阳能发电的同时能够利用冷水对太阳电池进行降温，在一定程度上也提高了太阳电池的能量转换效率。

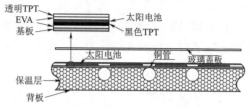

图 5-6　典型 PV/T 集热器结构图

由于 PVT 组件的电、热出力具有一定的相关性，即均与光照辐射强度有关。而一天中光照辐射强度存在不确定性，因此 PVT 组件电、热出力值也具有一定不确定性，相关研究表明，光照辐射强度近似服从 Beta 分布，其概率密度函数为

$$f(I_t) = \frac{\Gamma(\alpha^* + \beta^*)}{\Gamma(\alpha^*)(\beta^*)} \left(\frac{I_t}{I_{max}}\right) \left(1 - \frac{I_t}{I_{max}}\right)^{\beta^* - 1} \tag{5-4}$$

式中　I_t——光照辐射强度，W/m^2；

I_{max}——光照辐射强度的上限值；

α^*、β^*——Beta 分布函数的参数；

Γ——Gamma 函数。

由式（5-4）可以得到电、出力的数学模型，即

$$P_t^{PVT} = \eta_e^{PVT} A^{PV} I_t \tag{5-5}$$

$$H_t^{PVT} = \eta_h^{PVT} A^{PV} I_t \tag{5-6}$$

式中　P_t^{PVT}、H_t^{PVT}——PVT 电、热出力；

A^{PV}——PVT 安装面积；

η_e^{PVT}、η_h^{PVT}——PVT 的电、热转换效率；

I_t——光照强度。

PVT 系统是"光伏＋"系列的又一重要应用方向，既契合加快能源利用绿色低碳转型的政策方向，又有效解决了分布式光伏发电就地消纳以及光伏发电和光热采暖争屋面的问题，具有广阔的市场应用空间。

总之，太阳光普照大地，没有地域的限制，无论陆地或海洋，无论高山或岛屿，处处皆有，可直接开发和利用，且无须开采和运输。在能源危机越来越严重的

今天，太阳能利用技术更有其必要性和独特性。

5.2　风 能 利 用 技 术

风能资源是一种发展前景好、绿色环保的新型能源。自然界风能蕴藏量丰富。风力发电按照装机容量可以分为两类：一种是装机容量比较大的大型风电场，该类电场主要与输电网连接；另一种主要是装机容量较小的风电场，该类电场主要安装在配电侧。

5.2.1　风的关键特性

在了解风资源评估的一般工作前，首当其冲且非常有必要对风本身的一些关键特性进行了解。然而在进行这一了解前，又无可避免地需要对风是从哪里来的这一问题进行简单的探讨。

风从哪里来？这个问题的最简单回答是由于空气对地球表面不同部分之间的压力差异所导致的，即梯度响应产生的运动。空气团总是倾向于向低压区运动，而离开高压区。如果没有干扰，产生的风最终会使压力差平衡并逐渐消失。空气压力梯度永远不能完全消失的原因，在于它们持续不断地受到地表阳光的不均匀加热。太阳的不均衡加热是风的最终推动力量，当然地球旋转在这其中也起着关键作用，科里奥利效应（Coriolis effect）使空气向两极转东方向运动，而赤道的受热空气向西运动。这一影响意味着风永远不会直接向低压区运动，而是在地表影响以上的高度，沿等压线绕低压区旋转，这也是飓风中气旋的来源。

虽然温度和压力差会产生风，但地形和陆地表面的情况对风也有强烈影响，比如海边山口就是例证。那里的风是由于地形上升驱动所产生的，特别是在它的山脊与气流横断的时候，会产生显著的加速作用，因为空气团被挤压通过有限的垂直空间。由于这种作用，世界上很多最好的风电场址都位于隆起的山顶、山脊、台地和其他起伏地形。

地表覆被和其他地面覆盖物，如房屋和其他结构，也会起重要作用。在气象学中，这一影响用称为表面粗糙长度或简称为粗糙度的参数来表示。由于施加于下部空气的摩擦或阻力的影响，在粗糙度较高的区域，地面附近的风速通常较低。相反，开阔水面的粗糙度通常比较低，这也就解释了为什么风资源状况通常会随着远离海岸而改善。

年平均风速经常被作为风电工程等级或排序的指标，确实，它是一个方便的度量尺度。现在，大部分风电工程开发都在风电机组轮毂高度处平均风速为 6.5m/s 或以上的地点进行，但在竞争电价较高或其他市场条件优惠的区域，风资源差些的场址也可以开发。然而，平均风速仅是风资源的粗略测度，为准确估计发电量，风资源特性还必须用时间和空间上的风速和风向的变化以及空气密度来表示。

1. 时间维度

秒级及以下的极短时间尺度是湍流的领域。它是用来表示短暂压力扰动或涡流引起的风速和风向快速波动的通用术语。人们通常感受到的湍流是阵风，湍流是大气摆脱太阳辐射建立能量的关键机制。但遗憾的是，它对发电基本上没有好处，因为风电机组对这种速度变化不能做出足够快的响应。实际上，当风电机组的桨距设置有误且没有对正风向时，强湍流反而会导致风电机组出力下降。此外，湍流还会加剧桨距动作器和偏航电动机等机械部件的磨损。因此，制造商可能不给湍流超过设计范围的风电机组提供保修。因此，了解场址的湍流情况对风资源评估非常重要。

风速和风向的波动也会发生在几分钟到数小时之间。不同于湍流，这些变化是可以被风电机组迅速捕获的，会导致出力变化，这是电力系统运营商最感兴趣的部分，因为运营商必须对风波动作出及时的响应，从而相应改变系统其他电厂出力，以保持对用户的稳定供电，因此，它是短时风电预测的重点。

在12～24h的时间尺度下，存在与地面受阳光加热和辐射冷却的日循环模式相关的变化。取决于地上高度内风的相关性质，一个给定位置的风速通常在下午3时左右和夜间分别达到其高低峰值，在电价按白天需求确定的市场中，哪种用电模式占优势会对电厂收入产生重大影响。例如，在空调负荷很多的区域，电力需求高峰会出现在下午，而在家庭电取暖用得很多的区域，傍晚会出现用电高峰。

季节影响开始于月时间尺度，在多数中纬度区域，较好风况通常出现在晚秋到春季，而夏季通常很少刮风。由于这种季节变化，短于一整年的测量很难准确确定平均风资源。此外，如同日变化一样，季节变化也会影响风电场收入。

年度和更长的时间尺度是区域、半球、全球气候振荡领域，如著名的厄尔尼诺现象，这些振荡以及随机过程是年度之间风气候变化性的主要原因。这也是为什么风资源评估工作通常是在场址进行符合长期历史规律的正确风况测量的主要原因。

2. 空间维度

风资源评估的空间维度对风电场设计非常重要，多数风电场都有不止一台风电机组。为预测总发电量，必须理解各台风电机组之间的风资源是如何变化的，这对于受地形影响很强烈的复杂山区地形特别有挑战性。

人们感兴趣的空间尺度与风电机组尺寸和风电工程规模有关。现代大型风电机组风轮直径通常在70～120m，风电机组间隔通常为200～500m，而大型风电工程的地域跨度可达10～30km，在这一总区域内，要做到风电机组优化布置和准确估计发电量，就必须有标志各种变化的详细地图。

垂直维度也非常重要。风速随高度的变化称为风切变。多数地点的风切变是正值，意味着风速随高度增加而加大，因为地面阻力的影响减小了。了解风切变对于把在一个高度的风速测量值变换到另一高度相当重要。极端风切变会导致风电机组部件的磨损和发电量的损失，风切变测量可以是在测风塔不止一个高度同时读取风速，也可以使用Sodar声雷达或Lidar光雷达等遥感装置。

尽管风速是风资源的主导特性，但某些其他特性也很重要，如风向、空气密度、覆冰频度等。要想准确估计发电量，这些特性都必须要正确描述。

风向的频率分布是优化风电机组布局的关键。为降低风电机组之间的尾流干扰，风电机组在主导风向上的间距需要大于其他方向的间距。

空气密度会决定特定风速下风的可用能量：空气密度越大，可用能量越高，风电机组可发出的电量越大。空气密度主要取决于温度和海拔。

风电机组叶片大量覆冰会大大降低发电量，因为它破坏了精心设计的叶片翼型，最严重时会导致风电机组停机。覆冰的两个主要原因是冻雨和直接沉积。

可能影响风电机组性能的其他条件还有浮尘、脏污和昆虫等。

5.2.2　风资源评估

本小节只提及大概的工作流程，风资源评估工作中总的工作流程基本一致，但由于具体工作中所采用的工作方法以及所参照的标准（均在国家标准下）存在差异，此处不一一列举。

风资源评估工作像其他技术项目一样，也需要在一组明确目标指引下仔细规划和协调，它经常受到紧张的预算和进度的限制，最终成功是依靠正确的选址和测量技术、训练有素的团队、优质的设备、正确的数据分析和建模技术等，风资源评估工作总体可分为场址确认、风资源监测和风资源分析 3 个主要阶段。

5.2.2.1　场址确认

风资源评估活动的第一步是确认一个或多个备选风电工程场址。这可能涉及勘查较大区域（如一个县、一个省，或一个国家），最主要的关注问题通常是风资源，可以用风资源地图或公开发布的风况数据估计。需要关注的其他问题可能包括市场条件、输电接入和容量、场址可施工情况和进入条件、社区和政府支持情况以及环境和文化敏感性等。

完成第一步之后，建议收集和编制 GIS 的地理数据。GIS 项目创建完成后，以有效的系统方法和适当的判据选择备选场址。创建 GIS 项目的另一个优点是一旦选好备选场址，就可以在视在环境中进行风能监测活动设计，进而进行风电工程设计的很多工作。无论是否使用 GIS，场址的最终选择都需要通过对场址的实际考察来获得信息，以确认用以选择的物理条件（如道路和输电线位置情况），从而对政治、监管、文化及对项目开发可能有帮助或妨碍的其他因素进行第一手评估。

选择风电工程场址的首要考虑包括几个因素，即风资源情况、可用多风区、与已有输电线路的邻近情况、通行道路、土地覆被、土地利用限制、与居民区的邻近情况、文化、环境和其他因素等。

5.2.2.2　风资源监测

备选场址一旦确认，第二步工作是风资源监测和特征描述，测风塔通常要在这一阶段安装，测风塔如图 5-7 所示。最常见的监测目标即确认是否有足够的风资源，然后确定继续调研的合理性，在各备选场址之间进行比较和排序，获得供不同型号风电机组的性能和经济可行性估计的代表性数据，从而奠定风资源分析的坚实基础。

1. 风况监测活动设计

风况监测活动的总目标是获得对风资源的可能最佳了解，它的涵盖范围是从风电机组风轮顶部到底部及与工程预算和进度一致的整个工程区域。做到这一点的方法是在适当位置架设测风塔和安装陆基遥感系统，以获取可以描述风资源的足够数据。

图 5-7 测风塔

（1）测风塔的要求、数量和布置选择。决定安装多少测风塔以及它们安装在项目区域的什么地方时，其主要目的是降低风电机组潜在位置的风资源不确定性。为满足这一目标要求不仅需要监测风力最强的地方，还要捕捉风资源的全部多样性，风电机组可能经受的最差到最好的风况。在作出决定时，工程区域大小、地势、土地覆被情况及其他因素等都需要考虑。

根据《风电场风能资源测量方法》（GB/T 18709—2002），风电场仅在一处安装测风塔时，其高度不应低于拟安装风电机组轮毂中心高度。风电场在安装多座测风塔时，其高度可按 10m 的整数倍选择，但至少有一处测风塔的高度不应低于拟安装风电机组轮毂中心高度。测风塔无论采用何种结构型式，在当地 30 年一遇风载时，都不应由于其基础（包括地脚螺栓、地锚、拉线等）承载能力不足而造成测风塔整体倾斜或坍塌。在沿海地区，结构需能承受当地 30 年一遇的最大风载的冲击，表面应防盐雾腐蚀。对于有结冰凝冻气候现象的风电场，在测风塔设计、制作时应予以特别考虑。测风塔顶部应有避雷装置，接地电阻不应大于 4Ω，特别对于多雷暴地区，测风塔的接地电阻应引起高度重视。当测风塔位于航线下方时，应根据航空部门的要求决定是否安装航空信号灯在有牲畜出没的地方，应设防护围栏。

测风塔安装应选择具有代表性的位置，所选测量位置的风况应基本代表该风电场的风况，避免安装在风电场最高点或者最低点。测风塔安装点靠近障碍物如树林或建筑物等会影响风资源测量的准确性，所以选择安装点时应尽量远离障碍物，如果没法避开，则要求与单个障碍物距离应大于障碍物高度的 3 倍，与成排障碍物距离应保持在障碍物最大高度的 10 倍以上，测量位置应选择在风电场主风向的上风向位置。立塔前还要确认拟安装位置的土地属性，明确是否占用农田、耕地、林地等，调查拟安装测风设备场地，避免安装在军事保护区、自然保护区、文物区、矿区内，安装位置还应具备必要的交通运输和施工安装条件。

测风塔数量依风电场地形复杂程度而定：对于地形较为平坦的风电场，可选择在场中央只安装一座测风塔；对于地形复杂的风电场，即存在大型沟壑、地势起伏明显，尤其是处于多山地区的风电场，单座测风塔的测风数据不足以反映整个风电场的风资源情况，需要根据场内地形情况布置多座测风塔，以提高风资源评估的精度，一般情况下，风电场每 5 万 kW 装机容量应至少安装两座测风塔。

前期资料收集齐全后先进行测风塔室内选址，对拟开发风电场进行初步分析，

图 5-8　测风塔实际布置图例

并推荐出具有代表性的目标点坐标并在地形图上确定,如图 5-8 所示,室内选址完成后到现场踏勘,对测风点进行复核、调整并最终确定。

(2) 仪器高度。风资源测量在风电机组轮毂高度进行,而不是将较低处的测量结果外推,这可以降低发电量估算的不确定性。高度选择取决于一系列因素,包括工程规模、测风塔成本、当地规定 (如与航空有关的高度限制) 以及对场址风切变的了解等。一方面,如果对风切变有充分了解,那么架设极高测风塔的价值就降低了;另一方面,如果风切变特征很难描述,架设测风塔就很有成本效益。对于大型风电项目 (>100MW),建议在三座测风塔中,至少有一座要达到轮毂高度。

(3) 测风塔仪表。监测工作的主要任务是采集准确的风速、风向和空气温度数据。风速数据是一个场址的最重要指标,需要进行多高度测量,以确定场址的风切变。风向频率信息对风电场内风电机组布置优化和风流场及尾流建模非常重要。空气温度测量会提供场址条件的补充信息,并帮助确定空气密度。

(4) 陆基遥感。Sodar 和 Lidar 是对可用风速测量技术的两种新近补充,可用于工程区域不同点的抽样校核,以及测量风轮扫掠面的风速分布。通常进行的是短期 (4~12 周) 监测,但对于大型风电项目 (>100MW)、复杂地形,或预期有显著的风切变季节性变化的情况,监测期最好更长或进行多次监测。

2. 测量计划

所有监测项目的共同点是需要制定测量计划。它的目的是确保风况监测项目的所有方面加在一起能提供满足项目目标所需的数据。数据应该书面记录,并在工程实施之前由工程参与各方核查验收。监测计划应规定内容为:测量参数 (如风速、风向和温度)、设备类型、数量和成本、设备监测高度和仪表安装梁的方向、测风塔数量和位置、期望的最低测量准确度、持续时间和数据恢复率、数据采样和记录间隔、设备安装、维护、数据验证和上报的负责方、数据传输、筛选和处理程序、质量控制 (quality control,简称 QC) 措施、数据报告时间间隔和格式。

通常建议风况监测持续至少一年 (连续 12 个月),但时间更长得到的结果更可靠,而且建议随后安装的测风塔在时间上要与风况监测的对应起始和终止时间相重叠。所有测量参数的数据恢复率要尽可能高,目标是至少覆盖 90% 的多数测风塔传感器,基本不能有大的数据间断。实际实现的恢复率取决于一系列因素,如场址的偏远情况、气候条件、仪器的类型和冗余度以及数据采集方法等。

3. 监测策略

(1) 监测策略的核心是良好的管理、合格的队伍和充足的资源。

(2) 最好是所有相关人员都理解每个参与人员的作用和责任以及他们的权利和义务。

(3) 每个人都应该熟悉项目的总体目标、测试计划和进度日程。

(4) 参与人员之间的沟通应该频繁且公开。建议项目组至少包含一个有现场测量经验的人。

(5) 数据分析、解释和计算机技巧也是重要的有利条件。

(6) 可用的人力和物力资源必须与测量项目的目标相适应。

(7) 高标准的数据准确度和完整性要求具有相当水平的人员、优质的设备等。

(8) 对计划外事件（如设备运行中断）的即时响应、备件获取、定期现场巡查和及时检查数据等。

4. 质量保证计划

质量保证计划是每个测量项目必不可少的部分，它是保证高质量数据成功采集的组织和详细行动程序的设定，一旦制定了测试计划，质量保证计划应该以书面形式作出。

5. 风资源评判

风能利用是否经济取决于风电机组轮毂中心高处最小年平均风速，这一界限值目前取值大约为 5m/s，根据实际的利用情况，这一界限值可能有时高一些或低一些。由于风电机组制造成本降低以及常规能源价格的提高，或者考虑生态环境，这一界限值有可能会下降。根据全国有效风功率密度和一年中风速不小于 3m/s 的全年累计小时数，可以得出我国风资源的各区分布。

由表 5-4 可以看出，一般来说平均风速越大，风功率密度也大，风能可利用小时数就越多。我国风能区域等级划分的标准如下：

(1) 风资源丰富区：年有效风功率密度不小于 $200W/m^2$，$3\sim20m/s$ 风速的年累计小时数大于 5000h，年平均风速大于 6m/s。

(2) 风资源较丰富区：年有效风功率密度为 $150\sim200W/m^2$，$3\sim20m/s$ 风速的年累积小时数为 $4000\sim5000h$，年平均风速在 5.5m/s。

(3) 风资源可利用区：年有效风功率密度为 $50\sim150W/m^2$，$3\sim20m/s$ 风速的年累积小时数为 $2000\sim4000h$，年平均风速在 5m/s。

(4) 风资源贫乏区：年有效风功率密度不大于 $50W/m^2$，$3\sim20m/s$ 风速的年累积小时数不大于 2000h，年平均风速小于 4.5m/s。

表 5-4　　　　　　　　　我国风能分区及占面积百分比表

区　　别	丰富区	较丰富区	可利用区	贫乏区
年有效风功率密度/(W/m^2)	≥200	150~200	50~150	≤50
年风速大于 3m/s 累计小时数/h	≥5000	4000~5000	2000~4000	≤2000
年风速大于 6m/s 累计小时数/h	≥2200	1500~2200	350~1500	≤350
占全国面积百分比/%	8	18	50	24

风资源丰富区和较丰富区具有较好的风资源，为理想的风电场建设区。实际上，较低的年有效风功率密度也仅是对宏观的大区域而言，而在大区域内，由于特殊地形的存在，可能导致局部的小区域为大风区，因此，应具体问题具体分析。通过对这种地区进行精确的风资源测量，并进行详细分析，选出最佳区域建设风电场，仍可获得可观的效益。而风资源贫乏区，风功率密度很低，对大型并网型风电机组一般无利用价值。另一种风速分区按照风功率密度分区，这种分区方法蕴含着风速和风功率密度量值，是衡量风电场风资源的综合指标，风功率密度等级在国际"风电场风能资源评估方法"中给出了7个级别，见表5-5。

表5-5 风功率密度等级表

高度	10m		30m		50m		应用于并网风电
风功率密度等级	风功率密度/(W/m^2)	年平均风速参考值/(m/s)	风功率密度/(W/m^2)	年平均风速参考值/(m/s)	风功率密度/(W/m^2)	年平均风速参考值/(m/s)	
1	100	4.4	160	5.1	200	5.6	
2	100～150	5.1	160～240	5.9	200～300	6.4	
3	150～200	5.6	240～320	6.5	300～400	7.0	较好
4	200～250	6.0	320～400	7.0	400～500	7.5	好
5	250～300	6.4	400～480	7.4	500～600	8.0	很好
6	300～400	7.0	480～640	8.0	600～800	8.8	很好
7	400～1000	9.4	640～1600	11.0	800～2000	11.9	很好

注 1. 不同高度的年平均风速参考值是按风切变指数为1/7推算的。
　　2. 与风功率密度上限值对应的年平均风速参考值，按海平面标准大气压并符合瑞利风速。

5.2.2.3 风资源分析

风资源评估活动的第三阶段是在所有相关时间和空间尺度作出风资源描述，以支持工程区域内的风电机组优化布置，并尽可能准确估计发电量。这一阶段包括数据验证、风资源观测结果特征描述、轮毂高度风资源估计、气候修正、风流场建模、风资源评估的不确定性估算，以及工程设计和发电量估算等。

1. 数据验证

一旦数据从监测系统传输到计算机，就必须进行数据错误检查和验证，评估数据的完整性和合理性，标出无效值和有疑问值。

(1) 测量数据的验证。数据验证的目标，是通过对风电场测得的原始数据进行完整性、合理性检验，以及对不合理和缺测数据再处理，整理出连续年相对完整的风电场测风数据。

1) 测风数据的检验。对测风数据的检验分为完整性检验和合理性检验。完整性检验是对原始数据进行整理，并根据测风塔的维护记录或其他运行记录等整理出缺测数据。合理性检验包含3个方面：测风数据的范围检验，测风数据的趋势检验，测风数据的相关性检验。范围检验是检验各测量参数是否超出实际极限，主要参数的合理范围参考值见表5-6。趋势检验是检验各测量参数在时间上的变化趋势是否合理，主要参数的合理变化趋势参考值见表 5－7。相关性检验是检验同一测量参数在不同高度的差值是否合理，主要参数的合理相关性参考值见表 5－8。各地气候条件和风况变化很大，三个表中所列范围仅供检验时参考，在超出范围时应根据当地风况进行具体分析。

表 5－6　　　　　　　　　　主要参数的合理范围参考值

主 要 参 数	合 理 范 围	主 要 参 数	合 理 范 围
1h 平均风速变化	＜6m/s	3h 平均气压变化	＜1kPa
1h 平均气温变化	＜5℃		

表 5－7　　　　　　　　　　主要参数的合理变化趋势参考值

主 要 参 数	合理变化趋势	主 要 参 数	合理变化趋势
风速	0～60m/s	风向	0°～360°
湍流强度	0～1	气压	94～106kPa

表 5－8　　　　　　　　　　主要参数的合理相关性参考值

主 要 参 数	合理相关性	主 要 参 数	合理相关性
50m/30m 高度小时平均风速差值	＜2.0m/s	50m/30m 高度风向差值	＜22.5°
50m/10m 高度小时平均风速差值	＜4.0m/s		

2）不合理数据和缺测数据的处理。列出所有不合理数据和缺测数据及其发生时间，对不合理数据再次进行判别，分析原因，挑选出符合实际情况的有效数据，回归原始数据序列；经过分析处理，将备用的或可供参考的传感器同期记录数据替换已确认为无效的数据或填补缺测数据。

3）数据检验结论，根据《风电场风能资源评估方法》（GB/T 18709—2002），经过数据检验和处理，测风塔各高度风速、风向有效数据完整率应在 90％以上。

（2）测风数据订正。数据订正的目的是根据风电场附近长期观测站（如气象站）的观测数据，将检验后的风电场测风数据订正为一套能反映风电场长期平均水平的代表性数据，即风电场测风高度上代表年的逐小时风速风向数据。

1）数据订正的理想条件。理想条件包括：同期测风结果与气象站数据的相关性较好，气象站具有长期规范的测风记录，气象站与风电场具有相似的地形条件或气象站距离风电场比较近。

2）数据订正方法。可采用分象限绘制风电场观测站与对应年份长期观测站的风速相关曲线的方法进行数据订正。某一风向象限内风速相关曲线的具体做法是：建立直角坐标系，横坐标轴为基准站（气象站）风速，纵坐标为风电场观测站的风速。取风电场观测站在该象限内的某一风速值（某一风速值在一个风向象限内一般有许多个，分别出现在不同时刻）为纵坐标，找出长期观测站各对应时刻的风速值（这些风速值不一定相同，风向也不一定与风电场观测站相对应），求其平均值，以该平均值为横坐标即可定出相关曲线的一个点。对风电场观测站在该象限内的其余每一个风速重复上述过程，就可作出这一象限内的风速相关曲线。对其余各象限重复上述过程，可获得 16 个风场观测站与长期观测站的风速相关曲线。

针对每个风速相关曲线，在横坐标轴上标明长期观测站多年的年平均风速，以及与风电场同期的长期观测站的年平均风速，然后在纵坐标轴上找到对应的风电场观测站的两个风速位，并计算出这两个风速值的代数差值（共 16 个代数差值）。最后，将风电场测量的每个风速都加上对应的风速代数差值，即可获得订正后的风电场观测站的风速、风向资料。

2. 风资源观测结果特征描述

风资源数据经过验证后，就要进行分析以生成各种有助于描述风资源特征的统计数据。常见的统计数据包括风功率密度和风能密度、空气密度、平均风速、风向频率、50 年一遇极大风速和最大风速、风切变指数、湍流强度和年有效风能估计等，各个参数的常见计算方法如下：

（1）风功率密度和风能密度。

1）风功率密度是描述风做功能力的重要参数，为单位时间通过风电机组单位面积叶轮的空气动能。由于风速具有随机性和波动性，因此在计算风功率密度时，必须使用长期风速观测资料才能客观准确地反映其规律，即平均风功率密度，其计算公式为

$$D_{wp} = \frac{1}{2n} \sum_{i=1}^{n} \rho v_i^3 \qquad (5-7)$$

式中　D_{wp}——平均风功率密度，W/m^2；

　　　n——设定时间段内的风速记录数；

　　　ρ——空气密度；

　　　v_i——第 i 个记录风速，m/s。

2）风能密度是指在设定时段中与风向垂直的单位面积内所具有的能量，计算公式为

$$D_{we} = \frac{1}{2} \sum_{i=1}^{n} \rho v_i^3 t_i \qquad (5-8)$$

式中　D_{we}——风能密度，W/m^2；

　　　v_i——第 i 个风速区间的风速，m/s；

　　　t_i——某扇区或全方位第 i 个风速区间的风速发生时间，s。

（2）空气密度。从式（5-8）可知，空气密度的大小直接关系到风能的大小，在海拔高的地区影响更突出。因此，空气密度的精确计算在风资源评估中非常重要，计算公式为

$$\rho = \frac{1.276}{1+0.00366\bar{t}} \left(\frac{P_a - 0.378e}{1000} \right) \qquad (5-9)$$

式中　$\bar{t}$——平均气温，℃；

　　　P_a——平均大气压，hPa；

　　　e——平均水汽压，hPa。

（3）平均风速。平均风速是最能够反映该地区风资源的参数，主要有月平均风

速和年平均风速,进行风资源评估时,由于风的波动性,常计算年平均风速,其计算公式为

$$\overline{v} = \frac{1}{n} \sum_{i=1}^{n} v_i \qquad (5-10)$$

(4)风向频率。风向的统计分析需要依据气象站多年的观测数据以及当地测量设备的实际测量数据。其计算方法一般是根据风向观测资料,按 16 个方位统计观测时段内(年、月)各风向出现的小时数,除以总的观测小时数即为各风向频率。

(5)50 年一遇极大风速和最大风速。50 年一遇极大风速是风电机组选型的重要依据。50 年一遇极大风速定义为:用风速定义一个阵风,在发生周期 T(50 年)内,平均仅被超越一次的风速。IEC 61400-1 标准据此对风电机组进行分类,见表 5-9。

表 5-9   IEC 对风电机组进行分类的 50 年一遇极大风速标准

风电机组类型	I	II	III	S
50 年一遇极大风速/(m/s)	50	42.5	37.5	自定义

50 年一遇最大风速的计算方法有耿贝尔分析法、五日雷暴法、最大风速比值修正法、切变推求法、风压推求法、五倍平均风速法等多种方法。

气象站和测风塔大风时段相关关系应基于测风塔实测年最大风速统计,宜直接相关到风电机组预装轮毂高度,推算预装轮毂高度 50 年一遇 10min 平均最大风速,标准空气密度下的 50 年一遇 10min 平均最大风速为

$$v_{std} = v_{mea} \sqrt{\frac{\rho_m}{\rho_0}} \qquad (5-11)$$

式中 v_{std}——标准空气密度下 50 年一遇 10min 平均最大风速,m/s;

v_{mea}——现场空气密度下 50 年一遇 10min 平均最大风速,m/s;

ρ_m——风电场实测观测期最大空气密度,kg/m³;

ρ_0——标准空气密度,取值为 1.225kg/m³。

计算出气象站 50 年一遇最大平均风速后,进行相关性分析,推算出风电场轮毂高度处 50 年一遇最大风速。

(6)风切变指数。风切变,又称为风剪切,可认为是风廓线的另一种表达方式,用来表征两个高度平均风速的关系。在大气边界层中,风速随高度发生显著变化,而地面粗糙度的不同导致了风速随高度的变化也不一样。风切变用来表征两个高度平均风速的关系,为

$$a = \frac{\lg \frac{v_2}{v_1}}{\lg \frac{z_2}{z_1}} \qquad (5-12)$$

风切变指数并非恒定,而是随着平均风速、风向和大气稳定度而变化的。在实际风电场中,由于风电机组的启动风速一般为 3~4m/s,因此在推算风切变指数时应该剔除低于启动风速的数据。

(7)湍流强度。湍流强度是风速标准偏差和平均风速的比率,用同一组测量数据和

规定的周期进行计算，是评价风速波动情况的指标。湍流强度也描述了风速的时空变化特性，反映了脉动风速的相对强度。风速波动越剧烈，湍流强度越大，而且风电机组的载荷随着湍流强度指数增长。湍流强度的具体计算方法可参照 IEC 61400-1 标准。

（8）年有效风能估计。年有效风能 W_e 是指一年中在有效风速范围内的风能的平均密度，可计算为

$$W_e = \int_{v_m}^{v_n} \frac{1}{2} \rho v^3 P'(v) \mathrm{d}v \qquad (5-13)$$

式中　　$v_m \sim v_n$——有效风速范围，一般为 $3 \sim 25\mathrm{m/s}$；

　　　　P'——有效风速范围内的概率分布函数。

3. 轮毂高度风资源估计

因为测风塔通常低于定义功率曲线的风电机组轮毂高度，所以经常必须把风速测量值在不同高度间互推。这一任务需要对测风塔和场址信息进行小心以及通常有目标的分析，包括风切变观测值、当地气象、地形和土地覆被。

4. 气候修正

气候修正的目的是把在有限时间内获取的测量值修正到长期历史条件。这一点很重要，因为风速变化的实际时间尺度甚至可以为一年乃至更长。这个被称为MCP（测量、关联和预测）的过程通常被用来把现场测量与长期基准关联起来并加以修正，它可以降低发电量估计的不确定性。

5. 风流场建模

因为现场测风通常只限于工程区域的少数几个位置，因此通常必须使用计算机软件进行风流场建模，以估算可能布置风电机组的所有位置的风资源，即可用风流场模型的类型、它们的输入和适用情况，以及相关的不确定性和难点。

简单地形下的风流场建模空间分布的分析可采用线性模型，复杂地形风电场风能空间分布分析宜采用计算流体力学模型。

（1）风流场建模空间分布分析应符合以下规定：

1）计算区域边界距离风电场内任一风电机组机位的距离不应小于 5km，当计算区域边界附近地形或粗糙度存在明显变化时，宜将计算区域边界扩大至包含明显变化区域。

2）风电场区域计算平面网格分辨率不宜大于 50m，风电机组轮毂高度以下垂直网格层数不宜少于 6 层。

3）模型的空区比应大于 90%。

4）模拟扇区不应低于 12 个，宜在主导风向进行扇区加密。

5）各个扇区计算应收敛。

6）宜考虑大气稳定度的影响。

7）风电场内有多个测风塔时，应进行综合计算，并进行交叉检验。

8）宜优先选用时间序列数据进行模拟计算。

（2）近海等受粗糙度变化存在风速衰减的区域宜与中尺度数值模拟进行嵌套分析。

（3）应分析计算出风电场全场风能特征参数分布。

6. 风资源评估的不确定性估算

正确理解与风资源评估过程相关的不确定性对风电工程融资是必不可少的,包括不确定性的潜在来源以及它们的估算方法,并给出不确定性的典型范围。

7. 工程设计和发电量估算

最后一步是工程设计和发电量估算,它通常是一个复杂过程,一般由专用软件进行,这一过程从风流场数值建模的结果开始,允许用户对不同风电机组布局进行快速检验,并得出发电量最大的一个,专用软件也可用于计算由于风电机组尾流影响导致的发电量损失。

5.2.3 风电机组选型

5.2.3.1 风电机组类型

风电机组的分类主要依据机组内部发电机的工作方式、转子绕组结构和转子励磁方式,分为笼型异步风电机组、双馈异步风电机组、永磁同步和电励磁同步风电机组。早期对风电的需求量小,多选取结构简单、造价低廉的笼型异步发电机,主要应用于小、中型恒速恒频风电机组。随着节能减排等政策的颁布,对风电的需求量变大,双馈异步风电机组、永磁同步和电励磁同步风电机组、笼型异步风电机组等采用变速恒频控制技术的风电机组逐渐占领风电市场。

1. 双馈异步风电机组

双馈异步风电机组转子由齿轮箱增速,转子的励磁绕组通过变换器连接至电网,定子绕组直接并网。如图 5-9 所示,双馈异步风力发电系统通过励磁变换器控制转子电流的频率、相位和幅值,间接调节定子侧的输出功率,具有调速范围较宽、有功和无功功率可独立调节、转子励磁变换器的容量较小(约 30% 发电机额定容量)等优点,在陆上和海上风电场中都有广泛应用。

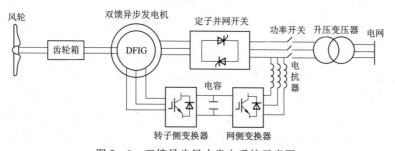

图 5-9 双馈异步风力发电系统示意图

表 5-10 中可见,GE-Energy 和 Vestas 在美国和欧洲的海域均采用单机容量小于 4MW 的双馈异步风电机组。随着科技的发展,对风电机组的容量要求也逐步增大,Senvion、Bard 开始研发 5～6MW 级双馈异步风电机组并应用于欧洲各海域;英国 2-BEnergy 采用了颠覆性的下风向两叶片结构双馈异步风电机组,安装并运行于英国梅西尔海域。上海电气结合国外先进技术设计出 3.6MW 风电机组率先打开了国内风电市场,随后华锐风电、联合动力等国有企业推出 6MW 风电机组,开启了国内自主研发道路。

表 5-10   国内外双馈异步风电机组应用情况汇总

风电机组品牌	容量/MW	风轮直径/m	安装国家
GE-Energy	3.6	104	美国
Vestas	3	90	英国、瑞典
Senvion	5	126	德国、爱尔兰、比利时
Bard	5	122	德国
2-BEnergy	6	140.6	英国
上海电气	3.6	116/122	中国
华锐风电	6	128/155	中国
联合动力	6	136	中国

2. 永磁同步风电机组

永磁同步风电机组按照传动方式可分为永磁直驱风电机组（Permanent Magnet Synchronous Generator，简称 PMSG）和永磁半直驱风电机组。

如图 5-10 所示，永磁直驱风力发电系统的定子绕组通过定子侧和网侧变换器连接至电网。同双馈异步风电机组相比，其转子为永磁体励磁，依靠自身励磁电源，因此不存在励磁损耗。由于省去增速齿轮箱，导致转子转速低，极对数通常在 90 极以上，因此发电机体积大，定子绕组需采用全功率变换器并网，变换器容量与发电机额定容量相当，具有效率高、噪声低、低电压穿越（Low Voltage Ride Through，简称 LVRT）能力较强等优点，已广泛应用于陆上和海上风电场。

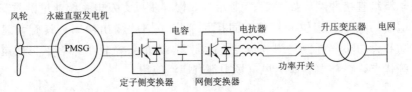

图 5-10   永磁直驱风力发电系统示意图

表 5-11 中可见，GE-Alstom、Siemens-Gamesa 等运用永磁直驱的技术开发大容量机组，其 6~7MW 永磁直驱风电机组已应用于世界各国海域，其中 GE-Alstom 研发的 Haliade-X、12MW 的永磁直驱海上风电机组正在英国进行测试，是目前单机容量最大的风电机组，Siemens 公司率先进入中国海上风电市场；湘电风能是国内最早进入风电设备制造领域的企业，其设计的 5MW 永磁直驱风电机组在国内外市场均具有较高知名度；金风科技公司对陆上、海上风电机组的研究与开发近年来逐渐成为业内标杆。

表 5-11   国内外永磁直驱风电机组应用情况汇总

风电机组品牌	容量/MW	风轮直径/m	安装国家
GE-Alstom	6	150	美国、比利时、中国
Siemens-Gamesa	6/7	154	美国、俄罗斯、中国
湘电风能	5	115/128	中国
金风科技	6.7	154	中国

如图5-11所示，永磁半直驱风力发电系统配备增速齿轮箱，转子转速比直驱式高但变速比较低（一般小于40）。因此，可以减少永磁电机转子磁极数，减少发电机的体积和质量，减轻吊装难度，同时保留了机组容量大、低电压穿越能力较强等优点，被国内外诸多风电机组厂家所应用。

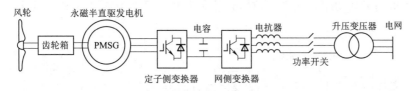

图5-11 永磁半直驱风力发电系统示意图

表5-12中可见，MHI-Vestas在2014年前后引入海上风电机组永磁半直驱的技术路线，并在丹麦研发测试了8MW大容量风电机组，广泛应用于欧美国家海域，随后又研发出更大容量的9.5MW、10MW海上风电机组进行测试。Adwen公司的5MW风电机组安装于德国北海和波罗的海海上风电场运行。东方电气、海装风电作为少数国内掌握半直驱风电机组技术的公司设计出5~5.5MW的海上风电机组。明阳智能对半直驱风电机组进行深耕，率先设计出体积小，效率高的6~7.25MW海上漂浮式风电机组。我国金风科技针对中远海推出2款8~16MW、风轮直径180~250m风电机组，从整个海域特殊典型项目寻优。

表5-12 国内外永磁半直驱风电机组应用情况汇总

风电机组品牌	容量/MW	风轮直径/m	安装国家
MHI-Vestas	8	164	英国、丹麦、美国
Adwen	5	116/128	德国
东方电气	5/5.5	140	中国
海装风电	5	127/151	中国
明阳智能	6.5/7.25	140/158	中国
金风科技	8~16	180~250	中国

3. 电励磁同步风电机组

电励磁同步风力发电系统与永磁直驱风力发电系统结构类似，如图5-12所示。电励磁同步风电机组具有转子转速低、极对数多（通常在90极以上）、风电机组体积较大的特点。电励磁同步风力发电系统与永磁同步风力发电系统不同，其采用电励磁绕组励磁，不会在高温、高腐蚀环境下退磁，定子绕组采用全功率变换器并网，变换器容量与发电机额定容量相当，具有噪声低、低电压穿越能力较强等优点。

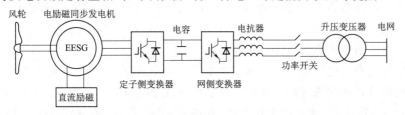

图5-12 电励磁同步风力发电系统示意图

4. 笼型异步风电机组

笼型异步风力发电系统与双馈异步风力发电系统结构类似,如图 5-13 所示,转子为封闭式笼型结构,不配备电刷和滑环,定子绕组需采用全功率变换器并网,增加了成本。笼型异步发电机不存在专门的励磁结构,通过定子侧变换器提供励磁,吸收电网无功功率,实现变速恒频控制策略,具有可靠性较高、调速范围宽等优点。

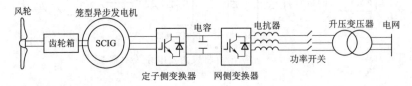

图 5-13　笼型异步风力发电系统示意图

5.2.3.2　风电机组设备选型

1. 风电机组设备选型的原则

风电机组选型中最重要的一个方面是质量认证,这是保证风电机组正常运行及维护的最根本的保障体系。风电机组制造都必须具备 ISO 9001 系列的质量保证体系的认证。国际上开展认证的部门有 DNV、Lloyd 等,参与或得到授权进行审批和认证的试验机构有丹麦 Risφ 国家试验室、德国风能研究所 (DEWI)、德国 WindTest、荷兰 ECN 等。风电机组设备认证体系包含以下内容:

(1) 认证范围。风力发电设备是涉及空气动力学、材料力学、振动、疲劳及电子、机械、材料等多专业的高技术含量的产品,因此主要认证范围为风电机组主要部件(风轮、齿轮箱、发电机、塔架、控制系统、偏航机构等部件)。

(2) 认证依据。相关国际标准、设计/认证指南。

(3) 机构设置。以国家目前批准的可以开展可再生能源产品认证的机构为基础。

(4) 认证模式。风电机组设备的质量认证模式包含两部分:第一部分是型式认证,型式认证是通过设计评估、型式试验、生产质量控制审核等工作,评估新型风电机组是否符合标准,确定风电机组是按照指定设计条件、标准和其他技术要求制造的,证明风电机组满足后续的安装、运行和维护需求,当同系列风电机组满足有关技术要求的条件下颁发型式认证证书;第二部分是项目认证,项目认证是评估正式通过型式认证的风电机组是否符合选定风场的外界条件、可适用的构造物和电力参数及其他场地要求,认证机构应评估场地的风资源条件、其他环境条件、电网条件以及土壤特性是否和定型风电机组设计文件和塔基设计文件中确定的参数相一致,项目认证证书保持有效的条件是要对已通过认证的设备进行营运中的定期检验,并且检验结果应满足有关技术要求。

风电机组设备选型的原则:按照能源合理使用原则,有利于实现大规模发展,节约工程造价,达到资源的最大化。风电机组选型的原则可分为以下 7 个步骤。

第一步,在选择风电机组型号之前,明确风电场位置,并对风资源情况进行评估。

第二步，在确定风电场位置之后，了解风电机组运输途径和安装流程，以便决定风电机组单机容量。

第三步，明确风电场所处地区的气候情况，确定机组设备型号和备用机型的选择。

第四步，根据第三步确定的设备型号和该设备的价格进行分析和投资评估，并根据实际价值进行造价预测，最后根据设备选型原则进行投资。

第五步，根据已确定型号设备的构造、操作方式，进行技术经济分析，保证其先进性与成熟性。

第六步，分析机型的成本、设备投入情况，并进行设计控制操作。

第七步，设计风电场管理软件，对风电机组进行监控，计算风电机组发电量值。

由此可见，掌握了风电机组选择类型的方法，并根据理论进行设计操作非常关键，由此才能取得合理的风电机组类型选择效益。

2. 风电机组设备选型的措施

风电机组设备选型时必须注意许多方面，其中，比较重要的方面有以下6点：

第一，面对陆上风场，风电机组选型需选择对安全要求层次较多的地方，按照气温范围，选用合适的标准性风电机组设备。同时，还必须充分考虑海岛、沿海等气候原因，注意设备有无耐腐蚀、保温要求，是否需要的特殊要求；对于海上风电场，需考虑强台风天气对风电机组设备的影响，明确海床的地质结构、海底深度和最高波浪级别。

第二，必须适应风速特性要求，在风电机组初步选型时，首先就要研究风资源的情况，并确定风电机组的额定风速、额定功率及安全等级、所适用的风区等参数，其次按照风电场50年一遇的最大风速、年平均风速和湍流强度，确定风电机组的安全等级。风电机组等级与风速特性见表5-13。

表5-13　　　　　　　　　风电机组等级与风速特性

风电机组等级		I	II	III	IV	S
平均风速 v_{ave}	m/s	10	8.5	7.5	6	由设计者决定
参考风速 v_{ref}	m/s	50	42.5	37.5	30	
热带 $v_{ref,T}$		57	57	57	57	
$I_{ref(-)}$	A+	0.18				
$I_{ref(-)}$	A	0.16				
$I_{ref(-)}$	B	0.14				
$I_{ref(-)}$	C	0.12				

风电机组轮毂高度处的值：

(1) v_{ave} 是年平均风速值；v_{ref} 为一年10min平均风速值；$v_{ref,T}$ 为受热带季风影响的一年10min平均风速值。

(2) A+是非常高湍流强度范围；A是高湍流强度范围；B是中度湍流强度范围；C是低湍流强度范围。

(3) I_{ref} 湍流强度参考值。

S是风电机组等级S级，当设计师或者客户要求特殊风力或其他外部条件或特殊安全等级时使用。

此外还有CC级，为适应寒冷气候的设计选型。

第三，选择合适位置，避免占用交通要道。

第四，遵循风电机组设备的发展趋势，尽量选用单机容量大，具有变速技术的风电机组，保证风电机组发电量的同时增加经济性，减少运营成本。

第五，注意价格参数的作用，了解风电机组设备的价值及其运行价格，并按照风电机组单机容量确定相应设备的价格。

第六，保证售后服务，在风电场现场设置专业的售后服务部门和服务设施，有效完成风电设备的选型。

根据风电场50年一遇最大风速及国际电工协会 IEC 61400-1（2019）要求，应选择适合 IEC Ⅰ 类加强型及以上安全等级的风电机组。根据不同的机型开展总体布置，综合计算风电场的整体投资。结合发电效率计算单位度电投资，选择机型成熟度高、运行业绩好、综合成本低的机组型号。风电机组设备选型流程如图5-14所示。

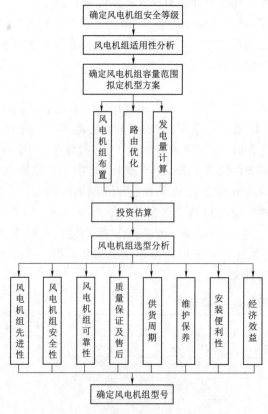

图 5-14　风电机组设备选型流程

根据以上的风电机组设备选型流程模型，整理后设计模型如下：

（1）成本费用归集。

1）初始化投资：建设风电场的全部投资，包括风电机组采购价格和基础设施等。

2）年维修费=固定资产原值×年大修理费率。

3）年经营成本：包括员工的年工资及相关福利费等。

（2）计算年发电量：用发电量期望模型计算。

（3）确定 CRF：CRF 是将初始投资折为等值年的系数因子。

（4）最终计算单位发电成本。风力发电动态单位度电成本计算公式为

$$c=[I\times CRF+(O+M)]/N \tag{5-14}$$

$$CRF=\frac{i\times(1+i)^{n}}{(1+i)^{n}-1} \tag{5-15}$$

式中　　c——单位电量成本，元/(kW·h)；

O——年经营成本，元；

M——年维修费，元；

N——年发电量，kW·h；

I——项目初始投资，元；

n——项目的寿命期，年；

i——贴现率；

CRF——将初始投资折为等年值的系数因子。

通过上述公式可以初步对风电机组设备选型的经济性进行判断。通过单位千瓦静态投资（元/kW）、成本电价的比对，可以初步判断风电场的投资成本的价值。利用实际电价－成本电价的差值可以看出风电场的盈利情况。根据风电机组机型数据比对结果初步判断机型与风电场的适配度，当然不同阶段下，动态成本包括部件成本、运维成本、吊装成本等。

风电机组选型问题具有两个典型特征：一是复杂性，风电机组的技术评价指标、众多的经济评价指标，以及许多其他指标需要考虑，此外，风电机组选型指标之间存在着相互影响的关系；二是模糊性，在实践中，一些定性指标需要转化为定量指标，需要运用模糊数学理论进行量化。

风电机组选型影响风电场的能源质量和经济效益，以及风电机组发电效率。因此，风电机组的选型问题就显得尤为重要。不同风电机组的技术性能和经济性能差别很大，可从可靠性、经济性、安全性三种评价指标进行选择。

（1）可靠性。可靠性是指去除维护和故障次数后，风电机组实际运行时间在评估时间内的百分比，可以反映风电机组运行过程中的故障水平。除了涡轮机的质量外，可靠性主要受维护服务水平的影响。

技术路线：双馈感应技术最为成熟，单位采购成本较低，但故障率较高，维护成本相对增加；直驱技术具有降低机械传动损耗、降低风电机组故障风险和维护成本、提高发电效率等优点；中速永磁体等新兴技术在降低成本方面具有显著优势。

（2）经济性。风电机组的正确选择，对风电场能否发挥较大经济效益至关重要，因为不同型号的风电机组，其启动风速、设计风速、停机风速等气动参数都不一样。尤其是风电机组的启动风速和设计风速，是决定风电机组对不同类别风资源利用效益的两个关键因素，即风资源的统计特性和风电机组运行特性之间存在最佳的匹配关系，只有当二者做到较好的匹配时才能更好地开发利用风资源，获得更大的开发利用效益。

1）初始投资：由于变电站、办公区和其他运输工程的成本不受风电机组选择的影响，因此考虑的初始资本成本仅包括设备采购和安装成本、土地成本等。

2）运维成本：这些直接关系到风电机组的故障率和供应商的服务水平，运维成本也会对供应商在行业中的声誉产生影响。

3）年能源产量（AEP）：年能源产量是风电场收入的载体，直接影响项目的经济效益。在获得风电场的风源数据后，通常使用 wind Farmer、Was P 和其他专业软件来获得年度能源生产估算。该指标主要受风电机组运行可靠性的影响。

4）风电机组发电成本：直接受风电机组初始投资、运行维护成本和运行状况的影响，是评价风电机组经济性的重要指标。

5）内部收益率（IRR）：是指当项目收入和成本相等时所采用的贴现率。内部收益率受成本指数和发电指数的影响。

（3）安全性。风电机组选型的安全性等级见表 5-14。

表 5-14　　　　　　　　　　　　风电机组选型的安全性等级

风电场场址高度 /m	50 年一遇最大风速 /(m/s)	50 年一遇极大风速 /(m/s)	风电机组安全等级
60	36.63	51.28	Ⅲ级
65	36.98	51.77	
70	34.5	48.3	
80	35.2	49.3	Ⅱ级

5.2.3.3　风电机组部件选型依据

电能主要取决于风能，风能的大小由风的大小、空气密度决定。综合分析，影响风电机组效率的主要有叶片吸收风能的气动效应、风电机组控制系统发电策略、风电机组转换效率、机械磨损耗能以及风电机组本体用电设备的能耗等。

1. 叶片

叶片是风电机组最关键的部件。叶片一般采用非金属材料。风电机组中的叶片直接暴露在空气中，承受高温、暴风雨（雪）、雷电、盐雾、阵风（飓风）、严寒、沙尘暴等的侵袭。因此，叶片上承受的力十分大。风电机组叶片材料的疲劳特性，是风电机组选型时重点考虑的对象。

1）变桨距叶片。具有叶宽小、叶片轻、机头质量比失速机组小的特点，不需很大的刹车，启动性能好。适于额定风速以上风速较多的地区，在低空气密度地区仍可达到额定功率，超出额定风速后，输出功率仍可相对稳定，保证较高的发电量。由于变桨距叶片配备了变桨机构，叶片轴承产生故障的概率大大增加。

2）定桨距（带叶尖刹车）叶片。不存在控制变桨距的系统，在失速的过程中功率的波动小、费用低。缺点是叶片宽大，动态载荷增多，因此需配备叶尖刹车，在空气密度变化大的地区，季节不同时输出功率变化很大。在风电场选择时，应充分考虑不同风电机组的特点以及当地风资源情况，以保证安装的风电机组达到最佳的输出效果。

此外，叶片的形状也值得关注，作为转换风能的关键部件，叶形是依据叶素-动量理论数字模型设计而成的。叶片各个位置应匹配相同的风速，保证叶片各处有较好的侧向推力，叶轮的转速或叶片的变化应适应不同时刻的风速变化。变速变桨距风电机组的效率较高，相对固定恒速风电机组效率提高 20% 左右。此外，叶片在风力作用下会产生弯曲变形，以及表面的光洁度变化都会对风能的吸收效率产生影响。

2. 齿轮箱

齿轮箱是风电机组中最贵的和最重的部件之一，齿轮箱的磁极对数一般较少，为获得较高转速电网频率保持一致，保证风电机组发电量，需要齿轮箱为风轮和叶片加速。齿轮箱内部主要是旋转部件，其内部间隙配合、润滑、由摩擦产生的损耗和发热不可忽视。

风电机组齿轮箱的结构主要有平行轴式和行星式两种类型，为了提高增速比，多采用斜齿轮组合结构。

（1）二级斜齿。这是常用的齿轮箱结构之一，结构简单，可采用通用先进的齿轮箱。

（2）斜齿加行星轮组合结构。结构紧凑、较复杂，价格略低于同变速比的斜齿价格，效率略高，一般不为标准件。

3. 发电机

风力发电机选型中主要有同步发电机和异步发电机。

（1）同步发电机：效率高，无功电流可控，可以任意功率因数运行，多用于变速机组，通常应用于大气隙的直驱式机组。

（2）异步发电机：作为缓冲器，存在一定的滑差，对电网冲击小，通过有功输出来吸收无功功率，易产生过电压等现象，且启动电流大。

目前许多风电机组厂商致力于开发减掉齿轮箱的永磁直流发电机，减少因齿轮箱的故障引起的发电损失以及较高的维修成本。从发电机的结构和发电原理而言，发电机的转换效率可达95％。其能量损失主要是电磁转化、磁漏、电机发热以及轴承损耗等。

4. 电容补偿装置

电容补偿装置提供异步机并网所需无功功率，一般电容器组由若干个几十千乏的电容器组成，并分成几个等级，根据风电机组容量大小来设计每级补偿电容量。根据发电机发电功率的多少来切入和切出每级补偿电容量，以使功率因数趋近1。

5. 塔架

从获取风能上讲，塔架越高越好，但受到地形、成本等条件的约束。塔架高度应设计为1～1.5倍风轮直径，但不宜低于24m（风速、湍流因素）。塔架的选型还应充分考虑外形美观、刚性好、维护方便、冬季登塔条件好等特点。水平轴风电机组常用桁架式、拉索式和圆筒形3种塔架。

（1）桁架式。早期多用，20世纪80年代后较少采用。桁架式塔架是最早应用于风电机组的，目前多用于中、小型风力发电机组上，制造简单、成本低、运输方便，不过塔筒设计不够合理，上下梯子无法放置、安全性低，且下风向叶片会产生大量湍流。

（2）拉索式。大、中型机很少用。

（3）圆筒形。其由于具有较高美观性、安全性，无须定期拧紧节点螺栓，对风阻小，产生的湍流小等特点，是目前应用量最大的塔架结构，多采用防腐处理的钢材。

5.2.3.4 风电机组选型方案

根据风资源分析，测风塔高度主风向和风能均主要集中在 NNE～ESE 扇区。风电场风向和风能分布相对集中，风电机组布置时考虑主要风向，风电机组与其他风电机组保持足够的距离。平均风速相对较低，风电机组需要选择对低风速利用效率高的机型来提高项目整体发电量。考虑风电机组技术先进性、成熟性、经济性和可靠性等因素，根据风电机组适应性分析结果，结合目前国内技术成熟的商业化风电机组技术规格、单机容量范围及风能资源禀赋、湍流强度、气候特点等因素，我国某风电场经测风塔测得 70m 高平均风速为 7.05m/s，基于计算流体力学原理的 WindSim 风能计算软件，模拟得出 80m 高处平均风速为 7.98m/s。拟选取的 4 种机型风电机组的基本参数见表 5-15。

表 5-15 各机型风电机组的基本参数表

项 目		单位	WTG1	WTG2	WTG3	WTG4
单机容量		kW	2000	2000	3000	2750
设计等级			IEC Ⅱ B+	IEC Ⅱ A+	IEC Ⅰ A	IEC Ⅲ A+
风轮	叶片数	片	3	3	3	3
	风轮直径	m	82	87	90	108
	扫风面积	m²	5281	5946	6361	9160
	控制方式		变速变桨	变速变桨	变桨变速	变桨变速
	切入风速	m/s	3.5	3	3.5	3
	切出风速	m/s	25	25	25	25
	额定风速	m/s	12	11.4	13	13
	极大风速	m/s	70	70	70	70
发电机	类型		永磁同步	双馈异步	双馈异步	永磁同步
	齿轮箱		无	有	有	半直驱
	额定功率	kW	2000	2000	3100	3110
	额定频率	Hz	50	50	50	50
	额定电压	V	690	690	690	850
轮毂高度		m	80	80	80	80
重量	塔架重量	kg	142	209	228	202
	机舱重量	kg	73	80	110	76
	叶轮重量	kg	36	45	56	43

根据单机容量及型号选择。风电机组按风轮叶片分为定桨距型和变桨距型，按风轮转速分为定速和变速两大类。参考 4 种机型相关机组性能、技术参数可知，同一风电场条件下，各机型的切入风速、切出风速、达到额定功率的最低风速及在该风电场主要风速区间内的功率输出量等参数将是影响风电机组发电量的主要因素，因此需要对比优选出适合本风电场特性的风电机组。

利用计算机软件，基于 WASP 的 Wind Farmer、Wind Pro 的平台，在风电场微观选址的基础上，结合风电场风资源状况以及各机型的标准功率曲线，测算出各机型下风电场的年平均发电量。再综合各机型下风电场的静态投资估算，就可得出单位度电成本。各机型技术经济指标见表 5-16。由表 5-16 比较容易得出，WTG4 方案年平均等效发电小时数最高，单位电量成本最低，相比增加投资，回收年限也最少，该机型成为最优方案。

表 5-16　　　　　　　　　各机型技术经济指标

项　目	机　型			
	WTG1	WTG2	WTG3	WTG4
一、技术经济指标				
单机容量/kW	2000	2000	3000	2750
装机数量/台	24	24	16	18
装机容量/MW	48	48	48	49.5
理论电量/(MW·h)	139372	146798	127750	158145
尾流损失/%	4.95	4.25	2.5	3.5
上网电量/(MW·h)	112362	118348	102992	127496
等效小时/h	2341	2466	2146	2575
机组单价/万元	4000	4000	4300	4300
静态投资估算/万元	41134.96	45330.06	42778.86	44096.07
单位度电投资/[元/(kW·h)]	3.66	3.83	4.15	3.46
经济指标排序	2	3	4	1
二、投资补偿年限				
静态投资差值/万元	0	4195.1	1643.9	2961.1
上网电量差值/(MW·h)	0	+5986	−9370	+15134
电费收入差值/万元	0	+365.1	−571.6	+923.2
补偿年限/年	0	11.5	负值	3.2

注　上网电价按照 0.61 元/(kW·h) 计算。

5.2.3.5　风电机组的选型优化

选型优化的目的是通过选择合适的风电机组型号将风电效益最大化。风电机组设备选型和工作状态的影响因素十分复杂，且每个风电场的环境不同，根据风电场位置分为海上风电场、陆上风电场，其中陆上风电场根据所涉位置不同，其风电场的选型和效益也不相同。

1. 海上风电场选型优化

我国近海不同区域的风资源有着不同的特性，所以在海上风电机组设计和选型时应区别对待，对于不同的风况应进行针对性的优化。

受热带气旋影响后，我国近海海域 50 年一遇最大风速的强度排序依次是南海、东海、黄海、渤海，而平均风速的排序则基本是东海、南海、渤海和黄海，可见二者不存在等比关系，针对各海域的实际情况进行细化和分类，我国近海各典型海域的风况特点及风区等级划分见表 5-17。

由表 5-17 可见，我国近海各海域的风况特点较为明显，大部分海域都不能使用标准风区划分等级。因此，针对各海域风况特点，需采用类等级进行针对性的海上风电机组选型，而且各海域的类设计也有所差异。

表 5 - 17　　　　　　　中国近海各典型海域的风况特点及风区等级划分表

典型海域		平均风速：v_{ave}		50 年一遇最大风速：v_{ave}		综合 $v_{ave} + v_{ave}$ 风区等级
		风速区域 /(m/s)	对应的风区（疲劳载荷）	风速区域 /(m/s)	对应的风区（极限载荷）	
渤海	辽东湾	8.0~8.5	IEC Ⅱ	37.8~42.5	IEC Ⅱ	IEC Ⅱ
	曹妃甸	7.5~8.0	IEC Ⅱ	<37.5	IEC Ⅲ	IEC Ⅱ
黄海	威海沿海	7.5~8.0	IEC Ⅱ	37.5~42.5	IEC Ⅱ	IEC Ⅱ
	苏北沿海	7.0~7.5	IEC Ⅲ	37.5~42.5	IEC Ⅱ	IEC S
东海	长江口	7.5~8.0	IEC Ⅱ	42.5~50	IEC Ⅰ	IEC S
	浙闽沿海	8.5~9.5	IEC Ⅰ	>50	IEC S	IEC S
南海	粤东海域	8.0~8.5	IEC Ⅱ	>50	IEC S	IEC S
	粤西海域	7.0~7.5	IEC Ⅲ	>50	IEC S	IEC S
	北部湾	7.0~7.5	IEC Ⅲ	37.5~42.5	IEC Ⅱ	IEC S

我国海上风电机组选型的总体规律是：

（1）长江口以北地区（苏北沿海除外），基本可以采用标准的类设计的风电机组。

（2）苏北沿海海域，需采用类设计，即类的疲劳载荷与类的极限载荷相结合的风电机组。

（3）长江口海域，需采用类设计，即类的疲劳载荷与类的极限载荷相结合的风电机组。

（4）浙闽及广东沿海处于强台风的影响区域，均需采用类设计，尤其是极限载荷，需要加强。

（5）北部湾海域，需采用类设计，即类的疲劳载荷与类的极限载荷相结合的风电机组。

2. 陆上风电场选型优化

（1）平原地区风电场选型优化。平原地区的风向集中，风速低，有利于风能的捕获，发电量相对来说比较平稳，同时还可以通过优化风电机组在主风向与非主风向上的间距，达到容量最优、发电量最佳的目的，以获得更高的收益。但平原地区障碍物多阻碍风向，是机位选择、排布以及建场的一个比较困扰的因素，合理的风电机组排布方案可以有效提高发电量。目前，陆上风电机组应用比较广泛的风轮直径是 140m 及以上级别。同时，由于平原地区风切变一般比较大，在 0.2~0.35 居多，因此根据风切变偏高的特性，120~140m 高的轮毂高度应用相对普遍。根据相关统计分析，190~210m 高的风电机组在运行时会带来噪声污染，光影效应的影响很大，在这种风切变下，使用大叶片、高轮毂的风电机组可以捕获更多的风能，提高发电量。但是，在推荐使用此类风电机组时应注意风电机组的适应性问题。如在拟建风电场的风况下风电机组的安全性是否满足标准，即风电机组的噪声污染是否会对居民区造成影响；是否满足环评要求。

（2）高原山地风电场选型优化。与平原地区风电场采用单一机型不同，山地风电场风电机组选型因风电场地形、风况等较复杂，往往需要综合考虑各因素，需对每个机位进行较为精细的分析研究后确定。

1）确定可选机型。山地风电场地形往往比较复杂，山脊的走向、起伏均会对风资源分布产生影响。通常来说，在同一风电场，因海拔不一样、风速不同，机型安全等级选择也不同，湍流强度是用于度量相对于风速平均值而起伏的湍流的强弱。根据 IEC 61400-1 要求，通常在风电机组选型时，根据风电场测风塔数据计算风电场湍流强度 I_{ref}，但是，风电场实际湍流受风电机组运行尾流相互影响等，导致风电场湍流增强。在部分区域，受地形影响，湍流强度甚至会提高等级。应结合前期工作确定的风电机组布置方案和地勘成果，初步筛选出备选机型。

2）确定工程建设方案。根据不同机型的具体特点，结合风电机组机位周边微地貌、地质条件、地物分布、集电线路、施工难度、道路设计、安装方式等因素，分别拟定出对应机型的工程建设方案。

3）选型优化。根据不同机型及工程建设方案，通过投资、成本、电价、发电量等边界条件测算并比较每个方案的效益指标，当项目内部收益率不小于基准收益率 i_c 时，对应风电机组选型方案可行。项目内部收益率最高的风电机组布置方案为最优选型方案。

5.2.4 分布式风电技术简述

分布式风电是一种处于用电负荷中心附近，不需要进行大规模长距离输电的发电设施，其所产生的电能可以自用，也可以就近接入电网且在配电系统平衡调节，采取多点或单点接入、统一监控的并网模式，其装机容量原则上不能超过接入变电站的最低负荷水平。

（1）与集中式大型风力发电相比，分布式风电具有如下优势：

1）分布式风电项目占地面积小，选址灵活，可以充分利用闲置空地，以达到最大限度地利用土地资源的目的，同时不会对自然环境造成损害，能够减小对环境的压力。

2）分布式风电项目由于靠近接入点的负载中心，可以降低长距离传输所造成的电力损失，节省了远距离输配电工程的建设费用，缩短了建设周期。

3）分布式风电项目采用就地消纳模式，可以减少弃风限电的可能性，发电量能够得到充分利用，具有良好的经济效益。

4）分布式风电项目各电站之间相互独立，可以由用户自己进行控制，因此很少出现大规模的断电事故，而且运行方式的安全性和可靠性都很高。

5）分布式风电项目具有良好的调峰能力，操作简便，参与运行的系统少，启动和停止速度快，有助于实现电网调度自动化。

6）分布式风电项目售电模式有多种选择，包括全额上网、自发自用、余量上网参与自由售电交易等模式。

7）分布式风电项目的建设进度和规模由各省自主决定，不占地区年度项目新增指标。

（2）除了上述优点之外，也存在一些缺点：

1）截至目前，我国分布式风电的主要特征是"就地消纳，多点接入，集中监控"，尚无相应的行业标准。

2）虽然分布式风电项目的规模不大，但是它的审批程序和集中式类似，此外还要提供就地消纳的评估材料。

3）分布式风电项目没有规模效应，单位综合成本相对较高，对风资源的选址条件有较高的要求。

4）由于分布式风电项目不能设置太多的测风塔，因此需要精确的风资源评估。

风电场分布式接入电网在国外应用较多，尤其是欧洲国家，由于其陆地面积较小，人口密度较大，不适宜发展大规模风电场，只能因地制宜发展分布式风电。德国、丹麦等国家制定了分布式风电相关规定、标准和政策，以鼓励和规范分布式风电的发展。

目前，我国可供开发的分布式风电资源主要集中于华北地区、东北地区、东部沿海地区以及部分内陆地区。分布式风电的规模较小，适合在内陆地区接近用电负荷中心的位置，方便就地并网和就地消纳。与大型风电集中接入电网相比，分布式风电系统可节约用于远距离传输风力的输变电设备（含风电场内的集电线路、升压站、送至系统的输电线路）和维修成本。但是，分布式风电的配电设施存在布局分散、数量较多的特点，并网后，电力系统运行、控制、保护等各方面都会受到影响。

5.2.5　风电机组并网技术

风电机组并网是风力发电系统正常运行的"起点"，风电机组并网条件要求发电机输出电压和电网电压在幅值、频率以及相位上完全相同。因此，必须通过合理的发电机并网技术来抑制发电机在并网时的瞬变电流，避免对电网造成过大的冲击。

风电机组的并网控制十分复杂，但整体来看可分为两大部分：功率和速度控制。功率控制作用于风轮上，利用对桨距角的控制来达到捕获最大风能的目的；速度控制作用于发电机上，利用对转子电流的控制达到减小输出扰动的目的。图 5-15 为风电机组不同风速下的功率曲线。

风电机组并网后，当并网点发生某些严重故障、干扰或其他的事故时，风电机组本身又不具备励磁调节控制系统来支撑起快速下跌的电网电压，就会导致变流设备上出现大量峰值不断涌流的情况。因此风电机组故障电压下要保持与电网连接稳态，并要求能够输出一部分无功功率来帮助电压从跌落状态恢复至稳压，实现低

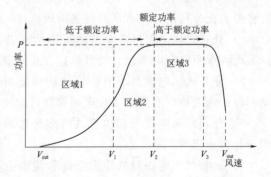

图 5-15　风电机组不同风速下的功率曲线

电压穿越。

与此同时，若在低电压发生后采取一定的措施补救，风电机组稳定度过低电压故障穿越时段且恢复正常运行之后，又有可能会由于无功补偿装置等造成电压骤升的二次过电压保护脱网，从而出现低电压后引发高电压故障的连锁解列脱网的扩大事故现象。为确保电网系统能够更加稳定地运行，风电机组如何提高低/高电压穿越能力的问题得到国内外研究学者的重视。

5.2.5.1 低电压穿越技术

低电压穿越指在风电机组并网点电压跌落的时候，风电机组能够保持并网，甚至向电网提供一定的无功功率，支持电网恢复，直到电网恢复正常，从而"穿越"这个低电压时间（区域）。低电压穿越技术是风电系统中的一个非常关键的技术之一，关系着风电的大规模应用。

国外风电并网技术的研究和发展已经很成熟。目前，在丹麦、英国及德国的一些大型风电场，已经可进行有功功率按调度指令灵活出力，具有实现风电机组自动地分配功率出力的相关技术。制定并实施风电并网标准是促进风电规模化持续发展、确保接入电网的风电场具备良好技术特性、保证包含风电在内的整个电力系统安全和稳定运行的必要手段。在电网故障时，各国都有各自的低电压穿越标准，我国标准中，低电压故障持续时间要求为 625ms，如图 5-16 所示。

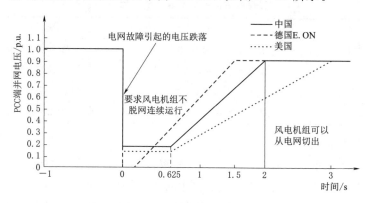

图 5-16 低电压穿越标准

以永磁直驱风电机组为例，目前，处理低电压穿越故障问题的主要方式分为以下三种：第一种是通过减少发电机的发电功率从而降低直流侧电压达到功率平衡；第二种是通过增设直流侧外加保护电路以储存和损耗直流侧堆积的失衡能量的方式来降低电容上的过电压；第三种是增加变流器的个数或多个变流器并联安装，或者增大直流侧上电容器的容量使直流侧上过电压发生的概率减小，如图 5-17 所示。

同时根据对现有典型的低电压穿越技术的研究，不难发现这些方案或多或少都有一些不足，见表 5-18。所以，要想稳定地度过出现低电压故障穿越情况的时期，以仅仅靠某一种控制技术或解决方案是较困难或是成本很高的。

分层控制改进的低电压穿越技术方法是：永磁直驱风电机组交由发电机功率控制来组成第一层的低电压控制，风电机组变桨距控制与直流侧卸荷电路相互协调、

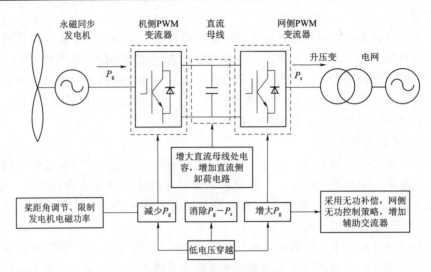

图 5 - 17　永磁直驱风电机组低电压穿越技术方法
P_g—网侧变流器并网运行功率；P_s—风电机组实际发出功率

配合，从而建立起来第二层的低电压控制。

表 5 - 18　　　　　　　　　　　　现有典型低电压穿越方法的比较

控 制 策 略	作　　　用	缺　　　点
变桨距控制	有效减少风能的捕获	响应速度较慢
发电机功率控制	降低发电机输出功率	转速范围受限
直流侧卸荷电路	释放/储存直流侧多余能量	电阻散热/控制烦琐、成本高
并联副变流器	向电网输送有功功率，降低直流侧电压	增加成本、涉及谐波及变流器的配合问题

1. 直流侧卸荷电路

直流侧装设的外加卸荷电路中以绝缘栅双极型式晶体管（IGBT）和变阻值卸荷电阻为核心，其串联而成并接在直流侧电容上。该电路的投切取决于直流母线电压升高的幅度大小，如果其直流侧上骤升电压值 U_a 超过设定的最大允许电压值 U_{dmax} 的话，则须立即导通 IGBT 开关并将变阻值卸荷电路投入，同时以直流母线电压的骤升幅度来选择当下相应的卸荷电阻值大小，反之则关闭开关使卸荷电路退出电路的运行。

当直流侧上的电容电压取最大允许电压，而发电侧和电网侧的功率偏差值恰好能使卸荷电路投入运行时，变流器两侧最小功率差值为

$$\Delta P_{min} = P_e - P_g = P_e - (U_s I_g^* + I_g^{*2} Z_s) S_B \tag{5-16}$$

得到载荷电路最大阻值为

$$R_{dmax} = \frac{U_{dcmax}^2}{\Delta P_{min}} \tag{5-17}$$

随着电压跌落严重程度的进一步加深，变流器两侧的功率差值变化得越来越大，直流母线的电压逐渐上升甚至于超过最大电压允许值，即

$$\Delta P = \frac{U_{\mathrm{dc}}^2}{\alpha R_{\mathrm{dmax}}} \tag{5-18}$$

此时直流侧卸荷电路想要根据不同电压跌落轻重程度实时调控卸荷电阻，就得通过阻值调节系数 α 来完成，即

$$\alpha \approx \frac{R_{\mathrm{d}}}{R_{\mathrm{dmax}}} = \frac{U_{\mathrm{dc}}^2}{R_{\mathrm{d}} \cdot \Delta P}, 0 < \alpha < 1 \tag{5-19}$$

式中　　ΔP_{min}、ΔP——变流器两侧的功率差值；

$\qquad P_{\mathrm{e}}$、P_{g}——机侧、网侧的功率；

$\qquad S_{\mathrm{B}}$——系统容量；

$\qquad I_{\mathrm{g}}^*$——网侧最大无功电流的标么值；

$\qquad U_{\mathrm{s}}$——电网电压；

$\qquad Z_{\mathrm{s}}$——网侧阻抗值；

$\qquad \alpha$——阻值调节系数；

$\qquad U_{\mathrm{dc}}$——直流母线电压实际值。

$\qquad R_{\mathrm{d}}$——不同电压跌落水平下的实时电阻数值大小。

过程中，由式（5-16）～式（5-19）可以得到变流器两侧的最小功率差值 ΔP_{min} 和最大卸荷电阻值 R_{dmax}，从而将代入之后计算得出的直流侧电压 U_{dc} 与直流侧最大允许电压 U_{dcmax} 做比较。若是出现 $U_{\mathrm{dc}} > U_{\mathrm{dcmax}}$ 的情况，则下一次把 $U_{\mathrm{dcmax}} - (U_{\mathrm{dc}} - U_{\mathrm{dcmax}})$ 作为新的直流侧最大允许电压 U_{dcmax} 来参考，重新迭代计算最大卸荷电阻值 R_{dmax}，直至直流侧上的电压数值在额定范围之内，即存在 $U_{\mathrm{dc}} \leqslant U_{\mathrm{dcmax}}$ 时获得卸荷电阻的实际最大值 R_{dmax}。所以相比于传统的一贯采用投入固定电阻值方式的直流卸荷电路，可变阻值方式的电路在每个电压跌落水平下所投入的电阻阻值均为最优值，可以更好地维持永磁直驱风电机组在低电压故障发生期间内的电压稳定，而且很大程度上更利于故障后的恢复运行。

2. 分层控制的具体过程

当并网电压因故障导致轻度下跌时，电网侧逆变器从正常工作的单位功率因数状态模式切换进入到故障补偿模式，优先通过发出无功功率来支撑电网的电压；此时若网侧变流器发出的无功补偿电流已经达到输出上限，自身已无法再满足其无功补偿需要时，则可以采用发电机侧功率补偿控制，通过降低发电的功率而使转速大幅上升。然而一旦发电机的转速上升值接近或超过限制，或是已经不能利用增大转速的方式将多余的能量储存在风轮叶片中时，就直接采取紧急变桨控制。即使变桨距控制针对快速跌落、短时故障反应比较慢且需要一定的响应时间，但结合直流侧变阻值的卸荷电路，就刚好弥补了这个空缺，而且该卸荷电阻可以根据电压跌落程度选择对应的阻值，进一步提高穿越裕度的同时，也避免了直流侧继续升压。也说明了此解决方案既可以直观地解决控制的可靠响应速度的问题，协调互补的方式也更是能够避免直流卸荷控制电路长久运行造成散热压力，相比其他解决方案更加经济简便。永磁直驱风电机组低电压穿越技术方案控制如图5-18。

5.2.5.2　高电压穿越技术

高电压穿越（High Voltage Ride Through，简称 HVRT）指的是当电网故障或

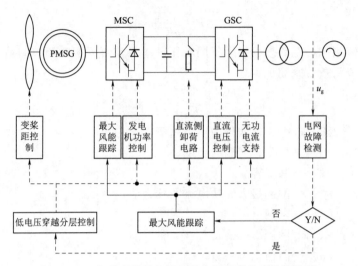

图 5-18　永磁直驱风电机组低电压穿越技术方案控制

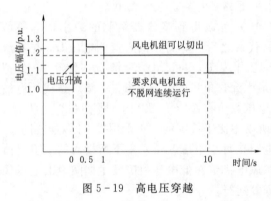

图 5-19　高电压穿越

扰动引起电压升高时，在一定的电压升高范围和时间间隔内，风电机组保证不脱网连续运行的能力。对于高电压穿越，我国在 2018 年颁布了《风力发电机组　故障电压穿越能力测试规程》（GB/T 36995—2018），其中对高电压穿越的要求如图 5-19 所示，风电机组需具有在曲线规定的电压—时间范围内不脱网连续运行的能力。

为防止电网电压升高时风电机组网侧变流器失控，导致电网能量倒灌，可适当提高直流母线电压的运行值。目前风电变流系统采用的常规功率开关器件耐压水平多为 1700V，并网电压额定值为 690V，考虑开关器件对浪涌电压的耐受能力，全功率变流器直流母线电压的极限保护值可以设定为 1300V，而功率器件可承受的最大电网电压有效值为 919V，约为 1.33p.u.。根据当前国际国内风电机组高电压穿越相关标准主流要求，在电网电压短时经历 1.33p.u. 过电压时，风电机组应不脱网连续运行。因此，1.33p.u. 电网电压并未超出风电机组耐受范围。除此之外，变压器的阻抗分压也提供了潜在的调节能力，所以对于电网电压骤升 1.33p.u. 及以下的故障，可以考虑采用变流器动态无功控制策略，并结合主控系统的顶层协调配合机制，实现机组的高电压穿越。

在 dq 旋转坐标系下，变流器有功功率、无功功率已实现解耦，通过分别控制并网电流的有功、无功分量，可实现变流器的四象限运行。当系统检测到电网电压升高时，通过注入一定的容性无功功率，可使风电机组网侧变流器交流电压小于电网电压，降低功率器件所承受的电压峰值。若并网导则对无功补偿量无要求，可依

据变流器电流约束最大限度地输出容性无功功率，即无功电流满足

$$|i_q| \leqslant \sqrt{I_{nmax}^2 - i_d^2} \tag{5-20}$$

式中　I_{nmax}——网侧变流器最大容许电流。

网侧变流器在 dq 旋转坐标系下的电流方程可表示为

$$\begin{cases} L\dfrac{\mathrm{d}i_d}{\mathrm{d}t} = e_d - Ri_d + \omega Li_q - u_d \\ L\dfrac{\mathrm{d}i_q}{\mathrm{d}t} = e_q - Ri_q - \omega Li_d - u_q \end{cases} \tag{5-21}$$

式中　e_d、e_q——电网电压的 d 轴、q 轴分量；

u_d、u_q——网侧变流器交流输出电压的 d 轴、q 轴分量；

i_d、i_q——网侧变流器输入电流的 d 轴、q 轴分量；

R、L——网侧变流器进线电阻和滤波电感；

ω——电网角频率。

当电网电压矢量以 d 轴定向时，$e_d = E$，$e_q = 0$，i_d、i_q 分别表示电流的有功、无功分量，其中 E 为电网相电压峰值。稳态时 i_d、i_q 均为直流，微分项为 0。根据式（5-21）可得网侧变流器的稳态控制方程为

$$\begin{cases} u_d = e_d - Ri_d + \omega Li_q \\ u_q = -Ri_q - \omega Li_d \end{cases} \tag{5-22}$$

网侧变流器有功电流指令值由电压外环给定，无功电流指令值由式（5-21）确定；在式（5-22）的基础上，加入 PI 调节器的反馈控制量，最终可得高电压穿越期间网侧变流器控制方程，即

$$\begin{cases} i_d^* = k_{pu}(U_{dc}^* - U_{dc}) + k_{iu}\displaystyle\int (U_{dc}^* - U_{dc})\mathrm{d}t \\ i_q^* = -\sqrt{I_{nmax}^2 - i_d^2} \\ u_d = e_d - Ri_d + \omega Li_q - k_{pi}(i_d^* - i_d) - k_{ii}\displaystyle\int (i_d^* - i_d)\mathrm{d}t \\ u_q = -Ri_q - \omega Li_d - k_{pi}(i_q^* - i_q) - k_{ii}\displaystyle\int (i_q^* - i_q)\mathrm{d}t \end{cases} \tag{5-23}$$

式中　i_d^*、i_q^*——网侧变流器输入电流 d 轴、q 轴分量指令值；

U_{dc}^*——直流母线电压指令值；

k_{pi}、k_{ii}——电流内环的比例和积分系数；

k_{pu}、k_{iu}——电压外环的比例和积分系数。

机侧变流器控制即对永磁同步电机的控制，在高电压穿越过程中，永磁同步发电机与电网隔离一般无须考虑电网高电压暂态过程，可以保持故障前的运行状态，但须设置恰当的电流、电压等保护值，以保证电机安全。

综上，直驱永磁风电机组高电压穿越控制框图如图 5-20 所示。正常运行时，网侧变流器无功电流参考值由网侧无功功率闭环给定，电网高电压故障时，无功电流按当前网侧变流器可用容量确定。

主控系统的高电压穿越控制策略主要考虑过渡过程与变流器的协调配合机制。

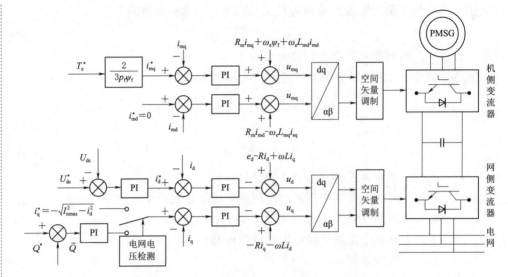

图 5-20　直驱永磁风电机组高电压穿越控制框图

整个控制逻辑可分为三个过程：高电压判断和穿越期间动作、高电压穿越成功后动作以及高电压穿越失败后动作。

（1）高电压判断和穿越期间动作。当电网电压升高时，风电机组变流器根据电网电压检测判断进入高电压穿越状态，并将状态上传至主控系统。主控系统根据电网电压升高信息及变流器上传的高电压穿越状态，启动高电压穿越计时并屏蔽与电网高电压故障相关的故障信息。在高电压穿越期间以"优先保有功后发无功"为基本原则，一方面主控系统将输出功率控制权限下放给变流器，由变流器决定风电机组输出有功功率和无功功率；另一方面主控系统依据电网电压、高穿计时时间等信息，设置合理电网高电压穿越保护曲线，对风电机组进行实时监控。

（2）高电压穿越成功后动作。若高电压穿越计时时间在设定范围内，且期间未检测到除电网高电压相关故障外的其他故障，则视为高电压穿越成功。变流器向主控系统发送退出高电压穿越状态，并且接收主控系统的输出功率控制指令，按实际风况输出对应功率。同时主控系统和变流器都将屏蔽的电网高电压故障相关信息放开，风电机组进入到正常控制状态。

（3）高电压穿越失败后动作。若高电压穿越计时时间超出设定范围，或检测到除电网高电压相关故障外的其他故障，则视为高电压穿越失败。当风电机组高电压穿越失败，或者检测到电网电压超出硬件耐受范围时，主控系统向变流器下发封锁脉冲或停机指令。

5.2.5.3　频率控制技术

（1）风电参与调频的特点。风电机组参与系统频率调节是一个风电机组间协调和配合管理的复杂过程，既要求风电机组必须具备参与调节系统频率的能力，又要求协调好各风电机组间的控制策略。风电场存在着随机性和波动性，一旦风电机组长期处在较低风速或者中风力范围内，其参加调频的容量就会受到较大的影响，并且由于管理策略的差异，风电机组所能进行频谱支撑的能量也有所不同。

（2）风电机组频率控制技术。频率控制通常通过发电机调速器响应（一次调频）和负荷频率控制（Load Frequency Control，简称 LFC）来实现。调节风电机组的实际功率以应对系统频率的变化，以及在规定的限制范围内交换接线功率的问题被称为负荷频率控制。负荷频率控制目标是通过适当调整控制器来管理电力系统的发电单元，尽可能降低系统频率的整体波动，并通过适当的功率权限将系统频率恢复到期望值。

风电机组通过调速系统自动反应调整有功出力维持电力系统稳定，称作一次调频。但是一次调频由于发电机的下垂特性，风电机组存在频率偏差和净交换功率偏差的问题，提高风电机组的调节速率，恢复频率达到正常值和交换功率到计划值，这就是所谓的二次调频。随时调整机组出力执行发电计划（包括风电机组停机），或在非预计的负荷变化积累到一定程度时按经济调度原则重新分配出力，这就是所谓的三次调频。

为了应对系统频率发生变化，其实施的方式一般有：虚拟惯量控制、下垂控制、转子转速控制和桨距角控制。

1）虚拟惯量控制是一种暂态过程，主要用来调控阻尼频谱的迅速改变，是指风电机组利用虚拟同步发电机转动惯量特征进行系统频率调控的概念。当风电机组虚拟转动惯量控制系统后，根据其风能利用系数和系统频率变动间的关联，可以利用监测系统频谱变动来调控风电机组输出功率追踪曲线，从而产生风电机组的"隐藏"动力，进行系统频率调控。但是在频谱恢复过程中，由于风电机组速度会恢复至控制系统最大风出口功率跟踪状况，同时发动机转动加快并吸入有功功率，极易导致系统二次频率下降。由此可见，虚拟惯量控制的调整方法虽然可以给控制系统带来短暂的频谱支撑时间，却也能够给常规调频机的调压装置动作带来必要的响应时间，而这种频率响应范围特点也可以合理地补偿由水锤效应所引起的有功功率输出反调效果。

2）下垂控制是一种稳定流程，当控制系统频段的波动量超过规定值时，通过改变风电设备有功功率输出来调整控制系统频段，其主要目的是减小系统频率误差。由于动力系统有功功率不够就会导致系统频段下降，从而使得风电机组速度下降，调速器动作，进而提高了风电机组的有功出力。这种风电装置输出功率随着控制系统频段下降而提高的特点为风电机组的频段下垂特点。若风电机组具备了与同步发电机相似的频段下垂特点，则可以保证系统频段的平衡。转子叶片动力调节和桨距角限制调频，均可利用下垂调控进行整个系统的单一调频。当下垂控制调节机组的电气功率与机械功率一致，达到新的均衡，控制系统便步入了新的平衡工作状态，其本质就是一种有差调频的工作过程。

3）转子转速控制通过调节转子的超速运动速度，使风电机组运转在非最大功率捕获状况下的次优点阶段，留有一部分的有功电量后备，用于一次调频。由于风电机组通过虚拟转子惯量和低垂速度后，其速度不受限制，一旦通过控制指令产生的转子动力过高，会造成风电机组速度过低或出现切机。通过直接调节风电机组速度产生转子动力，这也会给系统带来短暂的调频功率，保证风电机组的安全运行。超速调节时间比参与控制系统每一次频率调整的时间快，对风电机组自身机械应力危害也较小，但出现了监控盲点。在风力到达额定值之后，发电机必须使用桨距角控制器进行恒功率操作，而此时提高转子速度就会超过原来设计的值。

4）桨距角控制利用调节风电机组的桨距角调整桨叶的迎风角和提供的机器能力，使之达到最大功率点以下的某一工作点，以便保留相应的设备容量。风况在特定的情形下，桨距角变动越大，给风电机组预留的有功设备空间也就越大。桨距角控制系统的调整能力比较强，调整范围也很大，因此能够完成在全风力下的输出功率调节。但因为其主要运动部分都是机械元件，所以响应缓慢，同时在桨距角变动得比较严重时，也很易于加重风电机组的机械损坏，因而减少寿命，并大大提高维护成本费用。在通常状况下，变桨控制多使用于额定风速更高的情况，而在系统频率下降时的设备支持则更为高效。在这些状况下，风电机组进行系统频率调整的作用时间也比较持久。风电机组桨距角控制系统的设计思路是：采用合理增大风电机组桨距角，以保留有功功率容量，并利用桨距角调整进行捕获风能的调制，以实现参加电网调频的目的。当控制系统频谱下降，则采用减小桨距角的方法来加强风电机组的动能捕捉，以便促使风电机组把先前减载运行时所留出的后备功率释放出来，以保障系统频率；当控制系统频谱上升，则加强桨距角来减少风电机组的动能捕捉，使风电机组留出更多后备容积，减少风电机组的有功功率输出以保障电网频率恢复。

（3）风电调频能力及经济性分析。风速存在着随时波动，一旦风电场的风电机组大多数时刻处在较低风速，或中风速范围内，其进行调频的容量就将受到较大的影响，对风电机组的惯性控制、超速控制和变桨控制等三种调频方式，均有相应的适用范围和优缺点，见表 5-19。选择风电场中具备调频能力的风电机组组合方式，可以更有效地改善整个系统的工作效能，从而产生更良好的经济性。

表 5-19　　　　　　　　　　　风电机组的适用性特点

调频方式	适用范围	优　点	缺　点
惯性控制	全风速工况	能够提供惯性响应，对系统动态稳定性贡献大，响应速度快	持续时间较短，转子转速恢复，造成频率二次降低。低频低风速和高频高风速时，难以提供有效惯性
超速控制	中低风速工况	响应速度快，对系统动态稳定性贡献大，提供一次调频备用	高风速时，难以提供系统要求的备用容量，风速波动性影响提供备用容量的可信度。降额运行，风电场效益降低
变桨控制	全风速工况，但主要用于高风速	全风况下，提供一次调频备用，调节能力强，调节功率范围广	受机械特性限制，响应速度较慢，对系统动态稳定性贡献较小

5.2.5.4　风电电压主动支撑技术

传统电网电压支撑方式包含：配置电容电抗器组、安装有载调压变压器、安装静止无功补偿器（Static Var Compensator，简称 SVC）等装置。

其中，电容电抗器组响应速度慢，有载调压变压器存在抽头切换时间较长、操作次数有限的问题；SVC 等动态无功补偿装置造价高，且在电网故障期间存在动态响应性能不满足要求、无功容量不足、控制策略不恰当等缺点。由此可见，传统无功补偿装置难以满足大型风电场在恶劣运行环境下的无功需求。为充分挖掘风电无功源特性，实现风电场对电网电压的灵活调节，国内外电网标准要求风电场应具有控制其无功出力的能力，并在稳态及暂态运行期间为并网系统提供电压调节服务。稳态运行时，各国风电并网规范对风电场功率因数运行范围提出要求，见表5-20。

表 5-20 各国风电场功率因数运行范围要求

国　　家	功　率　因　数	
	超前	滞后
中国	0.95	0.95
美国	0.95	0.95
加拿大	0.9	0.95
爱尔兰	0.95	0.95
德国	0.95	0.925
英国	0.95	0.95
丹麦	0.95	0.95

风电电压主动支撑技术是风电机组或风电场基于控制指令或并网系统电压信号，利用自身无功出力变化，自发地向电网注入或吸收无功功率，以维持电网正常运行电压，并防止电网电压崩溃的辅助服务。该技术使风电对电网电气量的调节能力得以充分利用，并为电网稳定运行及故障后电压的快速恢复提供有力保障。

以双馈风异步风电机组为例，其电压主动支撑技术具有自主性、抗扰性、快速灵活性、可靠性、支撑能力强、适用范围广等技术特点。该技术通过提升风电机组的无功调节能力，将风电场在并网电压扰动情况下的适应状态变为主动支撑状态，增加了风电场并网的自主性和抗扰性。区别于跟随电网电压变化，双馈风电电压主动支撑技术能够基于风电机组的快速灵活控制，实现风电场对电网电压的可靠支撑。双馈风电电压主动支撑技术的应用场景可分为单一风电机组、等值风电场、多机详细风电场及风电集群，如图5-21所示。

（1）单一风电机组的电压主动支撑技术。目前，针对双馈异步风电机组的电压主动支撑技术，多从风电机组内部出发，研究双馈异步风电机组的无功控制方法。在计及风电机组无功裕度的基础上，多以提升风电机组无功输出性能为目标，通过充分利用风电机组的可用无功容量，实现风电场对并网系统小扰动的电压主动支撑。

（2）多机详细风电场的电压主动支撑技术。为充分利用双馈风电场的无功支撑能力，保障设备的安全稳定运行，针对含多发电单元风电场的双馈风电电压主动支撑技术被越来越多的学者重视。该技术考虑集电系统拓扑结构等因素，在分析风电场内多风电机组空间分布分散性及运行差异性的基础上，明确各风电机组无功指令分配方式，基于风电机组间的协调控制实现整站电压主动支撑功能。

多机详细风电场的电压主动支撑技术不仅能够平衡机端电压，优化风电场内部的无功环境，还能够有效平滑风电场并网点的电压波动，改善电网电压稳定性。

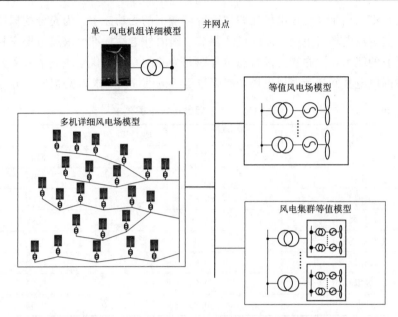

图 5-21 双馈风电电压主动支撑技术的应用场景

（3）风电集群的电压主动支撑技术。大规模双馈异步风电多采用集中开发方式，并以风电集群形式接入电网。充分发挥多场站间的协调配合，基于风电集群实现无功电压支撑，对增强并网系统抗扰性具有重要作用。针对风电集群的稳态电压主动支撑技术，将无功电压控制对象由单风电场拓展至多风电场，通过对多场站无功资源的优化整合，能够实现风电集群对区域电网电压的主动支撑。

5.2.6 孤岛检测技术

风电系统有孤岛和并网两种模式运行的需求，因此对应地需要相关技术与标准的支持，确保其可以安全稳定运行。

分布式发电系统的"孤岛"指的是公共电网因故中断供电后，分布式电源仍然会继续向断电地区的一些线路输出电能，从而形成一个不受公用电网控制的独立电源，如图 5-22 所示。非计划孤岛不仅会危及电力系统维护人员的人身安全，还会影响到配电系统的保护开关动作程序，在重合闸时可能会对用电设备造成损坏。因此，风电系统并网时，如何及时发现孤岛，并进行协调，使电网稳定运行，成为新能源电力系统安全、稳定的重要技术之一。

现有的孤岛检测方法主要分为基于通信技术的远程法和基于分布式发电单元并网输出端电气参数检测的本地法两大类，如图 5-23 所示。

远程法通过监测分布式发电系统和电网间的通信信号的连续性判

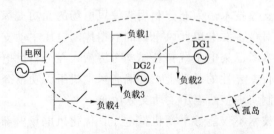

图 5-22 分布式发电系统的非计划孤岛示意图

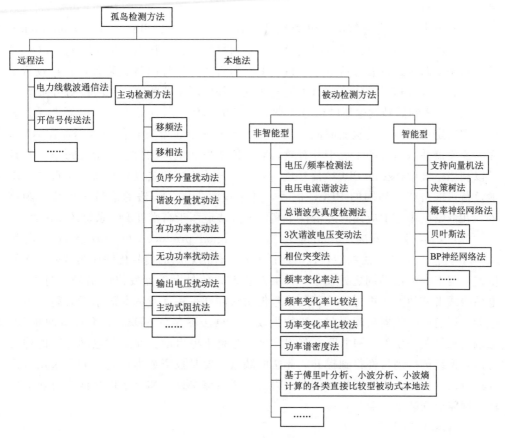

图 5-23 现有孤岛检测技术

断电网是否失压，其所采用的通信方式主要有监视控制与数据采集法和电力线载波通信法。远程法的实施要求公共电网主动提供可供监测的能够表征系统工作状态的通信信号，并需要根据电网与分布式发电系统间的通信协议建设若干通信设备，增加了该类检测方法的实施成本。远程法的检测可靠性因信号传输中可能产生的噪声或电力拓扑的改变而降低，限制了其在分布式发电系统中的广泛应用。

本地法的成本低且实现简单，目前已经广泛应用在分布式发电系统中。本地法主要分为主动检测方法和被动检测方法两类。

1. 远程法

远程法是基于电网端的检测方法，主要通过主网端发送载波信号，在微网端或分布式发电（distrituted generation，简称 DG）端安装接收装置接收响应信号。若断路器开关断开，由于收不到主网的发送信号，因此可以准确地判断出孤岛。此法的优点是不存在检测盲区（non etection zone，简称 NDZ），检测的结果安全可靠，受到多个逆变器并联运行的影响很小，也不会对系统的电能质量造成影响。但是此法需要增加额外的通信装置，因此成本比较高，并且系统运行复杂。此外，当通信系统运行较忙时，孤岛检测时间会变得较长。

目前电力系统中基于通信技术的孤岛检测方法主要有电力线载波通信法和开信

号传送法两种。

（1）电力线载波通信法。电力线载波通信法（power line carrier communication，简称 PLCC），该法在电网侧设置一个信号发生器，该设备能够通过 PLCC 系统给每条线路传送载波通信信号。每个 DG 都安装有信号的接收装置，若接收器没有接收到 PLCC 信号，则说明微电网与主网之间的断路器跳闸，从而检测出孤岛。

PLCC 法的信号发生器的信号周期是工频的四倍，若连续 3 个信号周期无载波信号则判定为孤岛，其检测时间约为 200ms。此法在正常负载范围内不存在 NDZ，在多逆变器并联运行的系统十分有效，对电能质量和电网的暂态响应无影响，并且可以利用系统中存在的 PLCC 信号进行检测。PLCC 法的缺点是在特殊情况下，本地负荷可能会产生相同的 PLCC 信号，导致检测失败。该法的信号发生器较为昂贵，在低密度小范围应用时经济性不高，该方法适用于高密度 DG 系统的微电网。

（2）开信号传送法。开信号传送法（signal produced by disconnect，简称 SPD），此法与 PLCC 法相似，以 DG 逆变器与外网之间的信号传输作为判断孤岛的依据。与 PLCC 法不同之处在于，开关动作时，信号发生器发出的信号通过微波、电话线或者其他方式进行传输。开信号传送法同样采用连续的载波信号，防止因发生器、通道或接收器故障引起方法的失效。SPD 法不存在 NDZ，且允许电网对 DG 采取附加控制，使 DG 和电网电源相配合，有利于黑启动。通过与电网之间的控制协调，系统的启动特性得到提升。此法的缺点主要是投资成本过高，如果采用电话线进行信号传输，需要增加通信布线以及设置通信协议；如果采用微波进行通信传输，则需要安装中继器。

2. 主动检测方法

主动检测方法是分布式电源主动向输出电能中加入微小的电压、频率等扰动信号，使发生孤岛时系统电压和频率偏离正常范围，以实现孤岛检测。可用于主动式检测方法的扰动量包括公共点电压频率及相位、有功电流、无功功率、负序电流、谐波电流等。目前最常见的主动检测方法有主动移频法及其改进方法、在线阻抗测量法、负序电流注入法和功率扰动法等。

通过向逆变器输出电流中加入微小扰动实现主动检测的方法称为主动频率偏移（active frequency Drift，简称 AFD）法，若电网断开，公共连接点（Point of Common Coupling，简称 PCC）点电压频率会产生偏移。AFD 法并网电流频率变化如图 5-24 所示，仅在电流频率受到正反馈后向上偏移时，用正常工况下无扰动信号的波形进行对比。

图 5-24 中，强迫电流为零的死区时间 t_z 和电网的半周期 $T/2$ 的比，表示 AFD 对频率的扰动，称为截断系

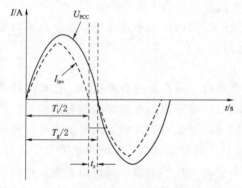

图 5-24　AFD 法并网电流频率变化
U_{PCC}—PCC 点电压；I_{inv}—畸变电流；
T_g—电网周期；t_z—加入干扰的死区

数（chopping fraction，简称 CF）或斩波率。

在研究中发现，对于纯阻性负载，AFD 法都可以顺利检测成功，如果是并联 RLC 负载，且负载呈容性，电流频率与电压频率虽相同，但负载决定了电流超前电压一定相位角，电压过零点延后，电压周期相对变长，此时 AFD 电流频率增加量，没能引起电压频率的增加，即 AFD 法施加频率波动量，与负载阻抗角引起频率波动互相消减，若恰巧二者相同，连续周期内电压过零点间隔没有变化，相当于频率的偏移量很小，即孤岛检测失效。若负载呈感性，电流滞后于电压，电压过零时间提前，造成电压偏移量一直累积，电压频率很快增加，迅速超出检测阈值，触发检测条件。若 AFD 使频率波动方向相反，说明针对感性负载，AFD 存在检测盲区。

3. 被动检测方法

被动检测方法是指分布式电源直接检测输出端口电压、频率、谐波等电气参数，通过分析电气参数的变化实现孤岛检测。目前最常见的被动检测方法有电压/频率检测法（over/under voltage and uver/under frequency，简称 OUV/OUF）、电压电流谐波检测法（voltage and current harmonics detection，简称 HD）等检测方法。

（1）电压/频率检测法。此法通过设定一个电压、频率允许偏移的区间，当公共连接点（point of the common coupling，简称 PCC）处的电压或频率超过阈值范围时，立即断开逆变器使得微电网内分布式电源停止向负荷供电。微电网与主网断开后的频率偏移主要是由于微电网内分布式电源功率与负荷不匹配造成的。

根据图 5-25 所示的分布式并网发电系统，正常并网运行时，逆变器输出功率为 $P+jQ$，电网输出功率为 $\Delta P+j\Delta Q$，负载功率为 $P_{load}+jQ_{load}$，PCC 点电压受电网钳制，不会出现异常状况。电网断开瞬间，若 $\Delta P\neq0$，即逆变器有功功率 P 与负载有功功率 P_{load} 失配，PCC 点电压将产生偏移，如果偏移量超过阈值，逆变器停止并网运行，实现反孤岛保护。

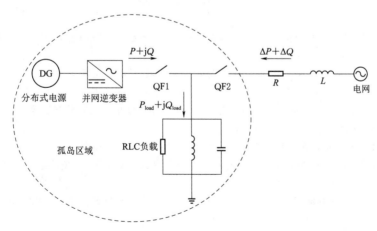

图 5-25 分布式并网发电系统

此方法的优点是投资成本少，对电网电能质量无影响。其最大的缺点是检测盲区较大，并且其检测时间难以预判，其范围可为 4ms～2s，甚至超过 2s，检测时长与 DG 输出功率和负荷消耗之间的功率不平衡大小相关。因此，此方法适用于功率不平衡较大的微电网或分布式系统的孤岛检测。

（2）电压电流谐波检测法。电压电流谐波检测法，此方法通过检测 PCC 点的总谐波失真是否超过阈值，判断微电网是否进入孤岛状态。正常状态下，微电网与主网相连时，能够保证 PCC 的电压为标准正弦波，因而负荷端产生的谐波可忽略不计。由于主网端的等效阻抗很小，因而由逆变器产生的谐波会流入电网，不会在公共连接点处引起电压、电流波形的畸变。当微电网处于孤岛运行状态时，由于逆变器产生的谐波电流流入负荷以及变压器的磁滞效应会进一步加剧公共连接点处的谐波失真，从而能够检测出孤岛的发生。

此方法的优点包括：当多个分布式电源在同一 PCC 并联时，对检测的性能和效果影响较小，且易于实现；该方法的检测速度为 45ms，检测速度快，检测范围宽。但是此方法的阈值难以选择，受电网的扰动影响很大，容易出现误判。电压电流谐波检测法在负荷品质因数 Q_f 值较大的情形下检测盲区较大，容易导致检测方法失效，因而谐波检测法难以被单独的进行实际运用。其中 Q_f 的定义为

$$Q_f = R\sqrt{\frac{C}{L}} \tag{5-24}$$

Q_f 值等于在谐振频率时一个周期内的最大能量储存与损耗之比的 2π 倍，当负荷的谐振频率接近于电网正常运行状态的频率时，如 50Hz 左右，Q_f 值对孤岛检测方法的检测盲区范围，以及对孤岛检测的准确率影响很大。

总之，风资源作为新能源的典型代表，其开发利用比起太阳能而言，投入成本较少，比起核能来讲，又不存在泄漏的风险，而且可以实现独立的供电，因此就目前发展的形势而言，风资源的利用是新能源利用技术中最成熟的，风力发电是最具规模开发条件和商业化发展前景的发电方式。

参 考 文 献

［1］　孙丽平，方敏，宋子恒，等. 我国太阳能资源分析及利用潜力研究［J］. 能源科技，2022，20（5）：9-14，18.

［2］　路绍琰，吴丹，马来波，等. 中国太阳能利用技术发展概况及趋势［J］. 科技导报，2021，39（19）：66-73.

［3］　曹建军，王俊，张利勇，等. 蓄热技术对可再生能源分布式能源系统的效益分析［J］. 储能科学与技术，2021，10（1）：385-392.

［4］　黄子果. 海上风电机组机型发展的技术路线对比［J］. 中外能源，2019，24（8）：29-35.

［5］　Michacl C Brower. 风资源评估：风电项目开发使用导则［M］. 张长治，张菲，王晓蓉，译. 北京：机械工业出版社，2014.

［6］　唐志均. 高原山地风电项目机组选型优化［J］. 水电与新能源，2022，36（7）：71-72，76.

［7］　夏云峰，张雪伟. 中国分布式风电白皮书［J］. 风能，2018（7）：28-31.

［8］　华泽嘉，高聚，陶维瑜，等. 几种风力发电机组低电压穿越技术分析［J］. 东北电力大学学报，2012，32（6）：18-21.

［9］　章心因. 变速永磁同步风力发电系统交直流并网低电压穿越技术研究［D］. 南京：东南大

学，2016.

[10]　边晓燕，田春笋，符杨. 提升直驱型永磁风电机组故障穿越能力的改进控制策略研究 [J]. 电力系统保护与控制，2016，44 (9)：69 - 74.

[11]　陈瑶. 直驱型风力发电系统全功率并网变流技术的研究 [D]. 北京：北京交通大 学，2008.

[12]　王渝红，宋雨妍，廖建权，等. 风电电压主动支撑技术现状与发展趋势 [J/OL]. 电网技 术：1 - 13 [2023 - 03 - 21].

[13]　Ahmad K N E K，Selvaraj J，Rahim N A. A review of the islanding detection methods in grid - connected PV inverters [J]. Renewable and Sustainable Energy Reviews，2013，21： 756 - 766.

[14]　郭小强，邬伟扬. 微电网非破坏性无盲区孤岛检测技术 [J]. 中国电机工程学报， 2009 (25)：7 - 12.

[15]　Ropp M E，Begovic M，Rohatgi A，et al. Determining the relative effectiveness of islanding detection methods using phase criteria and nondetection zones [J]. IEEE Transactions on Energy Conversion，2000，15 (3)：290 - 296.

第 5 章
习题

第6章 储能技术

第6章
储能技术

在能源革命中，储能技术在电力领域的应用得到各市场主体的重视。储能技术的发展对于解决大规模接入风电、太阳能发电、多能互补耦合利用、终端能源深度电气化、智慧能源网络建设等具有重大意义。目前，各类储能工程应用中抽水蓄能电站所占比例最大，而电化学储能技术以其灵活、快速、无特殊场地要求的特点，成为最具发展潜力的储能方式。

储能，又称蓄能，是指使能量转化为在自然条件下比较稳定的存在形态的过程。它包括自然的和人为的两类：自然的储能，如植物通过光合作用，把太阳辐射能转化为化学能储存起来；人为的储能，如旋紧机械钟表的发条，把机械功转化为势能储存起来。和热有关的能量储存，称为储热。本章将分别介绍物理储能技术、化学储能技术、氢储技术以及储热技术。

6.1 物理储能技术

物理储能技术应用普遍，对地理环境、前期投资有较高要求，物理储能主要包括抽水蓄能、飞轮储能、压缩空气储能、超导储能和重力储能等。

6.1.1 抽水蓄能

1. 原理和特点

抽水蓄能技术是迄今为止世界上应用最为广泛的大规模、大容量的储能技术。建设完成后的抽蓄电站坝体可使用 100 年左右，机电设备等预计使用年限为 40～60 年。

抽水蓄能电站是利用电网电力负荷低谷时的电能抽水至上水库，并将水的势能（即重力势能）储存，在用电高峰时将水排放至下游水库，又称蓄能式水力发电站。抽水蓄能电站有别于传统的水电站，它同时具有发电站和用电用户的双重作用；一般包括上水库、下水库、输水管道、厂房和开关站。

抽水蓄能系统抽水时把电能转换为水的势能，发电时把水的势能转化为电能，显而易见，在每一次抽水—发电的能量转换循环中，蓄能的效率为二者的比值。在抽水过程中，电动抽水泵的能耗为

$$E_P = \frac{\rho g h V}{\varepsilon_P} \qquad (6-1)$$

式中　E_P——电动抽水泵的能耗；

　　　ρ——水的密度；

　　　g——重力加速度；

　　　h——抽水高度，即水头；

　　　V——所抽水的体积；

　　　ε_P——电动抽水泵的效率。

同理，在发电过程中水轮发电机组的产生的电能为

$$E_g = \rho g h V \varepsilon_g \qquad (6-2)$$

式中　E_g——水轮发电机组产生的电能；

　　　ε_g——水轮发电机组的效率。

由此可见，抽水蓄能系统的效率为电动抽水泵的效率和水轮发电机的效率的乘积，即

$$\varepsilon = \varepsilon_P \varepsilon_g \qquad (6-3)$$

事实上，抽水蓄能过程中的能量损失还包括管道渗漏损失、管道水头损失、变压器损失、摩擦损失、流动黏性损失、湍流损失等。除去储能过程中所有这些损失，抽水蓄能系统的综合效率一般可以达到 65%～80%。

2. 抽水蓄能电站分类

（1）根据发电站是否存在自然径流，可将其划分为单纯抽水蓄能电站与混合抽水蓄能电站。

对于单纯抽水蓄能电站来说，其水库不存在（或基本不存在）自然径流，它的发电量完全是依靠抽水蓄存的水能，产生的水量与抽水蓄存的水量相等，只需要很小的自然径流来补充蒸发和渗透的损耗，补充水量主要来源于上下水库的天然径流。我国大部分已建和在建抽水蓄能电站均属于这种类型，如辽宁蒲石河抽水蓄能电站、广州抽水蓄能电站、天荒坪抽水蓄能电站等。

混合抽水蓄能电站是同时安装有抽水蓄能机组和普通水轮机的发电站。上水库有自然的水流，可以通过自然的水流进行发电，也可以将下水库的水流抽至上水库，然后按需进行发电。其上水库一般建于河流上，下水库可设在现有梯级电站或另择址建设。

（2）根据调节能力，可将抽水蓄能电站划分为日调节、周调节、季节调节。

1）日调节抽水蓄能电站的运行周期呈日循环规律，抽水蓄能机组每天顶一次（晚间）或两次（白天和晚上）尖峰负荷，高峰过后，上水库放空，下水库蓄满，接着在夜间负荷最低点，利用系统剩余电量进行抽水，第二天早晨上水库蓄满，下水库放空。单纯抽水蓄能电站一般都是以日为单位进行设计的。

2）周调节抽水蓄能电站的运行周期为一周，在一星期的 5 个工作日内，周调节抽水蓄能机组同日调节蓄能机组的工作方式相同。但是，每日的发电用水量要比储存的水量要大，因此，在工作日的最后一天，上水库会放空，然后在周末的时候，因为系统的负载下降，所以会利用剩余的电力来进行大量的蓄水，到了星期一

上午，上水库就会被填满。

3）季调节抽水蓄能电站是指在汛期期间，利用水电站的季节电力，将水库中溢弃的多余水量通过上水库储存，然后在汛期结束后，再释放出大量的水力，从而补充自然径流。用这种方式，汛期的季节性电能转化成枯水期的保证电能，这类电站绝大多数为混合抽水蓄能电站。

（3）根据所装抽水蓄能装置的种类，可将抽水蓄能电站分为四机分置、三机串联式、二机可逆式。

1）四机分置式，这种类型的水泵和水轮机分别配有电动机和发电机，形成两套机组，现已不采用。

2）三机串联式，其水泵、水轮机和发电电动机三者通过联轴器连接在同一轴上。三机串联式有横轴和竖轴两种布置方式。

3）二机可逆式，其机组由可逆水泵水轮机和发电电动机组成。这种结构为主流结构。

（4）按照布局特征分为首部、中部、尾部。

3. 资源概况

2020 年，国家能源局组织各省（直辖市、自治区）能源行业主管部门进行新一轮的抽水蓄能计划，在编制过程中，考虑地理位置、地形地质、水源条件、水库淹没、环境影响、工程技术条件等因素，又进一步普查筛选出资源站点 1500 余个，总装机容量模约 16 亿 kW。《抽水蓄能中长期发展规划（2021—2035 年）》（以下简称《抽蓄中长期规划》）提出重点实施项目和备选项目约 7.2 亿 kW。

截至 2021 年年末，全国已列入计划的抽水蓄能电站总投资规模达到 8.14 亿 kW，其中已建 3639 万 kW，在建 6153 万 kW，中长期规划重点实施项目 4.1 亿 kW，备选项目 3.1 亿 kW。中国已纳入规划的抽水蓄能站点资源见图 6-1，其中，东北、华北、华东、华中、南方、西南、西北电网的资源量分别为 10500 万 kW、8000 万 kW、10500 万 kW、12500 万 kW、9700 万 kW、14300 万 kW、15900 万 kW。

4. 发展现状及规划

（1）到 2021 年年末，全世界已经投入使用的储能工程累计装机容量达 209.4 亿 kW，较上年同期增加 9%。在总装机容量中，抽水蓄能发电的总装机容量最大，达到 180.7GW，较上年同期增加 4.8%，占 86.3%，其发展现状为：

1）装机容量有了明显的提高。2021 年，全国有 3249 万 kW 的抽水蓄能电站，主要集中于华东、华北、华中及广东；目前在建的抽水蓄能电站有 5513 万 kW，规模位居世界首位。

2）技术水平显著提高。我国已投产大量具有代表性的项目，其中，河北丰宁电厂是世界上最大的发电设备，总装机容量 360 万 kW；广东阳江水电站是我国单机容量最高、净水头最高、埋深最大的机组；浙江长隆电厂已完成了 35 万 kW、750m 水头段的自主研制。抽水蓄能电站的生产自主化程度得到了显著的提升，在 600m 水头段及以下大容量高转速抽水蓄能机组自主研制研发方面，我国已达到了国际先进水平。

3）整个产业链已经形成了一个完整的体系。经过一系列大型抽水蓄能电站的建设，已初步形成了一个涵盖标准制定、规划设计、工程建设、装备制造、运营维护的完整的产业链和专业化的发展格局。

（2）2021年9月17日，国家能源局正式印发《抽蓄中长期规划》，详细介绍了当前已经完成的、正在建设的抽水蓄能项目名单［（3249＋5393）万kW］，"十四五""十五五"规划中的抽水蓄能项目（160000万kW）。

2020年前实际建成32.49GW，2025年前计划累计投产60GW，2030年前计划累计投产120GW，2035年前计划累计投产300GW，抽水蓄能在未来15年将迎来约10倍的增长。抽水蓄能中长期规划如图6-1所示。

经测算，抽水蓄能电站平均投资成本约6436元/kW。2025年市场规模约3720万亿元；2030市场规模约7200万亿元。《抽蓄中长期规划》提出抽水蓄能储备项目247个，总装机容量约3.05亿kW，若按照3.05亿kW的抽水蓄能储备项目装机容量测算，我国抽水蓄能储备项目的市场规模将达到18300万亿元。

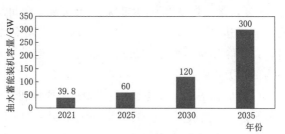

图6-1　抽水蓄能中长期规划

5. 抽水储能的功能

抽水蓄能电站在调峰填谷、调频、调相、储能、应急备用、黑启动等方面都有很好的应用前景。在保证电网安全、经济、稳定的前提下，能有效地改善电网的负载，提高电网的运行质量和经济效益。在电力系统中，抽水蓄能电站被誉为"稳定器""调节器"和"平衡器"。

（1）调峰填谷。电力负荷一日内的电量变化较大，抽水蓄能电站在高峰时段进行发电，在低谷时段进行抽水，可以改善燃煤、核电、电厂的运行状况，减少弃风、弃光现象，确保电网的稳定运行，提高电网的综合效益。

十三陵抽水蓄能电站在调峰发电、抽水填谷等方面承担着调峰、抽水、填谷等功能，使电网峰谷差率下降，减少了火电调峰机组的调峰工作，既节省了固定的运行成本，又保证了电网的稳定运行。

（2）调频。对电网频率的要求是（50±0.2）Hz，因此，电网选用的调频设备应迅速、灵敏，以适应电网负载的瞬间变化。现代化的大型蓄能装置可以在一两分钟内由静到满负荷，提高功率每秒可达10000kW，并且能够经常变换工作状态。

京津唐电网建设后，调频工作从传统的燃煤火力发电厂转由抽水蓄能电站进行，目前电网第一、第二调频厂分别是十三陵电站、潘家口抽水蓄能电站，电网的周波率年均达到100%，对电网调频起到了重要的作用。

（3）调相。由电源供给负载的电功率有两种；一种是有功功率，另一种是无功功率。所谓有功功率，就是将电能转化为机械能、光能、热能等各种能量，从而保证电力设备的正常运行。无功功率是一种较为抽象的概念，它主要是用来在电力装置中进行电场和磁场的交流，以及在电力装置中建立和保持磁场的电功率。

广州抽水蓄能电站投入运营后，在 2003 年春节期间，共进行 69 次调相，运行时间 111.6h，对广东电网的无功稳定起到了很好的促进作用。

（4）储能。抽水蓄能电站就像是一个"用水做成的巨型充电宝"，当电力系统中各类电源总发电出力大于负荷需求时，抽水蓄能电站通过从下水库抽水至上水库的方式，将电能转换为水的势能，并在负荷峰值时将水能转换为电能。特别是在风电和光伏等新能源装机容量占很大比例的新型电力系统中，由于风和光资源不受控制的特点，为了减少对风和光的遗弃，提升清洁可再生能源的利用率，就更需要"巨型充电宝"进行协调操作。

丰宁水电站装机容量 360 万 kW，号称"全球最大的充电宝"。截至 2022 年 12 月 16 日，该电站 2022 年用时 200 天实现 5 台机组投产，累计投产机组数量达 7 台，投产容量达 210 万 kW。2023 年 3 月 21 日，河北丰宁抽水蓄能电站 5 号机投产发电，这是今年首台发电的机组。至此，该电站累计投产机组数量达到 8 台，投产容量为 240 万 kW。

（5）应急备用。当电力系统出现故障或负载迅速增加时，需要具备应急能力和负载调节能力，而抽水蓄能电站由于其快速、灵活的工作特性，成为应急后备力量的首选。

天荒坪第一台机组投入运行后，连续几次快速启动，确保电网安全稳定运行。比如三峡龙政连续三次跳闸，需要进行应急，天荒坪电厂的快速启动和投入，使得电网的频率很快回到了正常的水平，从而避免了更大的事故。

（6）黑启动。由于整个供电系统的故障，导致了所有的系统断电（不排除个别的小型电网），不能正常工作。抽水蓄能装置是一种能够快速自动启动的启动装置，它可以在不借助任何外力的条件下自动启动，并将启动的动力传输到整个系统中，以保证系统在突发事件后能够在最短的时间内恢复供电，被称为"点亮电网的最后一根救命稻草"。

英国"8.9"特大断电事件中，抽水蓄能装置对系统的快速恢复起到了关键的作用。英国于 2019 年 8 月 9 日晚上发生大规模停电，影响到英格兰、威尔士，其中包括伦敦，大约有一百万用户断电。英国电力公司在应急处理期间，通过调用抽水蓄能设备等应急响应能力，在短期内提高了 124 万 kW 的功率，并迅速将系统频率恢复到 50Hz，使整个系统达到了正常的工作状态。

6．集成示范

2021 年，敦化、荒沟、仙游、沂蒙、长龙山、梅州、阳江、丰宁等 8 个大型的水电站建成投产。

敦化蓄能电站自主研发、设计、制造了 700m 级超高水头、高转速、大容量抽水蓄能电站，并成功建成了严寒地区抽水蓄能电站首座沥青混凝土心墙堆石坝。敦化蓄能电站实景如图 6-2 所示。

长龙山水电站最大发电水头（756m）、额定转速（6 号机组 600r/min）、高压钢岔管 HD 值（4800mm）均为世界第一，总装机容量 210 万 kW，共设计安装 6 台

图 6-2 敦化蓄能电站实景

350MW 抽水蓄能机组，5 号、6 号机组为上海福伊特水力发电有限公司提供，额定转速 600r/min，是该容量下世界最高额定转速机组，机组设计开发综合难度系数世界第一。长龙山电站实景如图 6-3 所示。

图 6-3 长龙山电站实景

丰宁蓄能电站是世界上最大的抽水蓄能电站，它是我国第一个采用变频调速技术的抽水蓄能电站。丰宁抽水蓄能电站它创下了四个全球首个：装机容量、存储容量、地下工厂和地下空间。丰宁电厂总装机容量为 360 万 kW，年发电量 66.12 亿 kW·h，2021 年 12 月 31 日，河北丰宁电力公司第一期 2 号、10 号机组投入运行，投入 192.37 亿元，为北京冬季奥运会提供绿色电力。丰宁蓄能电站实景如图 6-4 所示。

图 6-4 丰宁蓄能电站实景

南方电网调峰、调频公司等多个单位，研制出了世界上第一套完整的变速抽水蓄能试验设备，并在国内建立了变速抽水蓄能模拟平台，对10MW可变转速抽水蓄能机组的关键技术进行了深入的研究。福建仙游抽水蓄能电站实景如图6-5所示。

图6-5 福建仙游抽水蓄能电站实景

沂蒙电厂1号、2号机组是我国第一台高速"零配重"的水泵机组；梅州蓄能电站的主体结构不仅创下了国内最短施工周期纪录，而且还是国内第一个三导轴承摆度精度达到0.05mm抽水蓄能电站。

阳江抽水蓄能电站装机容量240万kW，单机容量40万kW，在国内最大的单机容量。最大毛水头约700m，是国内同类型电站中水头最高的电站之一。

6.1.2 飞轮储能

1. 飞轮储能原理

飞轮储能是利用在真空磁悬浮状态下高速转动的飞轮转子进行能量存储的一种物理储能技术。磁浮飞轮蓄能装置是一种能够将电能与动能进行有效转换的装置，在充电的时候，它就像是一台电动机，每分钟旋转数万次，将电能转化成动能，然后将其储存起来，放电的时候，就像是一台发电机，将动能转换成电能，然后将电能输出到负载上。

飞轮旋转时，其转动动能为

$$E = \frac{1}{2}J\omega^2 \qquad (6-4)$$

式中　$J\omega^2$——飞轮的转动惯量；

　　　ω——飞轮旋转的角速度。

2. 飞轮储能系统结构

飞轮储能系统的基本结构由5个部件组成。

（1）飞轮。通常由高强度的纤维复合材料制成，以绕制的形式缠绕于电动机转子上。

（2）轴承。使用永磁轴承、电磁轴承、超导悬浮轴承等低摩擦消耗轴承，并使用机械防护轴承。

（3）电机。通常采用直流永磁、无刷同步的电力互逆式双向电动机。

（4）真空容器。为了减少风损，防止高速旋转的飞轮出现安全问题，将飞轮系统置于高真空保护套管中。具体如图6-6所示。

3. 飞轮储能特点

飞轮储能技术特点是能量密度高，不受充放电次数的限制，易于安装和维护，对环境的危害小等。飞轮储能功率密度在5kW/kg以上，能量密度在20W·h/kg

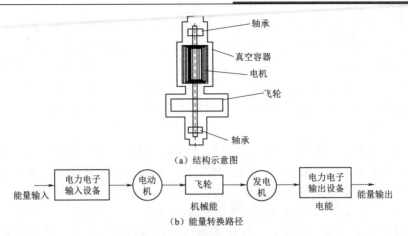

（a）结构示意图

（b）能量转换路径

图6-6　飞轮储能系统结构图

以上，能量转化效率在85%以上，具有瞬时功率大（单台兆瓦级）、响应速度快（数毫秒）、使用寿命长（百万次循环和20年）、环境影响小等诸多优点，是目前最有发展前途的短时大功率储能技术之一。主要用于不间断电源（UPS）、应急电源（EPS）、电网调峰和频率控制。

（1）材料选择。飞轮材料的选择会直接影响飞轮的储能密度和飞轮所能承受的强度。飞轮的储能密度e为

$$e = k_s \frac{\sigma}{\rho} \tag{6-5}$$

式中　k_s——飞轮形状系数；

ρ——飞轮材料的密度；

σ——飞轮材料的抗拉强度。

由式（6-5）可以看出，飞轮储能密度与材料密度成反比，与飞轮材料的许用应力成正比。

表6-1列出了几种常用的飞轮转子材料。从资料上可以看到，碳纤维具有较低的密度和较高的强度。采用碳纤维制造的飞轮一旦解体，飞轮会化作絮状飞出，在很大程度上能够降低事故的危险性。

表6-1　　　　　　　　　飞 轮 转 子 材 料 参 数

材　　料	抗拉强度 σ/MPa	密度 ρ/(kg/cm³)	强度密度比
玻璃纤维	1300	1900	0.684
钢	1300	7830	0.166
钛合金	1200	5100	0.235
碳纤维	6300	1546	4.075

（2）轴承技术。轴承技术是飞轮储能的关键技术之一，是决定飞轮储能系统效率和寿命的最主要因素。由于飞轮的质量、转动惯量相对较大，转速很高，其陀螺效应十分明显，并存在通过临界转速问题，这就需要强度更高的支承轴承。传统的

滚动轴承和流体动压轴承很难适应高转速、高摩擦损失的需要，目前采用的是高温超导磁悬浮（SMB）、电磁悬浮（AMB）、永磁悬浮和机械轴承等先进的支撑形式。

1）高温超导磁悬浮轴承。高温超导磁悬浮轴承由永磁体与高温超导体钡钡铜氧（YBCO）组成。当 YBCO 处于超导态时，具有抗磁性和磁通钉扎性。高温超导磁悬浮轴承就是利用抗磁性提供静态磁悬浮力，利用磁通钉扎性提供稳定力，从而实现稳定悬浮。

高温超导磁悬浮轴承的损耗主要有磁滞损耗、涡流损耗、风损耗等。高温超导磁悬浮轴承由于没有机械接触，耗能较少，但是，低温液氮的获得与保持是需要一定的能源的。由于转子是永磁材料，其转子的转动速度不能太大，通常不能超过 30000r/min。日本 NEDO 机构研发的 NEDOSMB 结构简图如图 6 - 7 所示。

2）电磁悬浮轴承。电磁悬浮轴承采用反馈控制技术，根据转子的位置调节电磁铁的励磁电流，以调节对转子的电磁吸力，从而将转子控制在合适的位置上。磁力轴承可以实现主轴的径向与轴向两个方向的同步定位，从而在某种程度上提升了飞轮的稳定性与安全性，其最大的优势在于能够实现超高转速，$10000 \sim 60000r/min$ 为其正常工作区间。其系统结构简图如图 6 - 8 所示。

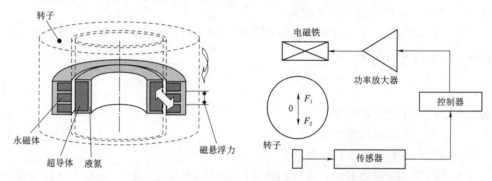

图 6 - 7　NEDOSMB 结构简图　　　　图 6 - 8　电磁悬浮轴承系统结构简图

3）永磁悬浮轴承。永磁悬浮轴承利用磁场本身的特性将转子悬浮起来，可以完全由径向或轴向磁环组成（图 6 - 9），也可以由永磁体和软磁材料组成。永磁悬浮轴承可用作径向轴承，也可用作抵消转子重力的卸载轴承，都可以采用吸力型或斥力型。只用永磁悬浮轴承是不可能获得稳定平衡的，至少在一个坐标上是不稳定的。因此，对于永磁悬浮轴承系统，至少要在一个方向上引入外力（如电磁力、机械力等）才能实现系统的稳定。永磁体要实现高速旋转，必须减小径向尺寸而降低卸载力，或者以导磁钢环代替永磁环。

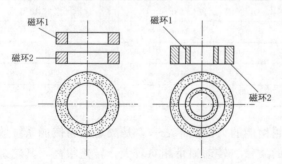

图 6 - 9　由磁环组成的永磁悬浮轴承结构图

4）机械轴承。由滚动轴承、滑动轴承、陶瓷轴承和挤出油膜阻尼轴承等组成，滚动轴承和滑动轴承通常被用作飞轮系统的保护轴承，陶瓷轴承和挤出油膜阻尼轴承则被用于特定的飞轮系统。

在实际应用中通常对四种轴承进行组合使用，各自的优、缺点见表6-2。

表6-2　　　　　　　　　　四　种　轴　承　特　点

特点	SMB	AMB	永磁轴承	机械轴承
优点	自稳定、高承载力、低损耗、无需精密控制	无磨损、能耗低、噪声小、无需润滑、可控性强	卸载力大、能耗低、无需电源、结构简单	成本低、结构简单
缺点	需要液氮冷却、成本高	连续消耗电能、结构复杂	无法独立实现稳定悬浮	机械磨损、能耗大、寿命较短

4. 应用前景分析

不同于其他电池技术，飞轮储能技术的优越性体现在短时、高频次、大功率充放电特性上，可应用于电网调频、分布式发电及微电网、可再生能源并网、数据中心、UPS电源保障、轨道交通节能稳压、电压暂降治理等场景。其中，调频是飞轮储能系统在电网中最主要的应用领域。

（1）UPS电源保障。目前，国内外数据中心和通信基站对电力供应的不间断性有很高的要求，目前普遍采用的是化学蓄电池和柴油发电机结合的方式。相对于现有的化学电池，飞轮储能因其速度快、瞬时功率大、体积小、寿命长等优势，更适用于与柴油发电机组匹配的UPS供电。

（2）轨道交通节能稳压。目前，地铁列车进站回收的电能通过电阻放热方式消耗，存在资源浪费和冲击电网的问题。飞轮储能在列车进站时将回收电能，在列车出站时释放电能，发挥节能和友好电网的作用。2022年4月11日，2台1MW飞轮储能装置在青岛地铁3号线万年泉路站完成安装调试，并顺利并网应用，这是我国轨道交通行业首台具有完全自主知识产权的兆瓦级飞轮储能装置。

（3）电网调频。在电力系统中，由于电网中发电和用电不平衡，会使电网频率发生波动，为了平抑这种波动，电网就需要配备总发电容量2%的调频电站。当前我国电力系统的频率调节工作以发电企业为主，随着新能源电力接入比例的不断提高，对电力系统的频率调节要求也会越来越高。飞轮储能具备功率大、响应速度快、循环能力强等特性，可以随着电网的变化快速、有效地进行有功/无功补偿，平抑波动负荷，缓冲发电输出瞬变，支撑电网频率和电压，具有很好的应用前景。

6.1.3　压缩空气储能

压缩空气储能在大规模储能领域的应用较多，具有寿命长、投资低和容量大等特点，在世界上占储能装机容量的0.2%，在我国占储能装机容量的0.03%，属于一种新型储能技术。2021年，我国在系统特性分析、膨胀机械键技术和压缩机技术等方面取得进步，在 10～100MW 综合示范项目中取得突破。

1. 压缩空气储能工作原理

压缩空气储能以燃气轮机为基础。图 6-10 是燃气轮机系统工作原理，空气经压气机压缩后，在燃烧室中利用燃料燃烧加热升温，然后高温高压燃气进入透平膨胀做功。压缩空气储能系统（图 6-11）的压缩机与透平不是同时运行的，在能量储存期间，压缩空气储能系统消耗电能在储气室中压缩空气，在释放能量时，从储气室释放出高压空气，进入燃烧室，通过燃料燃烧加热升温后，驱动透平发电。由于储能和释能分时工作，在释放能量时，压缩机对透平的输出功没有任何损耗，相比于消耗同样燃料的燃气轮机系统，压缩空气储能系统可以多产生 1 倍以上的电力。

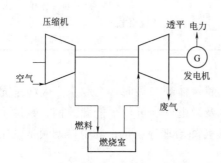

图 6-10　燃气轮机系统工作原理图　　　图 6-11　压缩空气储能系统原理图

2. 技术分类

压缩空气储能技术是近几年发展起来的一种新型储能技术。按照分类的标准，可以分为以下 3 个类别。

(1) 按热源划分。具有燃烧燃料、带储热和无热源的压缩空气储能系统。

(2) 按规模大小分。大型（单台机组规模为 100MW 级）、小型（单台机组规模为 10MW 级）和微型（单台机组规模为 10kW 级）压缩空气储能系统。

(3) 按是否同其他热力循环系统耦合分。传统压缩空气储能系统；压缩空气储能—燃气轮机耦合系统；压缩空气储能—燃气蒸汽联合循环耦合系统；压缩空气储能—内燃机耦合系统；压缩空气储能—制冷循环耦合系统；压缩空气储能—可再生能源耦合系统。

3. 项目示范

(1) 张家口 100MW 压缩空气储能示范项目。2021 年 12 月，在压缩空气储能国家示范项目中，首个百兆瓦先进储能系统在河北省张家口送电成功，实现并网，10kV 母线低压侧实现带电平稳运行。项目规模为 100MW/400MW·h，系统设计效率 70.4%，总建筑占地面积 85 亩。张家口 100MW 压缩空气储能示范项目如图 6-12 所示。

(2) 金坛盐穴 60MW 压缩空气储能项目。该工程是在江苏常州金坛区实施的，利用中盐盐矿开采盐场废弃的空洞作为储气库。计划总投资 55 亿元，分为三个阶段，第一期总装机容量 60MW，总储能 300MW·h，未来 1000MW。该工程主要完成了高负荷离心压缩机、高参数换热器、大型空气透平等关键设备的研制。金坛盐穴 60MW 压缩空气储能项目全景图如图 6-13 所示。

图 6-12　张家口 100MW 压缩空气储能示范项目

（3）山东肥城 10MW 压缩空气储能调峰电站项目。2021 年 8 月，中国科学院工程热物理所在山东肥城成功建设了世界上第一座 10MW 高容量的压缩空气储能商用示范电站，并网发电，系统效率高达 60.7%，创造了新的世界纪录。电站地上部分占地 20 亩，地下部分利用"东采 1-2-3-4"四口井建设 1 个总容量 50 万 m^3 盐穴腔体，可容载装机容量 200MW 以上。山东肥城 10MW 压缩空气储能调峰电站项目如图 6-14 所示。

图 6-13　金坛盐穴 60MW 压缩空气储能项目全景图

图 6-14　山东肥城 10MW 压缩空气储能调峰电站项目

（4）同里综合能源服务中心内 500kW 液态空气储能示范项目。本工程是国家电网有限公司 2018 年在江苏省苏州市吴江区同里镇建设的一个 500kW 液化空气蓄能示范工程，可为园区提供 500kW·h 电力，夏季供冷量约 2.9GJ/天，冬季供暖量约 4.4GJ/天。

6.1.4　超导储能

超导能量存储技术可分为两类：一类是将能量以磁场能的方式存储在超导磁体中，称为超导磁储能（SMES）；另一类是利用超导技术作为磁轴承的新型能量存储装置，称为超导磁悬浮飞轮能量存储（SFES）。

1. 超导磁储能技术

超导磁储能是一种电感储能技术。基于电感的电能存储与能量利用的基本原理如图 6-15 所示。

（1）充电（吸收能量）：开关 S_2 和 S_3 处于开断状态下闭合开关 S_1，电源对储能电感充电。

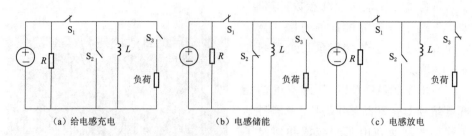

（a）给电感充电　　　　　（b）电感储能　　　　　（c）电感放电

图6-15　基于电感的电能存储与能量利用的基本原理

（2）储能：合上开关 S_2、断开开关 S_1，S_2 与电感 L 形成闭合回路，此时电感中储存的能量为

$$E = \frac{1}{2}LI^2 \tag{6-6}$$

式中　E——电感中储存的能量；

$\quad\quad L$——电感值；

$\quad\quad I$——电感中的电流。

（3）放电（输出能量）：合上开关 S_3、断开开关 S_2，电感对负载放电而释放能量。

由于超导体在直流电流下是零电阻，因此利用超导导线制造储能电感（俗称的超导磁铁）的超导磁储能可以实现长时间的储能。超导导线的通流能力比铜导线高出1~2个数量级，并且在电流一定的情况下，导线本身不会产生热量，因此，利用超导磁体可以得到更高的能量密度和功率密度。

2. 系统构成及其技术特性

（1）系统构成。SMES的系统包括超导磁体、电流引线、冷凝体系、电流互感器、监控系统、保护系统等部分。

1）超导磁体。超导磁体是 SMES 系统的重要元件，能够使用单螺管、多螺管和环状结构的磁体。螺旋磁体结构简单，周围杂散磁场强，而环形磁体的结构相对简单。

2）电流引线。电流引线必须具有从低温到常温的绝缘特性，它是超导器件热损失的重要热源，是影响 SMES 制冷机功率的主要因素。

3）冷凝体系。超导磁体运行在超导状态需要具备低温条件，为了增加能量的存储密度，必须要将其冷却到 77K 以下。目前较为成熟的制冷技术有低温液浸式冷冻和由制冷器直接导热。

4）电流互感器。在蓄能状态下，超导磁铁承受直流电，为使其与电网进行有功功率、无功功率的转换，必须采用双向变流器进行直流变换和控制。

5）监控系统。监控系统通过检测电力系统和 SMES 的运行参数，并由此分析出电力系统的功率补偿需求以及磁体的功率补偿能力，确定功率补偿方案，并指令变流器控制磁体实施动态的功率补偿，必要时也可对保护系统发出指令。

6）保护系统。当电流、磁场强度、温度等任何一个因素超出一定的阈值，超导体就会从超导状态进入到正常状态，这就是所谓的"失超"。SMES 系统中的超导磁铁在进行电力补偿时，会产生大量的热，导致系统的温度上升。为了保障 SMES 系统的安全性，不仅要对超导磁体进行失超保护，还要对超导磁体、低温系统、变流器、电网等进行实时监测，并进行有效的保护。

（2）技术特性。SMES 超导磁体在储能过程中不会出现焦耳热损耗，可以长期不损耗地进行能量存储，其储能效率达到 95% 以上。超导导线的电流容量比铜线高 1～2 个数量级，能达到 5T 以上的磁场，从而使其能量存储密度高（0.9～9MJ/m³）。

SMES 的能量储存和释放是一种直接的电磁能转化，能量转换速度及效率高于电能—化学能、电能—机械能等能量转换型式，具有响应速度快、功率密度高、反复充放电不受限制的特点。在变流器的控制下，SMES 实施功率补偿，其响应时间不超过 10ms，能够满足电网暂态稳定性、瞬时电压下降等方面的要求。

3．发展状况

SMES 按使用的超导带材分为低温和高温两种类型。SMES 采用低温超导材料工作在液氦温区（4.2K），由于液氦资源短缺、制冷成本高，目前已开发出 100MJ 的低温 SMES，但一直没有得到广泛的应用。高温超导体的临界磁场要比低温超导体大得多，目前它的线材制造技术还处在发展阶段，性能还有很大的提升空间。高温 SMES 国内外发展现状见表 6-3。

表 6-3　　　　　　　　高温 SMES 国内外发展现状

组织机构	带材种类	储能量	应用/功能
美国 SuperPower 公司	YBCO	2.5MJ	军用微网
日本中部电力株式会社	Bi2212	1MJ	瞬时电压跌落补偿
	YBCO	2400MJ	负荷波动补偿
日本株式会社东芝	Bi2212	6.5MJ	基础研究
韩国电力研究院	Bi2213	0.6MJ	提高系统稳定性
		2.5MJ	
德国 ACCEL 集团	Bi2213	0.15MJ	UPS
波兰电工研究所	Bi2213	34.8KJ	UPS
澳大利亚卧龙岗大学	Bi2213	2.48KJ	基础研究
中国华中科技大学	Bi2213	35KJ	抑制低频功率振荡
		100KJ	微网应用
	YBCO/Bi	150KJ	水电站实验
中国科学院电工研究所	Bi2213	30KJ	基础研究
		1MJ	电能质量改善

6.1.5　重力储能

6.1.5.1　原理和特点

重力储能是一种机械式的储能,其储能介质主要分为水和固体重物,基于高度落差对储能介质进行升降来实现储能系统的充放电过程。因为水的流动性强,水介质型重力储能系统可以借助密封良好的管道、竖井等结构,其选址的灵活性和储能容量受地形和水源限制,在自然水源附近更易建成大规模的储能系统。固体重物型重力储能主要借助山体、地下竖井、人工构筑物等结构,重物一般选择密度较高的物质,如金属、水泥、砂石等以实现较高的能量密度。

水介质储能系统主要采用电动发电机和水泵涡轮机进行势能和电能转换,一般通过水阀、电动发电机的电流等参数进行控制以实现充放电过程。固体重物型重力储能系统主要利用起重机、缆车、有轨列车、绞盘、吊车等结构实现对重物提升和下落控制,功率变换系统主要包括电动发电机以及机械传动系统,通过电动发电机的电流等参数进行控制以实现充放电过程。

与其他储能系统一样,重力储能会出现能量损耗,例如摩擦损耗、电机损耗、变流损耗等。储能介质在完成释能下放时也将保留一部分的动能,该部分动能也将形成储能系统的损耗。因此,可以将重力势能储能的整体效率 ζ_s 定义为发电期间提供给消费者的能量 E_g 与储能期间消耗的能量 E_p 之比。显然,整体效率取决于储能效率 ζ_p 与发电效率 ζ_g,即

$$\zeta_s = \frac{E_g}{E_p} = \zeta_p \zeta_g \tag{6-7}$$

以储能效率 ζ_p 将体积为 V 的储能介质送至高度 h 所需能量为

$$E_p = \frac{\rho g h V}{\zeta_p} \tag{6-8}$$

式中　ρ——储能介质质量密度;

g——重力加速度。

储能技术与传统电力装置"即发即用"的最大区别体现在功率等级和作用时间上,由于原理区别显著,适用方向也有较大区别,主要包括提升电网电能质量、降低新能源波动、减少电能损耗、优化能源管理方面等。重力储能与其他储能技术的应用范围如图 6-16 所示。重力储能的充放电时间、系统功率满足电网多等级要求,在电池储能尚不能全面使用的今天,其能够为负荷支撑、能源管理方面作出贡献。

重力储能的优势有以下几点:

(1)能量转换效率高。能量损耗主要为电动机、发电机的功率损耗和运行过程中的摩擦力做功,鉴于现在电动机技术和轨道技术,重力储能理论效率最高可达 90%。

(2)建设条件相比抽水蓄能更宽泛,无汛期,无蒸发,损耗小,甚至可以建造于城市之中,能够在中、长时间内储存大量可再生能源产生的富余能量,可具有很长的使用寿命,拥有抽水蓄能各方面的优点。

(3)重力储能装置的单位功率成本低,主要投资费用在大容量电动机组和发电

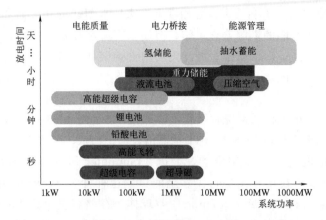

图 6-16　重力储能与其他储能技术的应用范围

机组，以及运送重块的轨道，技术成熟，建造成本较低，同时可以将建设过程中的砂石和废料作为重块以节约成本。

（4）充放电为纯物理过程，没有化学电池回收问题，不会产生有害物质，维护成本低，原材料成本低。

6.1.5.2　重力储能分类

人们在 19 世纪末就开始利用重力储能修建了抽水蓄能电站，我国在 20 世纪 60 年代后期开始研究建设抽水蓄能电站，装机容量已超过 4000 万 kW，达世界首位。由于重力是一种相对较弱的力，抽水蓄能系统的能量密度较低，为了大规模储存能量，需要落差较大的地形和大量水源，在水源匮乏地区及海洋环境无法建成。因此，科研人员根据重力势能储能的原理，结合重力势能储能容量大、可长时间储能、储能效率较高的优点，设计建造了许多重力储能系统。

根据重力储能的储能介质和落差实现路径的不同，重力储能可分为新型抽水蓄能、基于构筑物高度差的重力储能、基于山体落差的重力储能和基于地下竖井的重力储能 4 类。

1. 新型抽水蓄能

新型抽水蓄能是传统抽水蓄能的变种，虽然同样需要水来形成液位差，通过水泵/水轮机来实现充放电，但是不需要修建上下两个水库，占地面积大大减小。目前研究可分为海水抽水蓄能、海下储能系统和活塞水泵系统。

由于淡水抽水蓄能电站受自然环境、气候条件、地形地貌等限制，选址日益困难，而我国沿海经济发达地区电力负荷日益增大，因此《水电发展"十三五"规划》提出要推动建设海水抽水蓄能电站，解决新能源消纳、间歇性等问题。常规海水抽储是在海边建设上水库，将海洋作为下水库，发电时海水通过水泵水轮机组从上水库排往海洋，将海水重力势能转化为电能，储能时将海水抽至上水库，以海水重力势能形式存储。排水型海水抽储是在海湾修筑水坝，将坝内水库作为下水库，海洋作为上水库，利用水坝内外海水落差进行储能和发电。日本在 1999 年建设了世界首座海水抽水蓄能电站（图 6-17），可蓄水 $564000m^3$，有效落差 136m，最大出力 30MW。爱尔兰、智利等国也开始部署海水抽水蓄能的相关研究工作。我国已经完成了海水抽水蓄能的资源普查工作，但还未有海水抽水蓄能建设项目。海水抽水蓄能电站工程复杂，海水腐蚀、海洋生物附着会破坏设备，影响电站性能，沿海地区自然灾害频繁，海水还会污染陆地土壤和地下水，因此需要严格的工程防护和评估检查。

海下储能系统由德国法兰克福歌德大学教授 Horst Schmidt-Böcking 和萨尔布吕肯大学 Gerhard Luther 博士于 2011 年提出，形似海底"巨蛋"，利用海水静压差通过水泵—水轮机进行储能和释能，德国 Fraunhofer 风能和能源系统技术研究所（IWES）2016 年在博登湖进行了水上测试。这种称为 StEnSea 的结构（图 6-18）使用多个直径 30m、壁厚 2.7m 的中空球体，存储容量可达 12000m³。据报道这些"海蛋"储能容量为 20MW·h，功率为 5～6MW，效率为 65%～70%。该项目负责人表示通过全球探测，适合建造该系统的总储能规模有 8170 亿 kW·h。这种储能结构可以合理利用海洋空间，适合沿海地区的大规模储能，利于海上风电、潮汐能的消纳利用，但中空球体的制造、海底系统的加固以及与海面沟通的电缆和管道的架设问题都亟待解决。

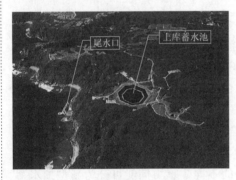
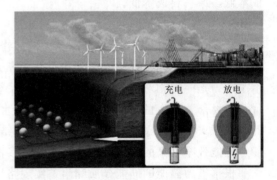

图 6-17　日本海水抽水蓄能电站　　　图 6-18　德国海下储能 StEnSea 储能系统

新型抽水储能的另一种结构由 Heindl Energy、Gravity Power、EscoVale 这几家公司在 2016 年先后提出，称为活塞水泵系统（图 6-19），利用活塞的重力势能在密封良好的通道内形成水压进行储能和释能，Gravity Power 公司 2021 年开始在巴伐利亚建设兆瓦级示范工程（图 6-20）。这些结构具体原理是用圆柱状的活塞嵌放在形状相同的储水池中，有富余电力时，泵会把水压入储水池中，此时岩石活塞就会被水压提起，即电能转化成了重力势能。而当电网需要电能供应时，闸门会打开，此时活塞下降，挤压储水池中的水流经泵来发电，此时重力势能会转化成电能。活塞水泵储能原理相同，根据储能容量分为 gravity power module（GPM）和 hydraulic hydro storage（HHS）、ground breaking energy storage（GBES）几种。GPM 系统使用直径 30～100m 的活塞，轴深 500～1000m，功率密度 191kW/m³，目标提供 40MW/160MW·h～1.6GW/6.4GW·h 电量，效率据称可达 75%～80%，平准化储能成本约 0.38 元/(kW·h)，功率密度高，适合城市中小功率储能。HHS 和 GBES 系统储能容量设计大于 1GW·h，效率据称可达 80%，平准化储能成本为 0.58~1.2 元/(kW·h)，储能容量大，适合大规模储能。

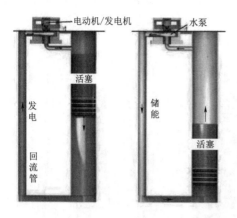

图 6-19 活塞水泵储能系

图 6-20 巴伐利亚兆瓦级示范工程

这种技术的储能容量取决于活塞的质量以及活塞能被抬升的高度，可以实现电网等级的长时间（6~14h）储能，能量转换效率据称可以达到 80% 左右，并且可以反复使用，为电网削峰填谷、消纳可再生能源提供了新的途径。这项技术最大的难点在于保证活塞与水池壁之间以及活塞自身的密封使其足以抵抗水压，并且只能建造在地质足够坚硬的地区。虽然难以达到抽水蓄能电站的储能规模，但这种储能系统对水的需求只有抽水蓄能的 1/4，占地面积更小、能量密度更大。

2. 基于构筑物高度差的重力储能

固体重物可以利用构筑物高度差来进行重力储能。目前的研究主要有储能塔、支撑架、承重墙等结构。

储能塔结构由 Energy Vault 公司提出，是一种利用起重机将混凝土块堆叠成塔的结构，利用混凝土块的吊起和吊落进行储能和释能（图 6-21），凭借这一独特技术，获得了日本软银集团愿景基金 1.1 亿美元投资，并于 2019 年在印度部署了第 1 台 35MW·h系统（图 6-22）。这个储能系统包含了 1 台超大型六臂式起重机，以及大量重达 35t 的混凝土块。混凝土砖塔的容量可达 35MW·h，峰值功率可达 4MW，起重机在 2.9s 的时间里就能发电并且往返一次，能源效率据称能够达到 90%。这一系统可以在 8~16h 内4~8MW 连续功率放电，实现对电网需求的高速响应，官网宣称该技术平准化成本约为 0.32 元/(kW·h)。

国内徐州中矿大公司 2017 年提出利用支撑架和滑轮组提升重物储能的方案，并采用定滑轮组和减速器以减少电机成本（图 6-23）。

图 6-21 Energy Vault 概念图

上海发电设备成套设计研究院 2020 年提出了一种利用行吊和承重墙堆叠重物的方案，空间利用率高，储能密度大，利用构筑物高度差储能，选址灵活且易于集成化和规模化，但必须确保建筑稳定以及对塔吊、行吊的精度控制，吊装机构、滑轮组和电机的整体效率也有待提升，如何在室外环境做到毫米级别的误差控制是制约这种技术发展的关键问题。

 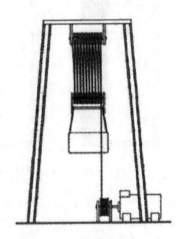

图 6－22　Energy Vault 的印度 35MW·h 系统　　　图 6－23　徐州中矿大支撑架＋
　　　　　　　　　　　　　　　　　　　　　　　　　　　　　 滑轮组系统

3. 基于山体落差的重力储能

可以利用山体落差和固体重物的提升来进行重力储能，相比人工构筑物结构更加稳定，承重能力更强。目前的研究主要有 ARES 轨道机车结构、MGES 缆车结构、绞盘机结构、直线电机结构和传送链结构等。

美国 ARES（Advanced Rail Energy Storage）公司 2014 年提出一种机车斜坡轨道系统，机车在轨道上坡下坡进行储能和释能（图 6－24），2020 年在内华达州开始施工建设。该技术已在加利福尼亚州特哈查皮的一个试点项目中测试成功，其首个商业部署正在内华达州帕伦普市开发，并将与加利福尼亚州电网连接。这个储存系

图 6－24　ARES 公司轨道车辆储能系统

统将使用一个由 210 辆货车组成的车队，总重 7.5 万 t，在 10 条长度 9.3km、平均坡度 7% 的轨道上，电动机带动链条将这些货车拖到山顶。当需要电力时，车辆被送回山下，当它们下落时，链条带动发电机发电。ARES 宣称，这套储能系统可以提供持续 15min、50MW 的电力，效率可达 75%～86%。这种储能系统利用了山地地形和轨道车辆，可以实现室外环境下大容量储能，但平整山坡的土建成本较高，链条传动平稳性差，易磨损，还需要进一步优化结构。

奥地利 IIASA 研究所 2019 年在 Energy 杂志上发表了一种山地缆绳索道结构（图 6-25），缆绳吊起吊落重物进行储能和释能。该储能系统（Mountain Gravity Energy Storage，简称 MGES）由两个平台连接而成，每一个平台都由一个类似矿山的砂砾储存站和一个下方加砂站组成。阀门将沙石填放入筐内，然后通过起重机和电机电缆将其运送到高海拔平台。当沙石被运回山下时，储存的重力势能被转化为电能。与抽水蓄能电站等传统的长期蓄水方法相比，MGES 对环境的影响很小。该系统储能容量设计为 0.5～20MW·h，发电功率 500～5000kW，储能平准化成本为 0.323～0.647 元/(kW·h)。这种储能系统利用了天然山坡，使用砂砾作为储能介质，可以减少建造成本，但缆车运载能力较低，室外环境对缆车运行影响较大，如何实现稳定高效率的能量回收是此系统的研究难点。

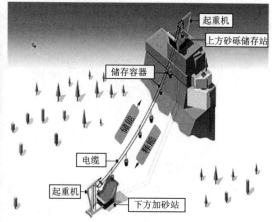

图 6-25 MGES 系统概念图

2014 年，天津大学提出利用斜坡轨道和码垛机进行重力势能储能的构想（图 6-26），使用绞盘拖拉缆绳带动拖车，并使用电动发电一体机提高整体储能效率。中国科学院电工研究所 2017 年提出了两种重载车辆爬坡储能方案（图 6-27），一种是采用永磁直线同步电机轮轨支撑结构，电动发电都通过直线电机完成；另一种是利用多个电动绞盘拉拽车辆，分段储能。中电普瑞电力工程有限公司 2020 年提出利用传送链提升重物的方案，减少了能量的中间变换环节，可长时间连续工作。利用山体落差进行储能，结构稳定，没有倒塌风险，可以实现更大规模的重力储能。

4. 基于地下竖井的重力储能

与地上的重力储能系统受天气和自然环境影响不同，重力储能系统向地下发展

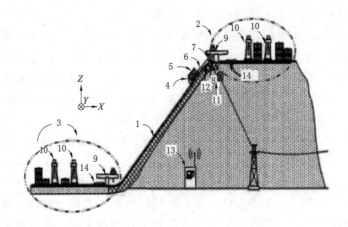

图 6-26　天津大学斜坡轨道＋码垛机系统

1—连续铁轨；2—高海拔堆垛平台；3—低海拔堆垛平台；4—拖车；5—标准化重块；
6—缆绳；7—缆绳绞盘；8—电动发电一体机；9—转载设备；10—码垛机；11—变压器；
12—电动辊子；13—控制系统；14—自动小车

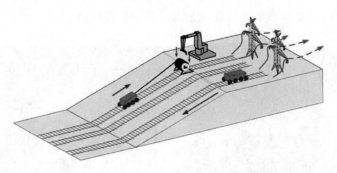

图 6-27　中国科学院电工研究所重载车辆爬坡系统

也是一种研究趋势。

　　苏格兰 Gravitricity 公司提出了一种在废弃钻井平台利用绞盘吊钻机进行储能的机构（图 6-28）。Gravitricity 利用废弃钻井平台与矿井，在 150～1500m 长的钻井中重复吊起与放下 16m 长、500～5000t 的钻机，通过电动绞盘，在用电低谷时

图 6-28　Gravitricity 公司废弃钻井储能

将钻机拉升至废弃矿井,用电高峰时再让钻机笔直落下,进而"释放"存储起来的能量,该系统可以控制重物下落速度以改变发电时间和发电功率。该公司称此系统可以在 1s 之内快速反应,使用寿命长达 50 年,效率最高可达 90%,储能容量可自由配置 1～20MW,输出持续时间为 15min～8h。Gravitricity 预计在属于封闭式深水港的利斯港口打造示范工程,建设成本约 100 万英镑,目标建成 4MW 级全尺寸重力储能系统。这种储能技术在封闭的矿井中工作,减少了自然环境的影响,安全系数较高。如何提高电动绞盘的工作稳定性、减少重物的旋转晃动以及固定等问题是研究的重点。

葛洲坝中科储能技术公司 2018 年提出了利用废弃矿井和缆绳提升重物的方案(图 6-29),解决了废弃矿井长时间不使用的风险和浪费问题,也降低了重力储能系统的建设成本。但深井吊机的载重能力有限,重物和机组受井口尺寸限制,长绳索提升重物的形变、旋转摆动问题仍待优化,废弃矿井资源有限,选址不够灵活,还有瓦斯泄漏等安全隐患。

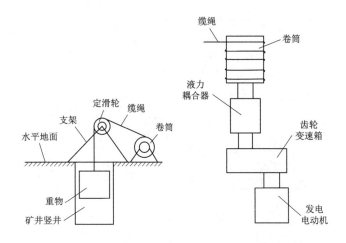

图 6-29 葛洲坝中科储能技术公司废弃矿井＋缆绳系统

6.1.5.3 重力储能在配网侧的典型应用

中国华能集团有限公司 2020 年提出了一种重力压缩空气储能系统(图 6-30),兼具了压缩空气储能能量密度高和重力储能布置灵活的优点。西安热工研究院有限公司 2021 年提出了一种新能源发电结合电池及重力储能的系统(图 6-31),新能源可直接充电至重力储能系统,减小电力传输损耗,避免了单个重力储能模块的频繁启停对系统运行的影响。重力储能作为一种能量型储能方式,启动时间较慢,难以提供电网惯性,但其储能容量大、出力时间长、单位能量成本低,可以精确跟踪电网调度指令,提升电网二次调频容量。重力势能储能联合其他功率型储能形式(如飞轮储能、超级电容器储能)可以有效解决新能源并网带来的频率、电压不稳定问题,也可以削峰填谷,解决新能源发电出力和需求不匹配的问题。

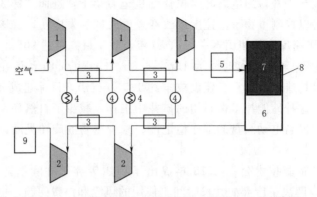

图6-30　中国华能集团有限公司重力压缩空气储能系统

1—压缩单元；2—空气膨胀单元；3—储热装置；4—换热装置；5—废热
利用换热器；6—储气室；7—重块；8—密封装置；9—发电机

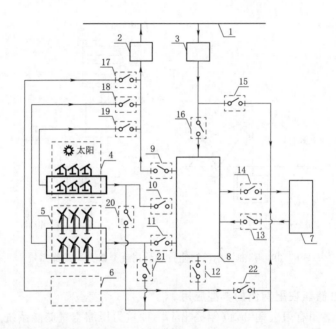

图6-31　西安热工研究院有限公司新能源发电结合电池及重力储能系统

1—电网；2—逆变器及升压变压器模块；3—变压器及整流器模块；4—太阳能发电模块；5—风能发电
模块；6—其他新能源发电模块；7—重力储能模块；8—电池储能模块；9—电池储能模块至电网放电
开关；10—太阳能发电模块至电池储能模块充电开关；11—风能发电模块至电池储能模块充电开关；
12—其他新能源发电模块至电池储能模块充电开关；13—重力储能模块至电池储能模块充电开关；
14—电池储能模块至重力储能模块充电开关；15—电网至重力储能模块充电开关；16—电网至
电池储能模块充电开关；17—其他新能源发电模块至电网放电开关；18—风能发电模块至电网
放电开关；19—太阳能发电模块至电网放电开关；20—太阳能发电模块至重力储能模块直接
充电开关；21—风能发电模块至重力储能模块直接充电开关；
22—其他新能源发电模块至重力储能模块直接充电开关

6.2 化学储能技术

化学储能技术具有电转化效率和功率调整方面的优势，可以与相关设备结合，发挥良好的储能效果，主要包括电化学储能、超级电容储能等。2021年，我国新增电化学储能装机容量1844.6MW，其中锂电池储能技术装机容量1830.9MW，功率规模占比高达99.3%；铅酸蓄电池储能技术装机容量2.2MW；液流电池储能技术装机容量10.0MW；钠硫电池等其他电化学储能技术装机容量1.5MW。

6.2.1 电化学储能

电化学电池作为储能元件，可实现电能的存储、转换及释放，是能量存储的直接载体。电池的类型、包装形式、成组方式决定了储能系统的额定容量、充放电功率、运行寿命等特性，且会影响到运行时电池的热特性。电化学储能电池主要包括锂电池、铅酸蓄电池、液流电池及钠硫电池储能等，其中，铅酸蓄电池技术相对成熟，锂电池的效率及特性相对较好，具有很好的应用前景。

6.2.1.1 电池种类

1. 锂电池

锂电池正极可以选择不同材料，主要有四类：钴酸锂电池、锰酸锂电池、多元金属复合氧化物电池（多元金属复合氧化物包括三元材料镍钴锰酸锂、镍钴铝酸锂等）和磷酸铁锂电池。

钴酸锂电池是一种新型的锂电池，钴酸锂一直作为正极材料，在市场上广泛使用。但是在高压下，钴酸锂的结构不稳定，工作电压很低，这使得钴酸锂电池的使用多集中在手机、计算机等小型电池上。

早期研究发现，由于锰酸锂与电解质的兼容性差、结构不稳定等问题，使得其在高温下的循环寿命短，严重制约了其在锂电池领域的应用。近年来，通过对锰酸锂进行掺杂改性，使得其在较高温度下表现出较好的储氢特性。国内少数几家公司已能够成功地生产出高质量的锰酸锂。

三元材料电池受锰酸锂等单质材料掺杂技术的启发，综合了钴酸锂、镍酸锂和锰酸锂三类材料的优点，形成了钴酸锂/镍酸锂/锰酸锂三相的共熔体系，存在明显的三元协同效应，使综合性能优于单组合化合物。三元材料电池由于其制造技术的发展，很快就在新能源汽车，尤其是在乘用车方面占有了很重要的地位，获得了当前国家最大的补助和最大的出货量，并且还在继续扩大产能。

磷酸铁锂电池不仅具有高结构稳定性、高热稳定性、常温循环性能优异等特点，而且铁和磷的资源丰富，还不污染环境，近年来国内广泛选择磷酸铁锂电池应用于新能源汽车领域，特别是商用车领域。

磷酸铁锂电池是指用磷酸铁锂作为正极材料的锂电池。磷酸铁锂电池的结构如图6-32所示。从图6-32中可以看出，该类型电池采用磷酸铁锂材料作为电池的

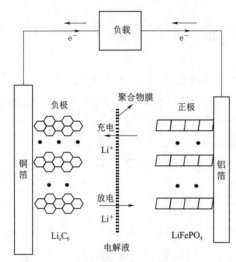

图 6-32　磷酸铁锂电池结构图

正极，由铝箔与电池正极连接。电池中间是聚合物的隔膜，用于实现将正极与负极隔开，其中 Li^+ 可以通过该隔膜，而电子 e^- 无法通过。图 6-32 中左边是由碳（石墨）构成的电池负极，利用铜箔与电池的负极连接。

如图 6-32 所示，磷酸铁锂电池充电过程中，Li^+ 从磷酸铁锂晶体 010 晶面迁移到晶体表面，在电场力的作用下，进入电解液，穿过聚合物隔膜，再经电解液迁移至负极石墨烯的表面，而后嵌入石墨烯晶格中。与此同时，电子经导电体流向正极的铝箔电极迁移，经极耳、电池极柱、外电路、负极极柱、负极耳流向负极的铜箔集流体，再经导电体到石墨负极，使负极的电荷达到平衡，Li^+ 从磷酸铁锂脱嵌后，磷酸铁锂转化成磷酸铁。磷酸铁锂电池放电时，Li^+ 从石墨晶体中脱嵌出来后进入电解液，而后穿过隔膜，再经电解液迁移到正极磷酸铁锂晶体的表面，然后重新经 010 晶面嵌入到磷酸铁锂的晶格内。同时，电子经导电体流向负极的铜箔集电极，经极耳、电池负极柱、外电路、正极极柱、正极耳流向正极的铜箔集流体，再经导电体到磷酸铁锂正极，使正极的电荷达到平衡状态。

上述工作原理所对应磷酸铁锂电池的电化学反应方程式为

正极：$LiFePO_4 \Leftrightarrow Li_{(1-x)} FePO_4 + xLi^+ + xe^-$

负极：$xLi^+ + xe^- + 6C \Leftrightarrow Li_x C_6$

总反应：$LiFePO_4 + 6xC \Leftrightarrow Li_{(1-x)} FePO_4 + Li_x C_6$

2. 铅酸蓄电池

在电池充电时，铅酸蓄电池正极为二氧化铅，负极为海绵铅，电解液为 H_2SO_4。将其正、负极板插入电解液中发生交互作用，会产生约 2.1V 的电势。放电后，两个电极表面都会出现一种细而柔软的硫酸铅，经过充电后会还原成原本的样子。

（1）充电过程化学反应。充电时，应在外接一直流电源（充电极或整流器），使正、负极板在放电后生成的物质恢复成原来的活性物质，并把外界的电能转变为化学能储存起来。

在正极板上，在外界电流的作用下，$PbSO_4$ 被离解为 Pb^{2+} 和 SO_4^{2-}，由于外电源不断从正极吸取电子，则正极板附近游离的 Pb^{2+} 不断放出两个电子来补充，变成 Pb^{4+}，并与水继续反应，最终在正极极板上生成 PbO_2。

在负极板上，在外界电流的作用下，$PbSO_4$ 被离解为 Pb^{2+} 和 SO_4^{2-}，由于负极不断从外电源获得电子，则负极板附近游离的 Pb^{2+} 被中和为 Pb，并以绒状铅附着在负极板上。

电解液中，正极不断产生游离的 H^+ 和 SO_4^{2-}，负极不断产生 SO_4^{2-}，在电场的作用下，H^+ 向负极移动，SO_4^{2-} 向正极移动，形成电流。

（2）放电过程化学反应。铅酸蓄电池放电时，在蓄电池的电位差作用下，负极板上的电子经负载进入正极板形成电流，同时在电池内部进行化学反应。

负极板上每个铅原子放出两个电子后，生成的 Pb^{2+} 与电解液中的 SO_4^{2-} 反应，在极板上生成难溶的 $PbSO_4$。

正极板的 Pb^{4+} 得到来自负极的两个电子后，变成 Pb^{2+}，与电解液中的 SO_4^{2-} 反应，在极板上生成难溶的 $PbSO_4$。正极板水解出的 O^{2-} 与电解液中的 H^+ 反应，生成稳定物质 H_2O。

电解液中存在的 SO_4^{2-} 和 H^+ 在电力场的作用下分别移向电池的正负极，在电池内部形成电流，整个回路形成，蓄电池向外持续放电。

放电时 H_2SO_4 浓度不断下降，正、负极上的 $PbSO_4$ 增加，电池内阻增大（$PbSO_4$ 不导电），电解液浓度下降，电池电动势降低。铅酸蓄电池充放电原理如图 6-33 所示。

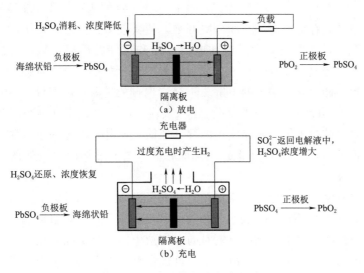

图 6-33　铅酸蓄电池充放电原理

放电：

正极：$PbO_2 + 2e^- + SO_4^{2-} + 4H^+ = PbSO_4 + 2H_2O$

负极：$Pb - 2e^- + SO_4^{2-} = PbSO_4$

充电：

负极：$PbSO_4 + 2e^- = Pb + SO_4^{2-}$

正极：$PbSO_4 + 2H_2O - 2e^- = PbO_2 + 4H^+ + SO_4^{2-}$

总反应：$PbO_2 + 2H_2SO_4 + Pb = 2PbSO_4 + 2H_2O$（正向放电，逆向充电）

3. 液流电池

液流电池是美国 NASA 在 1974 年首次提出的，它是将存储在固态电极中的活性材料以溶液的形式注入电解溶液中，从而为电池提供电化学反应所需要的材料。

该方法不仅可以实现对电极材料的有效调控，还可以实现对所需能量的可控调节，尤其适用于大规模的能量存储。液流电池按其电极活性成分的不同，可划分为全钒液流电池、锂离子液流电池、铅酸液流电池。

（1）液流电池的工作原理。液流电池的原理图及电堆结构示意图如图 6 - 34 所示。将该蓄电池的正、负电极电解液放入两个存储罐，利用送液泵将电解液输送到蓄电池中，并进行循环。在电堆的内部，正、负极电解液用离子交换膜（或离子隔膜）进行隔离，并将负荷和电源连接到电池的外部。

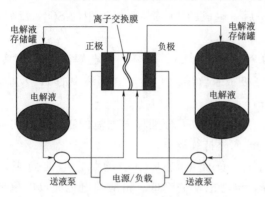

图 6 - 34　液流电池的原理图及电堆结构示意图

液流电池是一种利用活性组分间的价态改变来进行电能和化学能之间的相互转化和储存的新技术。液流电池将活性材料存储在电解质中，并具备一定的流动特性，能够将电化学反应位点（电极）和存储材料的空间分隔开来，使其能够在一定程度上独立地进行能量和容量的存储，从而适应大规模的电能存储和存储的需要。与常规二次电池相比，其储能材料与电极完全分离，功率与容量的设计相互独立，且便于模块的组装与单元的布置；储存在储槽内的电解质不会产生自放现象；电堆仅为电化学反应提供了一个平台，不能进行本身的氧化-还原反应；由于电化学活性材料溶解在电解质中，可有效地减少电极树枝晶状体的穿孔风险；此外，液态的电解质还能将电池在充放电过程中所产生的热量带走，从而防止因电池过热而对电池的结构造成破坏，甚至是燃烧。

（2）全钒液流电池。全钒液流电池（又称钒电池）于 1985 年由澳大利亚新南威尔士大学的 Marria Kazacos 提出。作为一种电化学系统，全钒液流电池把能量储存在含有不同价态钒离子氧化还原电对的电解液中。具有不同氧化还原电对的电解液分别构成电池的正、负极电解液，正、负极电解液中间由离子交换膜隔开。通过外接泵把溶液从储液槽压入电池堆体内完成电化学反应，反应后溶液又回到储液槽，活性物质不断循环流动，由此完成充放电。

与其他储能电池相比，全钒液流电池有以下特点：

1）输出功率和储能容量可控。电池的输出功率取决于电堆的大小和数量，储能容量取决于电解液容量和浓度，因此它的设计非常灵活，要增加输出功率，只需增加电堆的面积和电堆的数量，要增加储能容量，只需增加电解液的体积。

2）安全性高。已有的电池系统主要以水溶液为电解质，电池系统无潜在的爆炸或着火危险。

3）启动速度快，如果电堆里充满电解液，可在 2min 内启动，在运行过程中充放电状态切换只需要 0.02s。

4）电池倍率性能好。全钒液流电池的活性物质为溶解于水溶液的不同价态的钒离子，在全钒液流电池充、放电过程中，仅离子价态发生变化，不发生相变化反应，充放电应答速度快。

5）电池寿命长。电解质金属离子只有钒离子一种，不会发生正、负电解液活性物质相互交叉污染的问题，电池使用寿命长，电解质溶液容易再生循环使用。

6）电池自放电可控。在系统处于关闭模式时，储罐中的电解液不会产生自放电现象。

7）制造和安置便利。全钒液流电池选址自由度大，系统可全自动封闭运行，无污染，维护简单，操作成本低。

8）电池材料回收和再利用容易。全钒液流电池部件多为廉价的炭材料、工程塑料，材料来源丰富，且在回收过程中不会产生污染，环境友好且价格低廉。此外，电池系统荷电状态（SOC）的实时监控比较容易，有利于电网进行管理、调度。

（3）锂离子液流电池。锂离子液流电池的组成部分主要包括电池反应器、正极悬浮液存储罐、负极悬浮液存储罐、送液泵及密封管道等。正极悬浮液存储罐用于容纳所述正电极活性物质粒子、导电物质以及电解液的混合物，负极悬浮液存储罐用于容纳负电极活性物质粒子、导电物质以及电解液的混合物。

电池反应器是锂离子液流电池的核心，它的结构主要由正极集流体、正极反应室、多孔隔膜、负极反应腔、负极集流体和外壳组成。在锂离子液流电池工作的时候，会利用液泵来对悬浮液展开循环，在液泵或其他动力的推动下，悬浮液可以通过封闭管道，在悬浮液存储罐和电池反应器之间进行连续流动或间歇流动，并且可以以悬浮液的浓度和环境温度为依据，来对流速进行调节。锂离子液流电池工作原理如图6-35所示。

电池工作时，正极悬浮液由正极进液口进入电池反应器的正极反应腔，完成反应后由正极出液口通过密封管道返回正极悬浮液存储罐。与此同时，负极悬浮液由负极进液

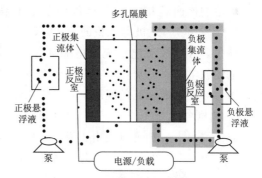

图6-35　锂离子液流电池工作原理图

口进入电池反应器的负极反应腔，完成反应后由负极出液口通过密封管道返回负极悬浮液存储罐。正极反应腔与负极反应腔之间有电子不导电的多孔隔膜，将正极悬浮液中的正极活性材料颗粒和负极悬浮液中的负极活性材料颗粒相互隔开，避免正负极活性材料颗粒直接接触导致电池内部的短路。正极反应腔内的正极悬浮液和负极反应腔内的负极悬浮液可以通过多孔隔膜中的电解液进行锂离子交换传输。

在蓄电池放电过程中，负极活性材料颗粒中的锂离子从负极反应腔中脱出，进入电解质溶液，穿过正极反应腔，嵌入正极活性物质粒子中；同时，负极反应腔中的负极活性材料颗粒内部的电子流入负极集流体，并通过负极集流体的负极极耳流

入电池的外部回路，完成做功后通过正板极耳流入正极集流体，最后嵌入正极反应腔中的正极活性材料颗粒内部。电池充电的过程与之相反。

（4）铅液流电池。该电池体系采用酸性甲基磺酸铅溶液作为电解液，正、负极均采用惰性导电材料（碳材料）作为电极基底。充电时电解液中的 Pb^{2+} 在负极发生还原反应，生成金属 Pb 并沉积在负极基底上；同时 Pb^{2+} 也在正极发生氧化反应，生成 PbO_2 并沉积在正极基底上。由于在一定的温度范围内，电沉积生成的活性物质 Pb 和 PbO_2 均不溶于甲基磺酸溶液，因此该液流电池体系不存在正、负极活性物质相互接触的问题，所以不需要使用离子交换膜，所以也不存在使用两套电解液循环系统的问题。这些都大大降低了液流电池的成本，使得铅液流电池在储能电池领域有着非常光明的应用前景。这类型液流电池体系充放电时在正负极发生反应的方程式为

负极：$Pb^{2+}+2e^{-}\xrightleftharpoons[\text{放电}]{\text{充电}}Pb$

正极：$Pb^{2+}+2H_2O\xrightleftharpoons[\text{放电}]{\text{充电}}PbO_2+4H^{+}+2e^{-}$

总反应：$2Pb^{2+}+2H_2O\xrightleftharpoons[\text{放电}]{\text{充电}}PbO_2+4H^{+}+Pb$

该液流电池体系负极电对 Pb^{2+}/Pb 的反应活性较高，可逆性较好。但是同时存在正极 PbO_2 成核反应过电位较高的问题，在 PbO_2 电沉积的过程中容易发生析氧副反应，产生的少量氧气泡对已沉积的 PbO_2 有一定的冲刷作用，这导致该体系铅液流电池的比面容量（电极单位面积上的容量）增加到一定数值后（例如 $15\sim20mA\cdot h/cm^2$），正极电沉积的 PbO_2 会出现脱落的情况，这种情况会造成充电能量的损失，导致液流电池充放电循环过程中容量效率和能量效率降低的问题。同时，电池放电结束后负极存在有铅剩余的问题，多次循环后造成铅的累积，循环次数过多会导致电池短路的问题，这大大限制了铅液流电池的储能能力。

4. 钠硫电池

通常情况下，钠硫电池由正极、负极、电解质、隔膜和外壳组成，与一般二次电池（铅酸蓄电池、镍镉电池等）不同，钠硫电池是由熔融电极和固体电解质组成，负极的活性物质为液态钠，正极活性物质为液态硫和多硫化钠熔盐。

固体电解质兼隔膜工作温度在 $300\sim350℃$。在工作温度下，Na^{+} 透过电解质隔膜与 S 之间发生可逆反应，形成能量的释放和储存。

钠硫电池在放电过程之中，电子通过外电路由负极到正极，而 Na^{+} 则通过固体电解质 $\beta-Al_2O_3$ 与 S^{2-} 结合形成多硫化钠产物，在充电时电极反应与放电相反。钠与硫之间的反应剧烈，因此两种反应物之间必须用固体电解质隔开，同时固体电解质又必须是 Na^{+} 导体。钠硫电池原理如图 6-36 所示。

图 6-36　钠硫电池原理图

6.2.1.2 储能电池参数

不同储能电池的响应速度、放电效率都不尽相同，也有各自的适用范围和优、缺点。化学储能电池特性分析见表6-4。

表6-4 化学储能电池特性分析

性能指标	锂电池		铅酸蓄电池	液流电池		钠硫电池
	磷酸铁锂	三元材料		全钒	锌溴	
能量密度/(Wh/kg)	130~200	180~200	30~60	15~50	75~85	100~250
深度充放电能力	15%~85% SOC	15%~85% SOC	不能深度	0~100% SOC	0~100% SOC	15%~85% SOC
循环次数	2000~5000	1500~3500	500~3000	>16000	2500~5000	2000~4500
容量衰减	不可恢复	不可恢复	不可恢复	可再生		不可恢复
度电成本/[元/(kW·h)]	0.5~0.9	0.6~1.0	0.45~0.7	0.7~1.0	0.8~1.2	0.9~1.2
安全性	一般，过热起火		差，污染环境	比较好	比较好，溴泄漏	300~350℃
优势及进展	当前主要路线，高能量/密度/响应快/适应强；全固态锂电池是重要方向		成熟/简单，慢慢被替代	可再生/原料丰富；适用于大型项目		高能量密度/功率特性好；少量新项目

6.2.1.3 电化学储能系统结构

电化学储能系统由电池组、电池管理系统（BMS）、能量管理系统（EMS）、储能变流器（PCS）及其他电气设备构成。其中，储能的电池组是系统的重要组件，电池管理系统主要负责电池的监测、评估和保护等；能量管理系统主要负责能量调度、网络监控和数据采集等；储能变流器控制电池组的充放电过程和交直流变换。电化学储能系统结构示意图如图6-37所示。

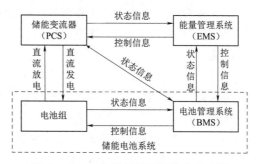

图6-37 电化学储能系统结构示意图

6.2.1.4 电化学储能应用场景

（1）电化学储能应用场景可分为发电侧储能、电网侧储能、用电侧储能。

1）发电侧储能。电化学储能在发电侧的应用主要是火储联合调频以及与集中式新能源发电配套。电化学储能响应速度快（几十至几百毫秒）、调节精度高，能有效弥补火电机组系统惯性大、启停困难造成的调节延迟、调节偏差和AGC补偿效果差等调频问题。电化学储能与集中式新能源发电配套可有效缓解电力消纳问题及电力输出不稳定问题。

2）电网侧储能。电网侧储能指电化学储能系统维护电力系统安全运行、保证电能质量的服务，包括电力调峰、调频、调压、AGC、备用和黑启动等。此外，电化学储能可增加电网负荷，节约新建电网投资或延缓配电网扩容。

3）用电侧储能。电力用户通过电化学储能系统在电价较低的谷期存储电能，在高峰放电使用，实现削峰填谷，降低电力成本。此外，电化学储能系统可平衡分布式能源电力输出，为新能源汽车充电。

（2）根据时长要求的不同，电化学储能应用场景大致可以分为容量型、能量型、功率型和备用型，见表6-5。

表6-5   电化学储能根据时长要求的应用场景分类

类型	储能时长	应用场景	储能类型
容量型	≥4h	削峰填谷、离网储能	抽水蓄能、压缩空气、储热蓄冷、钠硫电池、液流电池、铅炭电池
能量型	1~2h	复合功能，调峰调频和紧急备用	磷酸铁锂电池
功率型	≤30min	调频	超导储能、飞轮储能、超级电容、钛酸锂电池、三元锂电池
备用型	≥15min	作为不间断电源提供紧急电力	铅酸蓄电池、梯级利用电池、飞轮储能

6.2.1.5 电化学储能电池应用案例

2021年9月，青海格尔木宏储源100MW/200MW·h储能电站工程在格尔木光伏产业园开工建设，系统满足国家及青海储能管理规范，满足电网公司接入要求，使用磷酸铁锂储能系统，在管理上，使用智能管理系统和数据运维管理方式，能够对储能系统进行保护、测量、控制、通信等功能，实现对储能系统的全自动化管理模式。

宁德时代在晋江建设的36MW/108MW·h基于锂补偿技术的磷酸铁锂储能电池寿命达到1万次，在福建调频和调峰应用方面取得了较好的应用效果。

我国已完成具有标志性的多个全钒液流电池储能电站示范项目，大连200MW/800MW·h全钒液流电池储能调峰电站的一期工程完成主体工程建设，进入单体模块调试阶段。此外，2022年2月期间国内签约落地多个100MW级全钒液流电池电站，如国家电力投资集团公司襄阳100MW/500MW·h、中国广核集团有限公司100MW/200MW·h全钒液流电池储能电站等。

6.2.2 超级电容储能

超级电容属于一种功率型储能器件，其优点主要体现在充放电速度快、使用寿命长、功率密度高等方面，在电子产品、智能电网、工业装备、轨道交通等领域的应用广泛。

1. 工作原理

超级电容是一种新型的储能器件，它利用电极和电解液在其表面所形成的两层结构来实现储能。在电极与电解液相接触的时候，因为库仑力、分子间力及原子间力的影响，会在固液界面上产生稳定且具有相对符号的双层电荷，这就是界面双层。把双电层超级电容看成是悬在电解质中的 2 个非活性多孔板，电压加载到 2 个板上。加在正极板上的电势吸引电解质中的负离子，负极板吸引正离子，从而在两电极的表面形成了一个双电层电容器。

  2. 超级电容分类

  （1）依据储能机理，分为对称性超级电容、非对称性超级电容和混合型超级电容。

  （2）依据电解质不同进行分类，分为水性电解质、有机电解质和离子导体电解质。

  1）水性电解质，包括：①酸性电解质，多采用 36% 的 H_2SO_4 水溶液作为电解质；②碱性电解质，通常采用 KOH、NaOH 等强碱作为电解质，水作为溶剂；③中性电解质，通常采用 KCl、NaCl 等盐作为电解质，水作为溶剂，多用于氧化锰电极材料的电解液。

  2）有机电解质通常采用 $LiClO_4$ 为典型代表的锂盐、$TEABF_4$ 作为典型代表的季铵盐等作为电解质，有机溶剂如 PC、ACN、GBL、THL 等有机溶剂作为溶剂，电解质在溶剂中接近饱和溶解度。另外还包括固态电解质，随着锂电池固态电解质不断突破，该类电解质已经成为超级电容器解质领域的研究热点。

  超级电容的分类见表 6-6。

表 6-6　　　　　　　　　　超 级 电 容 的 分 类

储能机制	电解液	电解液例	电极组成
双电层电容器	水性电解质	酸性（H_2SO_4）	炭-炭
		中性（$LiClO_4$）	炭-炭
		碱性（KOH）	炭-炭
	有机电解质	Et_4NMeSO_3/ACN	炭-炭
	离子导体电解质	PEO/$LiClO_4$	石墨-石墨
电化学准电容器	水性电解质	酸性（H_2SO_4）	RuO_2-MoN
		中性（$LiClO_4$）	Bi_2Te_3
		碱性（KOH）	
	有机电解质	$LiPF_6$/PC	石墨-石墨
	离子导体电解质	PEO/$LiClO_4$	pMeT
混合型电容器（电容器）	水性电解质	酸性（H_2SO_4）	RuO_2-炭
		中性（Na_2SO_4）	MnO_2-炭
		碱性（KOH）	NiO_x-炭
	有机电解质	$LiPF_6$/PC	Li_2MnO_4-炭
	离子导体电解质	$K_xR_bI_xCu_4I_yCl_{5-y}$	炭-Cu_2TiS_2

3. 超级电容的特点

（1）优点主要体现在：充电速度快，充电 10s～10min 可达到其额定容量的 95％以上；循环使用寿命长，深度充放电循环使用次数可达 1 万～50 万次，没有"记忆效应"；大电流放电能力超强，能量转换效率高，过程损失小，大电流能量循环效率不小于 90％；功率密度高，可达 300～5000W/kg，相当于电池的 5～10 倍；产品原材料构成、生产、使用、储存以及拆解过程均没有污染，是理想的绿色环保电源；充放电线路简单，无需充电电池那样的充电电路，安全系数高，长期使用免维护；超低温特性好，温度范围宽（−40～70℃）。

（2）缺点主要体现在：如果使用不当会造成电解质泄漏等现象。另外，和铝电解电容器相比，它内阻较大，因而不可以用于交流电路。

6.3　氢　储　技　术

进入 21 世纪以来，化石能源的日益枯竭、环境问题日益严峻，而人们对能源的需求却日益增长，发展和使用清洁、高效、可再生能源是解决这一矛盾的首要途径。氢气作为一种清洁、高效、安全且可再生的能源载体，是人类摆脱对化石能源依赖的最有效、最经济的手段之一。

整个氢能产业链由氢能制取、氢能储运、氢能应用 3 个环节组成（图 6-38），其中氢能储运环节是氢能高效利用的关键一环，也是决定氢能产业大规模发展的重要环节。在我国的氢能全产业链中，氢能储运技术是制约我国氢燃料电池产业以及其他氢能产业发展的关键因素。由于氢气特殊的物理化学性能，其储运过程难度大、成本高且安全性低，是人们亟待解决的核心问题。

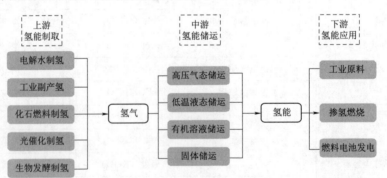

图 6-38　氢能全产业链示意图

氢气的性质如下：

（1）重量轻、密度小。在所有元素中，氢的重量最轻，氢气的密度远远小于空气，常温常压下 1kg 氢气的体积约为 11.2m³，因此氢气非常容易在环境中散失，需要提高储运容器压力进而提高氢的密度来提高氢能利用的效率。

（2）液化温度低。氢气在常压下的液化温度为零下 253℃，液化时的能耗高且静态时的蒸发损失量大，因此对液氢储罐提出了严苛的要求。

（3）原子半径小。氢原子的半径很小，氢气分子能透过大部分不易观察到的微孔，在高温高压的条件下，氢气甚至可以透过很厚的钢板，这增加了储运氢气材料的选择难度。

（4）化学性质活泼。氢气的化学性质异常活泼，很容易和多种物质发生化学反应，其稳定性也较差，泄漏后易发生燃烧和爆炸，这些因素都对氢气的安全、可靠的储运提出了挑战。

（5）质量能量密度高：1kg氢气可释放的能量约为120MJ，是同质量汽油、柴油、天然气等化石燃料的2.7倍左右，氢气被认为是极具应用前景的能量载体。然而，在标准状态下，氢气的体积能量密度很低，仅为12.1MJ/m^3，为汽油能量密度的1/3000。由此不难看出，氢气成为新型替代能源载体的关键在于如何提高储存氢气的体积能量密度。

氢气的储运是衔接氢气从生产端到应用端的重要环节，在用户端氢气的价格组成中，氢气的储运成本约占总成本的30%，安全、经济、高效的氢气储运技术已成为助推氢能规模化应用的主要手段之一。氢储技术是指将氢气以稳定的能量形式储存起来并在需要时方便使用的技术，其贯穿氢能产业链的制氢端和燃料电池端，是决定用氢成本的重要因素。

目前常以氢储方式的质量密度指标（释放出的氢气质量与总质量之比）来评价该氢储技术的优劣。发展氢储技术的核心在于提高氢储的质量密度。美国能源部（DOE）要求：2020年国内氢燃料电池车辆的车载氢储质量密度应达到4.5%，2025年该指标应达到5.5%，最终目标应达到6.5%，其他指标见表6-7。国际能源署（IEA）规定：未来新型氢储方式的氢储质量密度标准为5%。在美国，2010年体积氢储容量已经达到45g/L，氢储成本为4美元/（kW·h），而到2015年，这两个指标分别达到81g/L和2美元/（kW·h）。

表6-7　　　美国能源部关于车载氢储系统的技术指标要求（2011年）

技　术　指　标	2025年	最终目标
体积氢储密度/（kg/m^3）	40	70
氢储质量密度/%	5.5	6.5
最低、最高工作温度/℃	−40、85	−40、85
加氢时间/min	3.3	2.5
使用寿命/次数	1500	1500

在评价氢储技术的优劣时，除了氢储密度外，还须考虑技术的安全性。氢气为易燃易爆气体，其爆炸极限浓度为4%～75%，在该浓度范围内氢气遇火即燃。因此，氢储技术的选择，需要综合评价其经济性、能耗、安全措施以及使用周期等因素。到目前为止，各国学者为了寻求兼顾氢储密度、成本、安全性和使用期限等问题的氢储技术，已经进行了大量的系列研究。

目前，常用的氢储技术按实现氢储的原理不同大致可归纳为物理储氢、化学储氢、金属合金储氢、物理吸附储氢、水合物储氢以及地下储氢六类方式。各类储氢方式的技术成熟度大不相同，大致看来，物理储氢方式的技术最为成熟，化学储氢则更具有前瞻性。不同的储氢方式适用于不同的场景，从细分场景来看，有 14 种储氢方式已经或者将要在不同的应用领域内使用。开发不同储氢技术的宗旨是在安全且经济的情况下，尽可能降低储氢设施的体积和质量，从而获得较高的体积储氢密度和储氢质量密度。在这些储氢技术当中，并不能笼统地归纳为哪种技术最具优势，事实上，很多技术从实验室阶段发展到工业量产阶段都会发生较大变化。因此，这些前沿的储氢技术只有经过时间和市场的双重检验后，才能证明其应用价值。

6.3.1　物理储氢

物理储氢是指仅通过改变储氢的环境条件以提高储氢密度来实现高效储氢的技术。该技术的特点是储氢途径为纯物理过程，无须额外引入储氢介质，储氢成本较低，放氢速率较快，氢气纯度较高。物理储氢方式主要分为高压气态储氢与低温液态储氢两种技术路线。

6.3.1.1　高压气态储氢

高压气态储氢是目前最常用、发展最成熟的储氢技术，是指将氢气在高压条件下压缩，以高密度气态形式储存于高压气罐中，并通过增压来提高氢气的储存容量。该储氢方式具有应用场景广泛、制备高压氢气的能耗较低、储氢设备结构简单、使用操作简便、储氢综合成本较低、氢气充装和释放的速率较快等优点，是目前最常用、技术最成熟的储氢方式，已经实现规模化应用，在国内外的储氢领域市场占有率达到 90% 以上。但是，这种高压气态储氢技术在储氢密度和安全性两方面存在天然的缺陷，具体表现为氢气储量小、储氢密度低，由于需要用到高压气瓶存放高压氢气，增加了氢气泄漏或容器破裂等风险，无法做到绝对安全。

研究人员发现高压气态储氢质量密度受储氢压力影响较大，当压力在 30～40MPa 时，储氢质量密度随压力的增加而增加较快；当压力大于 70MPa 时，质量密度的增加则很小。因此，储氢瓶的工作压力一般为 30～70MPa。储氢压力并非越高越好，还要受到储氢瓶材质的限制，压力越高，对储氢瓶材质和结构要求也随之升高，储氢成本将大幅增加，同时其安全性也难以保障。目前，高压气态储氢技术的研究热点在于储氢瓶材质的改进和结构的优化，寻找轻质储氢瓶材料、开发耐高压的储氢瓶结构工艺成为该储氢技术进一步发展的关键。目前常用的高压气态储氢瓶种类主要有金属储氢瓶、金属内衬纤维缠绕储氢瓶和全复合轻质纤维缠绕储氢瓶。

1. 金属储氢瓶

金属储氢瓶一般采用综合性能较好的金属材料制成，目前多采用钢制储氢瓶。但受到金属材料的耐压限制，早期的纯钢制储氢瓶的储气压力为 12～15MPa，储氢质量密度不到 1.6%。近年来，为了能够提高储氢压力，储氢瓶的壁厚都有所增加，但这样会导致储氢瓶的有效容积降低，如 70MPa 的金属储氢瓶的最大容积仅为 300L，其储氢质量密度依然很低。因此，该储氢方案不适合于移动储氢的场景，这将极大增加运输成本。此外，由于金属材质难免受到氢脆的影响，氢脆将改变金属材质的强度，从而增加氢气泄漏的风险。而且，储氢瓶多采用高强度无缝钢管旋压收口制成，属于单层结构，无法实时在线监测储氢瓶的安全状态。因此，此类储氢瓶仅适用于固定式、小储量的氢气储存需求，如实验室环境等，而远不能满足车载储氢的系统要求。

2. 金属内衬纤维缠绕储氢瓶

20 世纪 90 年代，美国研究人员发现某些质量轻、强度高、模量高、稳定性强且耐疲劳的纤维材料，如酚醛树脂，并将其应用在飞机零件制造领域。随着氢能行业的深入发展，研发人员将这类纤维材料用于设计制造新型储氢瓶，创造性地研发出了一种金属内衬纤维缠绕储氢瓶，以满足高压储氢技术对容器的高压承载能力要求。具体来讲，这种储氢瓶采用不锈钢或铝合金制成的金属内衬来实现氢气的密封，利用纤维缠绕增强层作为金属内衬外部的承压层，可实现至少 40MPa 的储氢压力。由于金属内衬不承担承压作用，其厚度可以设计得较薄，从而极大地减少了储氢瓶的整体质量。

目前，高强度的玻璃纤维、碳纤维、凯夫拉纤维等材料都可以用来制备储氢瓶的纤维增强层，利用层板理论与网格理论进行缠绕方案设计。采用这种多层结构的储氢瓶不仅可防止外部环境对金属内衬层的腐蚀，而且可利用各层间的密闭空间来实现对储氢瓶安全状态的在线实时监控。加拿大 Dynetek 公司开发出的满足 70MPa 压力要求的储氢瓶就是采用金属内胆纤维缠绕技术制成的，目前该储氢瓶已经实现商业化。此外，由于金属内衬纤维缠绕储氢瓶成本相对较低、储氢质量密度相对较大，这种储氢瓶也常被用作大容积储氢领域。中国北京飞驰竞立加氢站采用的世界容积最大的储氢瓶就采用金属内衬纤维缠绕，其储氢压力不低于 40MPa。

3. 全复合轻质纤维缠绕储氢瓶

为了使储氢瓶的质量进一步降低以达到车载需求，研究者们利用具有一定刚度的塑料替代金属内衬，从而开发出了全复合轻质纤维缠绕储氢瓶。这种储氢瓶的瓶体一般包括三层：塑料内衬、纤维增强层和保护层。与金属内衬相比，塑料内衬具有更强的抗冲击韧性、更高的强度、更优良的气密性、更耐高温和耐腐蚀。此外，塑料内胆在能保持储氢瓶形态的前提下还可充当纤维缠绕的模具。最重要的是，全复合轻质纤维缠绕储氢瓶的质量约为同储氢量钢瓶的 50%，更适合应用在车载氢气储存系统当中。

日本丰田公司推出的 Mirai 氢燃料电池汽车搭载的碳纤维复合材料新型轻质耐压储氢容器就属于全复合轻质纤维缠绕储氢瓶，其最高储存压力可达 70MPa，有效容积为 122.4L，储氢总质量为 5kg，氢气的质量密度约为 5.7%。为了进一步将储氢瓶轻量化，也可根据情况对全纤维缠绕储氢瓶的纤维缠绕方法进行三种优化，分别是强化储氢瓶筒部的环向缠绕、强化瓶身边缘部位的高角度螺旋缠绕和强化储氢瓶底部的低角度螺旋缠绕，这些改进方案可以减少纤维缠绕圈数，降低 40% 的纤维用量。目前，世界各国都在着力开发全复合轻质纤维缠绕储氢瓶，详见表 6-8，但仅有日本和挪威两个国家实现了真正的商业化应用。

表 6 - 8　　　　　　　世界各国关于全复合轻质纤维缠绕储氢瓶的研究现状

国家	机　构	特　　点	压力/MPa	现状
美国	Quantum	1 代实现异地储氢瓶输送	35～70	完成开发
		2 代电解水装置、高压快充	35～70	完成开发
		3 代质量密度约 8.3%	35～70	完成开发
		4 代质量密度 11.3%～13.36%	35～70	完成开发
	通用汽车	3.1kg	70	完成开发
	Impco	质量密度 7.5%	69	阶段性完成
挪威	Hexagon Composites	耐久性	70	商业化
荷兰	帝斯曼	耐低温	—	完成开发
中国	浙江大学	质量密度 5.78%	70	研究阶段
法国	空气化工	缩短压缩	—	完成开发
	佛吉亚	优化、设计	70	商业化中
日本	汽车研究所	70MPa 储氢量提高 60%	37～70	研究阶段
	丰田	续航 830km	70	商业化

　　总体来说，全复合轻质纤维缠绕储氢瓶无论从性能角度还是经济角度看来均优于金属储氢瓶和金属内衬纤维缠绕储氢瓶。但是这类储氢瓶在研发阶段和商业化进程中一直面临着以下的技术难题：①氢气在高压条件下易从塑料内胆渗透的问题；②塑料内胆与金属接口间的连接和密闭问题；③进一步提高储氢瓶的储氢压力、增加储氢质量；④进一步降低储氢瓶的质量、提高储氢质量密度。

　　在我国习惯将纯钢制金属瓶称为Ⅰ型瓶、将钢制内胆纤维环向缠绕瓶称为Ⅱ型瓶、将铝内胆纤维全缠绕瓶称为Ⅲ型瓶，将塑料内胆纤维缠绕瓶称为Ⅳ型瓶（图 6 - 39、图 6 - 40）。其中，Ⅲ型瓶和Ⅳ型瓶因其重容比小、储氢质量密度高等优点，已

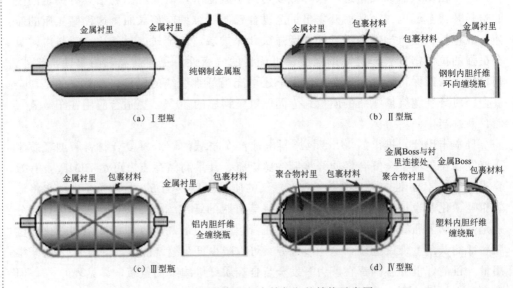

(a) Ⅰ型瓶　　　　　　　　　(b) Ⅱ型瓶

(c) Ⅲ型瓶　　　　　　　　　(d) Ⅳ型瓶

图 6 - 39　四种高压气态储氢瓶的结构示意图

在氢燃料电池汽车的车载储氢系统中得到广泛应用，它们的储氢压力一般在 30～70MPa。与Ⅲ型瓶相比，Ⅳ型储氢瓶优势更加显著：第一，Ⅳ型瓶采用的非金属内胆更能够抗氢脆腐蚀，相对采用金属内胆的Ⅲ型瓶安全性更高；第二，Ⅳ型瓶的工作压力普遍更高，可达 70MPa，即使在相同容积和压力条件下，Ⅳ型瓶的储氢质量密度也高于Ⅲ型瓶，而重量却更轻；第三，Ⅳ型瓶的制造成本更低，并且由于采用的塑料内胆不易因材料疲劳而失效，储氢瓶的使用寿命也更长，进一步降低了使用成本。但是由于受到技术条件和政策法规的限制，目前国内车载高压储氢系统普遍采用 35MPa 的Ⅲ型瓶，而在欧美、日韩等发达国家，Ⅳ型瓶已经实现了广泛应用。储氢瓶组类别见表 6-9。

（a）Ⅰ型瓶

（b）Ⅱ型瓶

（c）Ⅲ型瓶

（d）Ⅳ型瓶

图 6-40　四种高压气态储氢瓶的实物图

表 6-9　　　　　　　　　　储　氢　瓶　组　类　别

类　　型	Ⅰ型瓶	Ⅱ型瓶	Ⅲ型瓶	Ⅳ型瓶
材质	铬钼钢	钢制内胆 纤维环向缠绕	铝内胆 纤维全缠绕	塑料内胆 纤维全缠绕
工作压力/MPa	17.5～20	26.3～30	30～70	30～70
应用情况	加氢站等固定式储氢应用		国内车载	国际车载

令人感到欣慰的是，2022 年北京冬奥会部分氢燃料电池大巴车搭载了 70MPa 的Ⅳ型瓶，意味着我国氢燃料电池车储氢系统的发展朝着高压力、大容量、轻量化的目标更进了一步。事实上，氢燃料电池乘用车由于车内空间和载重有限，对储氢瓶的重量及储氢质量密度提出了较高要求，而我国重点发展的氢能重型卡车

也更看重储氢系统的续航里程、使用成本及轻量化等方面的优势，由此看来，Ⅳ型瓶更能满足氢燃料电池乘用车和氢能重型卡车的特殊需求。2023 年，我国已经出台《车用压缩氢气塑料内胆碳纤维全缠绕气瓶》(GB/T 42612—2023)，这将大幅度提升Ⅳ型瓶在国内氢燃料电池汽车行业内的推广速度，助推燃料电池汽车的商业化发展。我国车用储氢瓶与供氢系统主要生产厂商见表 6-10。

表 6-10　　　　　　　　　我国车用储氢瓶与供氢系统主要生产厂商

生 产 厂 商	现　状
江苏国富氢能技术装备股份有限公司	市场占有率约 50%，只能生产Ⅲ型瓶
沈阳斯林达安科新技术有限公司	佛吉亚收购，Ⅳ型瓶产业化在国内领先
北京天海工业有限公司	北汽福田战略合作
中集安瑞科工程科技有限公司	自产Ⅲ型瓶，并与中集合斯康氢能发展（河水）有限公司合资生产Ⅳ型瓶
中材科技股份有限公司	与中复神鹰碳纤维股份有限公司合作生产 70MPa 的Ⅲ型瓶
上海舜华新能源系统有限公司	只组装系统，不生产储氢瓶
北京科泰克科技有限责任公司	只组装系统，不生产储氢瓶
江苏龙蟠氢能源科技有限公司	制造国内首个 210L Ⅳ型储氢瓶样瓶
北京京城机电控股有限责任公司	已量产 70MPa 的Ⅳ型瓶，75MPa 储氢瓶尚在研发中

回顾储氢瓶的演变过程，高压储氢瓶从圆柱形金属钢瓶发展到塑料内胆纤维缠绕瓶，基本上保持了圆柱形储氢瓶外观，其变化本质是通过储氢瓶的结构及材料的迭代来实现储氢质量密度的提升。今后，高压气态储氢技术将朝着高压化、轻量化、高稳定性和低制造和使用成本的目标不断升级。

高压储氢瓶若根据应用领域的不同可以分为固定式高压储氢瓶、车载轻质高压储氢瓶和运输用高压储氢瓶。

(1) 固定式高压储氢瓶。在固定式高压储氢技术中，目前工业中广泛采用的钢制储氢瓶和钢制压力容器的技术最为成熟且成本较低，在实验室和工厂车间最常使用的是 20MPa 钢制储氢瓶组成的气排架或者集气格，此外在加氢站也可以采用 20MPa 钢制储氢瓶、45MPa 钢制储氢瓶和 98MPa 钢带缠绕式压力容器等组合集成的储氢系统。目前工业上存在 45MPa 和 98MPa 两种压力型号的钢带缠绕式储氢瓶，在江苏常熟丰田加氢站内就安装了两台浙江大学与巨化集团有限公司制造生产的国内最高压力等级的 98MPa 立式高压储氢瓶。加氢站内的固定式储氢瓶的压力一般高于车载储氢瓶，以站内储氢瓶和车载瓶之间的压力差为驱动力实现对氢燃料电池汽车加注氢气操作。

(2) 车载轻质高压储氢瓶。车载储氢系统所采用的储氢瓶需要具有较高的储氢质量密度，这就要求提升储氢瓶的结构强度以实现较高的储氢压力，同时尽可能地减轻整体质量。国际上，车载轻质高压储氢瓶的主流技术是以铝合金或者塑料作为储氢瓶内胆，外层则用碳纤维进行缠绕包覆。当前，国外氢燃料电池汽车的储氢系统已经广泛采用 70MPa 塑料内胆纤维缠绕的Ⅳ型瓶，而国内车载储氢系统还是以 35MPa 铝内胆纤维全缠绕的Ⅲ型瓶为主，少量的国产氢燃料电池汽车搭载了

70MPa 的 IV 型瓶。

（3）运输用高压储氢瓶。将氢气从产地运输到使用地或加氢站需要使用专门的高压氢气的运输载体，目前多采用旋压成型的管式拖车用大型高压储氢瓶。典型的管式拖车长 10～11.4m，高 2.5m，宽 2～2.3m，储氢瓶的盛装压力为 16～21MPa，储氢瓶质量约为 280kg。在国内，石家庄安瑞科气体机械有限公司于 2002 年率先研制成功 20～25MPa 大容积储氢长管，并应用于大规模氢气运输。长管储运气瓶采用铬钼钢 4130X 作为瓶体的主要材料，该材料具有强度高、抗氢脆能力好的特点。

除了储氢瓶的选用之外，高压气态储氢另一个关键环节就是压缩氢气过程，而氢气压缩机的选用决定了压缩过程的效果。氢气压缩机按实现增压的原理和关键部件的不同，分为往复式、膜式、离心式、螺杆式、回转式等类型。不同类型氢气压缩机的流量、进排气压力等参数不同，各自的应用场景也有差异，其工作原理和特征详见表 6-11。

表 6-11　　　　　　　　　　不同类型氢气压缩机对比

类型	压缩比	工作原理	应用场景	特征
往复式	3:1～4:1	利用气缸内的活塞来压缩氢气，曲轴的回转运动转变为活塞的往复运动	压力在 30MPa 以下的压缩机	流量大，但单级压缩比较小，运转可靠度较高，并可单独组成一台由多级构成的压缩机
膜式	20:1	靠隔膜在气缸中做往复运动来压缩和输送气体的往复压缩机，隔膜沿周边由两限制板夹紧并组成气缸，隔膜由液压驱动在气缸内往复运动，从而实现对气体的压缩和输送	压力在 30MPa 以上、容积流量较小	压缩比高，压力范围广，密封性好，无污染，氢气纯度高，但流量小
离心式	—	通过叶轮转动，将离心力作用于氢气，迫使氢气流向叶轮外侧，压缩机壳体收集氢气，并将其压送至排气管，氢气流向外侧时会在连接有进气管的中心位置形成一个低压区域	大型氢气压缩机组	—
螺杆式	—	容积式压缩机的一种，氢气从进口处进入至出口处排出，完成一级压缩	大型氢气压缩机组	—
回转式	—	容积式压缩机的一种，采用旋转的盘状活塞将氢气挤压出排气口	用于小型设备系列	只有一个运动方向，没有回程，与同容量的往复压缩机相比，体积要小得多，效率极高，几乎没有运动机构

氢气压缩机的基本原理可以理解为通过运动部件改变气体的容积或者速度来完成氢气的压缩和输送过程。加氢站在加注氢气之前，可以通过两种途径实现氢气压缩：①用压缩机直接将氢气压缩至容积较大的储氢瓶，并达到加注所需的目标压力

后存储起来；②将氢气压缩至一定的压力后，一般为 20MPa，先存储起来，需要加注时，只引入一部分高压气体至目标储氢瓶，然后启动压缩机进行二次增压，使储氢瓶达到所需的加注压力。

6.3.1.2　低温液态储氢

低温液态储氢是利用创建高压、低温条件的手段将氢气液化后储存起来。技术实现途径一般为：氢气先经过压缩增压，再深冷至零下 253℃ 以下，使之变成液态氢，然后存储在特制的绝热真空容器（杜瓦瓶）中。液氢的体积密度是标准条件下气态氢气的 845 倍，其输送效率也高于气态氢气，从而实现高效储氢。低温液态储氢在储能质量密度和体积密度方面具有绝对优势，液氢的体积密度为 $70.78kg/m^3$，而 80MPa 气态储氢的体积密度仅为 $33kg/m^3$。但是，氢气液化过程中的能耗较大，液化 1kg 氢气需要消耗 15.2kW·h 的电能，相当于消耗了储存氢气能量的 30%。同时，液氢的沸点极低（−252.78℃），与环境温差极大，在储运过程需要采用高绝热性能的真空容器。由于以上两点原因，造成低温液态储氢的成本过高。对于解决氢能大规模、远距离的储运问题，低温液态储氢确有较大优势，是未来大规模氢能利用背景下，氢能重型卡车长距离运输的解决方案之一，能够使下游用户便宜便捷地使用氢能源。戴勒姆集团在该领域的研究最为领先，预计在 2024—2025 年通过液氢道路测试，2030 年后将实现产业化，最大优势就是能够同时实现储氢的质量密度和体积密度的双高目标，此外还兼具热值高、占用空间小等优点。为实现低温液态储氢的商业化应用，其在储运过程中的一系列的难题也亟待解决：①为了提高保温效率，对液储氢容罐材料提出了苛刻的绝热要求，或者增加主动保温设备，对于处理绝热技术与储氢密度之间矛盾的难题；②液氢容易挥发，不便长期保存且在储存过程中存在较高的安全隐患，对于减少和处理由液氢气化产生的约 1% 的氢气的难题；③液化氢气的多级压缩冷却过程的能耗巨大，对于降低氢气液化过程所耗费的约占液氢储量 30% 的能量的难题。

由于低温液态储氢的安全技术复杂且实现成本较高，目前还没有规模化推广，但其作为燃料已在航天领域广泛应用。低温液氢生产流程图如图 6 - 41 所示。

低温液态储氢的关键技术在于液氢储罐。储氢系统如图 6 - 42 所示。液氢的沸点低、气化潜热小、易蒸发，因此液氢储罐需要具有良好绝热性能。

液氢储罐根据使用场景不同可分为固定式、移动式和罐式集装箱等多种类型。

（1）固定式。固定式液氢储罐一般用于体积大于 $330m^3$ 的液氢存储，可采用球形储罐和圆柱形储罐等多种形状。研究表明，液氢储罐的蒸发损失量与储罐的容积比表面积（S/V）呈正相关关系。球形储罐因其具有最小的容积比表面积而蒸发损失速率最低。此外，球形结构的高强度和应力分布均匀也使它成为理想的固定式液氢储罐。

（2）移动式。移动式液氢储罐适用的运输方式包括公路、铁路及船运等，其尺寸要受到运输工具的尺寸限制。移动式液氢储罐常采用卧式圆柱形结构，船运的液氢储罐体积最大，具有最低的蒸发率。移动式液氢储罐与固定式液氢储罐在结构和功能上没有明显差异，但为了应对运输途中的意外碰撞，移动式液氢储罐需要具备一定抗冲击强度。

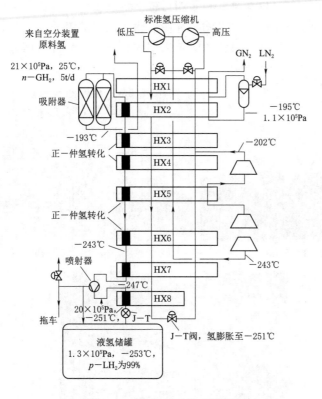

图 6-41 低温液氢生产流程

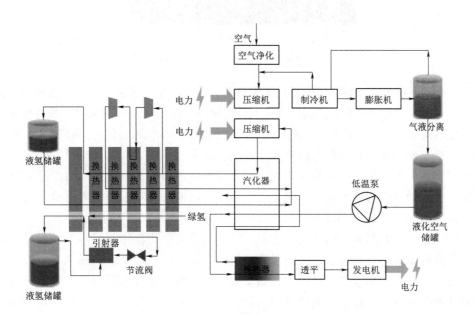

图 6-42 储氢系统图

（3）罐式集装箱。储氢罐式集装箱可将液氢直接从工厂供应给用户，避免了液氢转注过程中的蒸发损失，其结构与存储液化天然气的罐式集装箱相似。这种储氢罐式集装箱的运输方式比较灵活，既可采用陆运方式，也可采用海运方式。三种液氢储罐实物图如图 6 - 43 所示。

（a）大型液氢球形储罐

（b）移动式液氢储罐

（c）液氢储罐式集装箱

图 6 - 43　三种液氢储罐实物图

　　按照绝热方式不同，可将低温液氢储罐分为普通堆积绝热和真空绝热两类。低温液氢存储的研究热点是如何提升液氢储罐的绝热性能，主要的实现方式是将传统的被动绝热向主动绝热方式发展，或采用更低导热率、更优低温性能的材料制造储罐。

　　液氢储存装置在储存过程中存在一定蒸发损失，其蒸发率与储氢罐容积有关，储罐容积越大，蒸发率越小。因此，开发大容积、低蒸发率液氢储罐的是液态低温储氢技术的重要发展方向。目前，位于美国肯尼迪航天中心的世界上最大的低温液氢储罐的容积高达 $1.12\times10^4\text{L}$。

　　在我国，低温液态储氢尚处于起步阶段，目前主要应用于航天航空领域。氢气的能量密度高，这对飞机来讲是极为有利的，与常用的航空煤油相比，用液氢作航空燃料，能够大幅改善飞机各类性能参数。液氢燃料在航天领域是一种极好的高能推进剂燃料，因此在航天领域得到重要应用。此外，液氢还可应用在高端制造、冶金、电子等产业领域，但由于液氢产能低、成本过高，目前在其他领域基本处于空白阶段。

欧美和日本都颁布了有关液氢的标准和法规，内容涉及液氢的储存、使用以及加氢站，与液氢关联的产业链也比较完善。因此，这些国家的加氢站将近有三分之一是液氢加氢站。作为液氢生产大国的美国一直对我国采取"严格禁运，严禁交流"的策略，同时还限制例如法国液化空气集团、德国林德公司等其他同盟国的公司向中国出售相关设备和技术。前些年，国内由于缺少液氢相关的技术标准和政策规范，限制了我国液氢产业发展。2021 年，国家标准化管理委员会正式发布了三项有关液氢的国家标准（表 6-12），这意味着我国液氢产业的发展终于步入有法可依的阶段，涉足民用液氢领域的企业也正逐步增多。目前，我国液氢产业发展面临的两个主要问题是制造储运成本过高以及核心设备和系统严重依赖进口，这也导致我国民用液氢工厂较少，其中的大多数也仅发展到示范应用阶段。大型液氢制备和储运装置的国产化还需要突破氢透平膨胀机的研制、正仲氢转化催化剂的开发以及低温储氢材料的选用等技术难题。随着未来技术的突破，大型液氢制储设备的国产化将快速促进液氢使用成本的下降，低温液态储氢将与高压气态储氢在未来实现互补共存发展。

表 6-12   我国有关液氢的三项国家标准

国家标准	实施时间	主要内容	使用范围
《氢能汽车用燃料 液氢》（GB/T 40045—2021）	2021-11-01	规定了氢能汽车用燃料液氢的技术指标、试验方法以及包装、标志、储存及运输的要求	适用于储罐储存、管道或罐车输送的质子交换膜燃料电池汽车用燃料液氢
《液氢生产系统技术规范》（GB/T 40061—2021）	2021-11-01	规定了液氢生产系统的基本技术要求、氢液化装置、液氢储存、氢气排放、自动控制与检测分析、电气设施、防雷防静电及保护接地、辅助设施、安全防护的要求	适用于新建、改建、扩建的液氢生产系统设计
《液氢贮存和运输技术要求》（GB/T 40060—2021）	2021-11-01	规定了液氢储存和运输过程中液氢储罐的设置、罐车和罐式集装箱的运输、吹扫与置换、安全与防护、事故处理的要求	适用于液氢储罐、液氢运输车和罐式集装箱的储存和运输的技术要求

6.3.2 化学储氢

化学储氢是在一定条件下通过储氢介质与氢气反应生成稳定化合物实现储氢，再通过改变条件实现放氢的技术，主要技术路线包括：有机液体储氢（LOHC）、液氨储氢、甲醇储氢、配位氢化物储氢以及无机物储氢。

1. 有机液体储氢

有机液体储氢属于化学储氢的一种，能够实现常温常压下氢气的储运，是目前最具发展潜力的氢气低价储运技术之一。有机液体储氢是将氢气在催化剂的作用下与甲苯（TOL）等不饱和液体有机物发生加氢反应，形成分子带有氢的甲基环乙烷（MCH）等饱和环状化合物，从而实现在常温常压下以液态形式进行氢气储存和运输，并在使用地点在催化剂作用下通过脱氢反应释放出所需氢气。

有机液体储氢可实现氢气在常温常压下以液态形式进行储运，可借用储罐、槽车、管道等成熟的油品储运设施，整个储运过程安全、高效，如图 6-44 所示。相比低温液氢和高压气氢的储运方式，监管部门和社会公众对有机液体储氢的安全忧虑要小很多。该储氢方式具有较高储氢密度，基本满足美国能源部对储氢系统提出的要求。此外，加氢反应释放的热量可以回收应用在脱氢反应过程中，基本可以避免热量损失，提高整个循环系统的热效率。同时，储氢用的有机液体也可循环利用，成本也相对较低。有机液体储氢在储存安全性、储运设备成熟度以及储存和维护成本等方面都具有很大优势，适合大规模、长时间的氢气储存以及长距离的氢气输送。国内已有燃料电池客车车载有机液体储氢的示范应用案例。

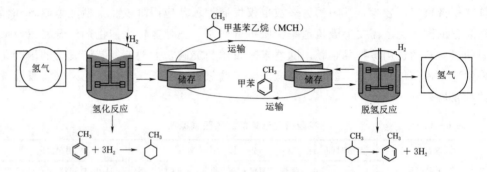

图 6-44　有机液体储运氢气过程示意图

但有机液体储氢也面临着许多问题，包括在氢气储存及应用场景下需额外配备相应的加氢、脱氢装置，投入及操作成本较高；脱氢反应过程易发生副反应导致氢气纯度降低；脱氢反应的高温环境会导致催化剂活性不稳定、易发生结焦失活现象。总体看来，有机液体储氢尚处于从实验室研发向工业化生产过渡的阶段，还没有实现大规模商业化应用。但随着上述问题被逐步解决，有机液体储氢将最有希望成为氢能大规模储运首选技术之一。

有机液体储氢取得突破的关键在于寻找最合适的液体有机物储氢介质。选择液体有机物储氢介质需要考虑的因素包括：储氢质量密度和体积密度高；合适的熔点和沸点以确保储氢介质常温下为稳定的液态且不易挥发；脱氢反应容易进行且环链稳定度高以保证氢气纯度；储氢介质本身的成本适中且可循环使用；储氢介质无毒或低毒，环境相对友好。由此看来，适合储存氢气的不饱和液体有机物包括烯烃、炔烃和芳香烃，它们都可以利用加氢和脱氢的循环反应实现氢气的储运。其中，储氢性能最好的是单环芳香烃，苯和甲苯的理论储氢量都较大，储氢过程可逆，作为储氢介质材料有较好的发展前景。几种典型的有机物储氢介质的性能见表 6-13。

由表 6-13 可以看出，适合作为储氢介质的液态有机物的种类非常多，每种液态有机物都有各自的特点。目前，各国主要研究的液态有机物储氢介质体系不同，我国选择乙基咔唑和二甲基吲哚作为主要研究方向，并已经应用到一些示范项目上，武汉氢阳能源控股有限公司已完成了千吨级 N-乙基咔唑储氢装置的示范应用。德国 Hydrogenious 公司将二苄基甲苯作为主要研究方向，并且已经进入相应的应

表 6-13　　　　　　　　几种典型的有机物储氢介质的性能

储氢介质	化学式	常温状态	熔点/℃	沸点/℃	储氢质量密度/%	脱氢温度/℃	脱氢产物	产物化学式	产物常温状态
环己烷	C_6H_{12}	液态	6.5	80.74	7.2	300~320	苯	C_6H_6	液态
甲基环己烷	C_7H_{14}	液态	-126.6	100.9	6.2	300~350	甲苯	C_7H_8	液态
十二氢咔唑	$C_{12}H_{21}N$	固态	76	—	6.7	150~170	咔唑	$C_{12}H_9N$	固态
十二氢乙基咔唑	$C_{14}H_{25}N$	液态	-84.5	—	5.8	170~200	乙基咔唑	$C_{14}H_{13}N$	固态
十八氢二苄基甲苯	$C_{21}H_{38}$	液态	-34	395	6.2	260~310	二苄基甲苯	$C_{21}H_{20}$	液态
八氢二甲基吲哚	$C_{10}H_{19}N$	液态	<-15	>260.5	5.76	170~200	二甲基吲哚	$C_{10}H_{11}N$	固态
反式一十氢萘	$C_{10}H_{18}$	液态	-30.4	185.5	7.3	320~340	萘	$C_{10}H_8$	固态

用示范阶段。日本在发展有机液体储氢方面处于世界领先地位，日本千代田化建公司主要研究甲基环己烷，并在 2020 年以此为储氢介质实现全球首次远洋氢气运输。上述三类研究对象是有机液体储氢走向商业化最主要的三大体系。液体有机物储氢介质三大体系优缺点对比见表 6-14。

表 6-14　　　　　液体有机物储氢介质三大体系优缺点对比

体系	优点	缺点
甲基环己烷体系	常温下为液体，使用方便，价格低廉	加氢和脱氢需要较高温度
二苄基甲苯体系	常温下为液体，加氢和脱氢温度较低	价格高于甲基环己烷
N-乙基咔唑体系	加氢和脱氢温度较低且速率高	常温下为固体（熔点 67℃，加氢产物为液体），价格三者中最高，储氢能力最弱

2. 液氨储氢

液氨储氢通过催化剂的作用，氢气与氮气发生反应合成液氨，液氨在常压 400℃条件下分解再次生产氢气，以液氨作为载体实现氢气的储运。合成液氨反应的常用催化剂分为钌系、铁系、钴系与镍系，其中钌系的催化活性最高，合成液氨的速度最快。液氨储氢的利用途径如图 6-45 所示。

液氨存储条件要求远远低于液氢，相比于-253℃极低的氢气液化温度，氨气在常压下的液化温度仅为-33℃，"氢气—液氨—氢气"的转化方式更容易实现，且耗能与运

图 6-45　液氨储氢的利用途径

输难度都更低。同时，液氨储氢的体积储氢密度是低温液态储氢的 1.7 倍，更远高于高压气态储氢的体积储氢密度。此外，液氨的燃烧产物仅为氮气和水，不产生对环境有害的气体。目前，液氨已经可以直接作为燃料应用于燃料电池发电，通过对比发现液氨发电系统的效率为 69%，与液氢发电系统的效率接近。液氨的存储条件和丙烷类似，可直接借用丙烷的存储技术和基础设施，设备投入成本相对较低。综上所述，液氨储氢是最具发展前景的储氢技术之一，非常适合氢气的长距离储运。

此外，液氨也将是未来助力航运业脱碳的主力燃料之一，预计到 2030—2050 年，液氨作为航运燃料的比例将从 7% 提升至 20%，有望取代液化天然气成为航运业的主要燃料。

但是，液氨储氢也存在一些弊端。液氨具有较强的毒性和腐蚀性，储运过程中可能存在对人体、设备以及环境造成一定危害的风险。虽然我国合成氨工艺已经较为成熟，但在氢氨转换的过程中依然存在着物质和能量的损耗。实现氨合成与分解的设备以及其他产业配套设备尚不完善，仍有待进一步开发集成。燃料电池对氨气异常敏感，体积分数仅为 1×10^{-6} 的氨气混入氢气中也会导致燃料电池性能的严重下降。

液氨作为广泛应用的工业原料，其配套的储运基础设施目前已经比较完善。在国外，液氨储氢具备良好的产业基础和配套设施，海外的液氨储氢项目主要集中在欧盟、澳大利亚、智利以及中东等地。澳大利亚和智利有着丰富的绿电资源，可以用绿电生产绿氨，再将绿氨液化并通过大型液氨船转运到欧洲、日韩等地。氨可以采用管道、船舶等多种方式运输，通过液氨船运输氢气的成本为 0.1~0.2 美元/kg，低于通过管道或轮船运输氢气的成本。目前，海外的很多液氨储氢项目已经开始布局，2022 年，德国与阿联酋合作开发液氨-氢气技术，日本也在重点研发液氨技术以期为氢能寻找更好的载体。

氢能是我国未来能源体系中的重要组成部分，到 2030 年，我国绿氢的年产量将增长至 770 万 t，作为氢能载体的液氨也将达到每年 100 万 t 的产量。2021 年，紫金矿业集团股份有限公司、北京三聚环保新材料股份有限公司与福州大学签订了绿色能源重大产业项目战略合作协议，三方将组建"氨-氢"能源产业国家级创新团队，合资成立高新企业，合力打造集氢能、绿氨及可再生能源于一体的万亿级产业链。

3. 甲醇储氢

甲醇储氢通过在一定条件下将氢气与一氧化碳反应生成液体甲醇，在催化剂的作用下甲醇再次分解产生氢气，如此甲醇即可作为氢气的载体进行储运。2017 年，北京大学团队制备了一种铂-碳化钼双效催化剂，可促进甲醇与水进行反应，该催化剂不仅能释放甲醇中的氢，还可以分离水中的氢，从而得到更多的氢气。

甲醇的储氢能量密度高，在常温常压下即可储存且不散发刺激性气味，是理想的氢气储运载体。利用可再生能源发电制取绿氢，再通过催化剂促进绿氢和二氧化碳结合生成适合储运的绿色甲醇，不仅实现氢气的高效储运，而且综合利用了环境中的二氧化碳，该技术方案是实现我国"碳中和"愿景的重要路径。除此之外，甲醇储氢拥有成本投入少、运输风险低、适合大规模生产应用等优势，是目前颇具前景的储氢技术。2021 年，中集安瑞科控股有限公司与中国科学院大连化学物理研究所合作在河北张家口建造的小型撬装加氢示范站，就是在加氢站内通过甲醇制取氢气，再加注给服务冬奥会的燃料电池车辆使用。

4. 配位氢化物储氢

配位氢化物储氢通过氢气与碱金属发生反应生成离子型配位氢化物，并在一定条件下分解释放出氢气，配位氢化物充当氢气的载体来实现储运。配位氢化物具有较高的储氢质量密度，是当前化学储氢技术研究热点之一。研究比较集中的氢化物储氢材料主要有配位铝氢化物、金属硼氢化物、金属氮氢化物和氨硼烷化合物，见表 6-15。

表 6-15　　　　　　　　　常见配位氢化物的理论储氢质量密度　　　　　　　　%

配位氢化物	理论储氢质量密度	配位氢化物	理论储氢质量密度
$NaAlH_4$	7.4	NH_3BH_3	19.6
$LiAlH_4$	10.6	$Al(BH_4)_3$	16.9
$Mg(AlH_4)_2$	9.3	$Mg(BH_4)_2$	14.9
$Be(BH_4)_2$	20.8	$Ti(BH_4)_3$	13.1
$LiBH_4$	18.5	$Ca(BH_4)_2$	11.6
$LiNH_2 - LiH$	11.4	$ZrBe(BH_4)_4$	10.8
$Mg(NH_2)_2 - LiH$	9.1		

配位铝氢化物的结构表达通式为 $M(AlH_4)_n$，M 可以是碱金属或碱土金属。配位铝氢化物是一种重要的储氢材料，这类储氢材料中研究较多的是 $NaAlH_4$。$NaAlH_4$ 的理论储氢质量密度可达到 7.4%，但这种材料的吸氢、放氢温度均较高，反应能耗较大。但添加少量的 Ti^{4+} 或 Fe^{3+} 元素以后，$NaAlH_4$ 的放氢温度可降低约 100℃。属于此类的储氢材料还有 $LiAlH_4$、$KAlH_4$、$Mg(AlH_4)_2$ 等，最高的储氢质量密度可达 10.6% 左右。

金属硼氢化物的结构表达通式为 $M(BH_4)_n$，这类储氢材料的理论储氢质量密度均超过 10%。最早发现的可作为储氢介质的配位氢化物是由日本学者研发的 $NaBH_4$ 和 KBH_4，但这两种材料的放氢温度均较高。目前，最具研究前景的金属硼氢化物储氢材料为 $LiBH_4$ 和 $Mg(BH_4)_2$。$LiBH_4$ 是一种极具潜力的可逆储氢材料，其理论储氢质量密度高达 18.5%，然而，稳定的热力学和动力学性质限制了其在一般条件下吸氢和放氢的能力，吸氢、放氢反应温度偏高。目前有研究表明，将 $LiBH_4$ 与 MgH_2 进行 2:1 混合研磨，形成氢化物复合材料 $2LiBH_4 - MgH_2$，其在 300℃ 条件下仅需不到 20min 即可实现吸氢 6.5%，在 350℃ 左右开始释放氢气，在 500℃ 以下完全放氢。若将其他过渡金属氟化物和氯化物等掺杂到 $2LiBH_4 - MgH_2$ 中，可使放氢温度进一步降低，这为该材料成为良好的储氢介质打下了坚实的实验基础。$Mg(BH_4)_2$ 的理论储氢质量密度为 14.9%，且热稳定性较好，在室温条件下即可实现放氢过程。

金属氮氢化物的结构表达通式为 $M(NH_2)_n$，M 也是以碱金属或碱土金属为主，是一种十几年前就被发现的储氢材料。$LiNH_2 - LiH$ 和 $Mg(NH_2)_2 - LiH$ 是金属氮氢化物中最具代表性的储氢材料。$LiNH_2 - LiH$ 的理论储氢质量密度为 11.4%，吸氢、放氢温度一般在 150℃ 以上；$Mg(NH_2)_2 - LiH$ 的理论储氢质量密度为 9.1%，但吸氢、放氢温度均低于 $LiNH_2 - LiH$，此外，可通过改变 $Mg(NH_2)_2$ 与 LiH 的配比来改善该材料的储氢性能。

氨硼烷化合物的结构表达式为 NH_3BH_3，是一类结构独特的分子配合物，分子中的氮原子与硼原子以配位键的形式相结合。氨硼烷的理论储氢质量密度高达 19.6%，其热稳定性较好，是一种很有前景的新型储氢材料。一般条件下，氨硼烷的放氢反应缓慢，为提高氨硼烷的放氢速率，研究人员研发了包括 $LiNH_2BH_3$ 在内的一系列的氨硼烷衍生物。但是，氨硼烷及其衍生物在放氢反应过程中依然存在可控性较差、放氢温度偏高、易产生挥发性有毒气体等缺点，通过改变放氢环境条件、使用催化剂、添加促进剂等方法可以改善氨硼烷的放氢性能。

配位氢化物在储氢领域的广泛推广主要受到氢化物自身化学特性的限制。这类储氢材料在吸氢后形成的产物化学性质过于稳定，造成放氢反应困难、吸放氢循环可逆性较差。目前，配位氢化物储氢因其极高的储氢质量密度而被看作一种极具应用前景的储氢技术。科研人员一直在努力寻找改善这类材料低温放氢性能的方法。此外，关于这类储氢材料的回收和循环再利用技术也需要进一步研究。

5. 无机物储氢

无机物储氢是通过在催化剂的作用下使氢气与甲酸盐进行反应生产碳酸氢盐来实现储氢，并在一定条件下让碳酸氢盐分解得到氢气。反应采用贵金属钯或氧化钯作为催化剂，用具有吸湿性的活性炭作为催化剂载体。当采用 $KHCO_3$ 或 $NaHCO_3$ 作为储氢介质材料时，储氢质量密度也仅有 2%。无机物储氢的安全性很高，适合于大规模的氢气储运，但其储氢量和反应可逆性都不十分理想。由于作为催化剂使用的贵金属钯的价格与铂金的价格相当，且在地壳中存量极少，因此无机物储氢技术的使用成本也普遍较高。

6.3.3 金属合金储氢

金属合金储氢首先将吸氢元素或与氢有很强亲和力的金属元素 A 与对氢不吸附或吸附量较小的金属元素 B 制成合金晶体，在一定条件下，利用金属 A 的吸氢作用将氢分子吸附进合金晶体形成金属氢化物，再通过加热的方式减弱氢化物中金属 A 的吸氢作用释放氢分子，如此，金属氢化物就成为储存介质来实现氢气的储运。由于在实际储氢应用中要求金属合金储氢介质在数千个吸放氢循环中保持活性和储氢容量，因此虽然金属合金的种类繁多，但只有少数类型可以充当储氢载体。常用的储氢金属合金可分为 A_2B 型、AB 型、AB_2 型、AB_5 型与 $AB_{3\sim3.5}$ 型等。吸氢金属元素 A 决定着储氢量的多少，是储氢合金中的关键元素，一般采用镁（Mg）、锆（Zr）、钛（Ti）或 $I_A\sim V_B$ 族稀土元素；不吸氢金属元素 B 一般采用铁（Fe）、钴（Co）、镍（Ni）、铬（Cr）、铜（Cu）、铝（Al）等元素。各类储氢金属合金的特点及性能参数见表 6-16。

金属合金储氢不但具有储氢体积密度高、操作容易、清洁无污染、可逆循环好等优点，还因为氢以原子形式储存于合金中，其安全性高、运输方便且成本低廉。但这种储氢方式的储氢质量密度较低，一般仅为 1%~8%。如果储氢质量密度能够有效提高的话，这种储氢方式在未来具有巨大潜力，非常适合在燃料电池汽车上使用。但是，金属合金及其氢化物的性质通常过于稳定，吸氢和放氢反应都只能在较高的温度条件下进行，而且这类材质较难实现热交换，在反复吸放氢循环过程中也存在粉化风险。按照金属元素 A 的不同可以将金属合金储氢材料分为镁系、钒系、稀土系、钛系、锆系、钙系等多种类别。

表 6－16　　　　　　　　各类储氢金属合金特点及性能参数

类型	代表合金	晶体结构	氢化物	优　点	缺　点	氢与金属原子比	质量储氢密度/%
A_2B	Mg_2Ni	Mg_2Ni	Mg_2NiH_4	储氢量高	条件苛刻	1.3	3.62
AB	TiFe	CsCl	$TiFeH_2$	价格低	寿命短	1.0	1.91
AB_2	$ZrMn_2$	C14	$ZrMn_2H_3$	无须退火除杂、适应性强	初期活化难、易腐蚀、成本高	1.0	1.48
	ZrV_2	C15	$ZrV_2H_{4.5}$			1.5	2.3
AB_5	$LaNi_5$	$CaCu_5$	$LaNi_5H_6$	压力低、反应快	价格高、储氢密度低	1.0	1.38
	$CaNi_5$	$CaCu_5$	$CaNi_5H_6$			1.0	1.78
$AB_{3\sim3.5}$	$LaNi_3$	—	$LaNi_3H_{4.5}$	易活化、储氢量大	稳定性差、寿命短	1.1	1.47

1. 镁系合金储氢

镁系合金储氢是最近比较热的一个概念，目前镁是我国比较富集的金属，其在低于 100℃ 条件下的吸氢容量大于 5%，能够达到国际能源协会（IEA）对于未来新型储氢材料的标准，被业界认为有相当广阔的应用前景。但是镁单质的吸氢、放氢的反应动力学性能不强，反应所需温度过高，因此提高镁的吸放氢反应速率、降低反应温度是亟待研究解决的问题。镁系合金储氢材料主要研究路线分为两条：一是在镁单质中加入其他物质，改变镁表面催化性能，制成镁系复合材料；二是制备镁系合金，其中 Mg－Ni 系列合金是最具有研究代表性的。在 Mg－Ni 合金中再添加另一种元素，可以在一定程度上改善材料的储氢性能，但同时也会降低其储氢容量。除此之外，其他的镁系合金，如 Mg－Pd 合金、Mg－Co 合金、Mg－Fe 合金以及 Mg－V－Al－Cr－Ni 多元高熵合金都表现出良好的储氢能力。

镁系合金储氢材料在使用过程中存在三个缺点：①吸氢和放氢反应的速度较慢，反应的连续性较差；②吸氢后产生的镁基氢化物性质过于稳定，放氢反应需要较大的能量，反应温度也需要达到 250℃ 以上；③镁系合金在吸氢过程中材料表面会因为副反应而形成一层致密的氧化膜，这层膜会阻碍部分氢气的吸收和释放。

目前，镁系合金储氢材料尚处在实验室研究阶段，还没有大规模转化为商业化成果，仅有一些小型的分布式电源固态储氢以及固态氢能源小车应用。2019 年，氢储科技（广州）有限公司开始进行 500kg/天 的镁基固态储氢装置的研发任务，内容涵盖储氢材料开发、机械结构设计、热系统管理、远程控制以及容器选择等。2020年第四季度，我国首座镁基固态储氢示范站在山东济宁落成，供两条公交线使用，其加氢能力为 550kg/天。

2. 钒系合金储氢

金属钒的价格昂贵，目前还无法对其进行产业化应用。V－Ti－Fe 合金、V－Ti－Ni 合金、V－Ti－Mn 合金和 V－Ti－Cr 合金是研究较多的几种钒系合金储氢材料。钒系合金储氢材料的优点是储氢密度大、吸氢和放氢反应速率快、平衡压适中；其缺点是储氢材料表面易生成氧化膜，提高了反应难度，阻碍了反应的进行。

3. 稀土系合金储氢

稀土系合金储氢材料主要属于 AB_5 型合金。$LaNi_5$ 合金是该类储氢材料的代表，其优点是吸氢和放氢反应的条件要求适中、反应速率快、对杂质具有耐受性、平衡压差小；其缺点是储氢量较低、吸氢后金属晶胞体积膨胀、合金易粉化。科研人员为了提高这种合金材料的储氢性能，研发出一种具有堆垛结构的超晶格、可实现更高储氢量的 $La-Mg-Ni$ 合金。但因这种材料中含有金属镁，其组成结构难以把控，在制备时还存在安全风险。为了解决上述问题，科研人员不仅开发了具有高储氢量 $La-Y-Ni$ 合金材料，还使用其他稀土元素取代 La 来提升稀土系合金的储氢性能。比如，$MmNi_5$ 合金（Mm 为混合稀土金属）不仅保留了 $LaNi_5$ 合金的所有优点，其储氢量更高、生产成本更低，该储氢材料的应用前景更好。

4. 钛系合金储氢

常见的钛系合金储氢材料有 $Ti-Fe$ 合金、$Ti-Cr$ 合金、$Ti-Zr$ 合金、$Ti-Mn$ 合金等。其中，针对 $Ti-Fe$ 合金的研究较多，最具代表性，其理论储氢质量密度为 1.86%。$Ti-Fe$ 合金的优点有资源储量丰富、制备简单、价格低廉、吸放氢条件温和，但这种合金材料的抗毒化性能较差。在 $Ti-Fe$ 合金中添加少量 Ni，可显著改善其储氢性能。此外，采用 Ni、Cr、Mn、Co 等金属替代 Fe 也可以有效改善合金的储氢性能。与 $Ti-Fe$ 合金相比，$Ti-Cr$ 合金吸放氢所需温度更低，$Ti-Mn$ 合金的储氢量更高，$Ti-Co$ 合金的反应活性和抗毒性能均明显提高。目前，成熟的钛系合金储氢材料已在车载燃料电池系统、储能系统和热电联供系统等多个领域进行尝试，德国哈德威（HDW）造船厂已经在 AIP 潜艇的燃料电池系统中搭载 $Ti-Fe$ 系固态合金储氢系统。

5. 锆系合金储氢

锆系合金中具备储氢能力的只有 C15 立方 Laves 相和 C14 六方 Laves 相两种材料，其理论储氢质量密度为 1.8%～2.4%。常见的锆系合金储氢材料包括 $Zr-V$ 合金，其反应速率快，但制备困难；$Zr-Ni$ 合金，其储氢量高、结构稳定，但反应可逆性差；$Zr-Cr$ 合金，其氢化物性质稳定、材料循环寿命高，但反应困难；$Zr-Mn$ 合金，其储氢量高、放氢能力强，但消耗成本较高；$Zr-Co$ 合金，相对来说其综合性能最优异。

6. 钙系合金储氢

单质钙本身就是良好的储氢材料，其理论储氢质量密度为 4.8%。$CaNi_5$ 合金是在 $LaNi_5$ 合金的框架基础上开发出来的，其储氢质量密度可达 1.9%，明显高于 $LaNi_5$ 合金。目前，在 $Ca-Ni-M$ 系列合金材料中，$Ca-Mg-Ni$ 系合金材料具备优异的吸氢和放氢反应动力学性能，是比较突出的储氢材料。

金属合金储氢的储氢压力低、储运安全性高、释放氢气纯度高，虽然其体积储氢密度高于液氢，但是储氢质量密度普遍低于 3.8%。尽管如此，金属合金储氢技术蕴含巨大的潜力，未来将会在商业化领域大放异彩。在国外，金属合金储氢已经在潜艇上的燃料电池系统中实现商业应用，在风电制氢、规模储氢以及分布式发电等领域中完成示范应用；在国内，金属合金储氢也已经在分布式发电中完成示范应用，采用该储氢技术实现能源供应的卡车、公交车、冷藏车和备用电源等也陆续出现。由于在储氢成本、储氢能力以及技术成熟度等方面的劣势，金属合金储氢在短期内难以实现规模化应用，长期来看，等技术成熟、成本降低之后，金属合金储氢有望成为储氢的主流技术之一。金属合金储氢装置的应用领域如图 6-46 所示。

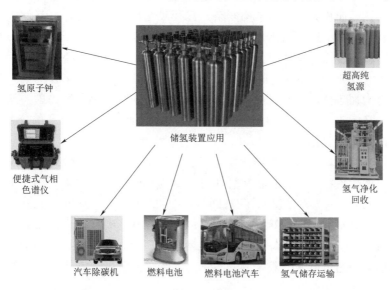

图 6-46　金属合金储氢装置的应用领域

6.3.4　物理吸附储氢

物理吸附储氢是利用氢分子与储氢材料间较弱的范德华力将氢分子物理吸附在多孔材料内从而实现储氢的一种技术。多孔材料物理吸附储氢具有吸氢和放氢反应速率快、物理吸附活化能垒较小的优势。此外，物理吸附储氢的氢气吸附量仅受到储氢材料的物理结构的影响，而这类储氢材料的物理结构普遍具有高比表面积的特点，在低温时，储氢性能好；在常温和高温时，储氢性能差。在不同温度条件下，储氢性能差异过大的特点限制了此类储氢方式的广泛应用。物理吸附储氢材料主要分为碳质材料、无机多孔材料、金属有机框架物（MOFs）材料和共价有机化合物（COFs）材料四类。

1. 碳质材料储氢

碳质材料储氢是采用碳质材料作为储氢介质，依据吸附理论将氢分子吸附在储氢载体内部来实现氢气储存的一种储氢技术。碳质材料自身与氢分子间的相互作用力较弱，主要依靠适宜的微观形状和多孔结构来进行储氢。多孔碳质材料的比表面积、孔道尺寸和孔容积均较高，其吸附能力较强。此外，碳质材料的化学稳定性和热稳定性较强，可进行重复存储氢气，储氢后释放氢气容易，更重要的是碳质材料密度低，可满足高储氢质量密度的要求，是一种非常具有推广应用前景的物理吸附储氢方式，近些年备受国内外的关注。美国能源部专门设立了财政基金资助碳质材料储氢的研究，我国也将纳米碳质材料的高效储氢列为重点研究项目。碳质材料中，活性炭、石墨纳米纤维、碳纳米纤维、碳纳米管等结构材料在特定条件下表现出较强的氢吸附能力，因此，科研人员着力开发利用这些材料进行储氢的技术。

活性炭是一种石墨微晶堆积的无定形碳材料，又被称为碳分子筛。这种碳材料的结构具有比表面积大、孔道结构复杂、孔径尺寸可调节等特征，其储氢机理主要是依靠材料的多孔结构、高比表面积和表面官能团来实现氢分子的吸附。有关研究结果表明，在常压低温条件下，材料的比表面积和微孔容积主要决定着活性炭的储氢量，孔径在 0.6～0.7nm 时其储氢效果最佳，质量储氢密度可达 6%～7%。压力的升高也会增加活性炭的储氢量，当压力达到 6MPa 时，活性炭的主要储氢机理将会改变，孔径大于 1.5nm 的孔容积对储氢效果的贡献度很小，而孔的分布特征将对储氢量的改变起主要作用。

石墨纳米纤维材料是某些碳化物在高温下催化分解而产生的。由于反应条件的差异，可以产生平板状，鱼骨状和管状三类结构互异的石墨纳米纤维。据报道，美国科学家 Chambers 等在常温和压强 11.35MPa 的条件下，测出了这三类石墨纳米纤维的储氢质量密度分别是 53%、11%、67%。但是到目前为止没人可以重复这个结果。目前在对石墨纳米纤维进行了多种预处理后，在室温、压强为 7MPa 的条件下取得的较大储氢质量分数也只有 3.8%。因而很多科学家认为石墨纳米纤维在高性能储氢方面希望渺茫。

与同质量的活性炭相比，碳纳米纤维的比表面积更高、微孔数目更多，因此储氢量更大、氢吸附和脱附速率更快，而且纤维直径越小，材料与氢分子的接触面积越大，吸附概率也越高。值得关注的是碳纳米纤维的孔尺寸较为均匀，孔径分布范围很窄，这就决定了该材料在不同压力温度条件下的储氢性能差异很大。

碳纳米管是一种由石墨片卷曲而成的径向与轴向尺寸差距极大的一维材料，其径向尺寸处于纳米量级，而轴向尺寸处于微米量级，单层结构由碳原子呈六边形排列组成。碳纳米管根据采用的石墨片层数不同，可以分为单壁结构和多壁结构两种结构形式。单壁碳纳米管表面携带的官能团较少，具有较高的化学稳定性；多壁碳纳米管表面携带大量的官能基团，呈现较为活泼的化学性质。碳纳米管的表面结合了多种官能团且具有中空孔道结构，因此这种碳材料具有优异的储氢性能，其储氢量与材料结构的比表面积成正比。上述各类典型碳质材料在不同条件下的储氢性能见表 6-17。

表 6-17 典型碳质材料在不同条件下的储氢性能

碳质材料	缩写	温度/K	压力/MPa	储氢质量密度/%
活性炭	AC	77	2～4	5.3～7.4
		93	6	9.8
石墨纳米纤维	GNF	25	12	6.7
		室温	7	3.8

碳质材料	缩写	温度/K	压力/MPa	储氢质量密度/%
碳纳米纤维	CNF	室温	10～12	10
		室温	11	12
碳纳米管	CNT	80	12	8.25
		298	10～12	4.2
		室温	0.05	6.5

由表6-17可知，上述碳质材料，尤其是碳纳米纤维，由于具有极高的比表面积以及孔隙率，具有大量的物理吸附物来储存氢气，极大地提高了氢吸附能力。碳纳米材料凭借其储氢能力强、质量轻、放氢容易、抗毒性强、安全性高等优势，表现出了极大的优越性和成为储氢介质的巨大潜力。但就目前的技术手段，难以采用有效的系统方法来设计并控制这类材料的诸如比表面积、孔体积、孔隙率以及微孔形状等结构特征，而且难以实现批量制备，导致制造成本较高，仍处于实验室研究阶段。2012年，西安一九零八新能源科技有限公司研制出一种轻金属氢化物/石墨烯新型复合储氢材料，该储氢材料化学性能稳定、安全性高、放氢可控，具有较高的便携性和系统储氢质量密度。

今后对碳质材料储氢的研究可着重于以下三方面的工作：加强碳质储氢材料吸放氢机理以及催化机理的研究；改进碳质材料的制备工艺、后处理方法以及测试手段；寻找储氢量大、成本低的碳质材料，发展大规模工业化生产技术，降低碳质储氢材料的生产成本。

2. 无机多孔材料储氢

无机多孔材料储氢主要是利用天然无机物材料或者矿石的微孔或介孔孔道结构进行吸附储氢，包括有序多孔结构材料和具有无序多孔结构的天然矿石。有序多孔结构材料又分沸石分子筛材料和介孔分子筛材料，这种材料具有规则的孔道结构和固定的孔道尺寸，其储氢性能受到材料结构参数，包括比表面积和孔体积的影响。沸石分子筛材料的吸氢温度与放氢温度基本相同，因此沸石分子筛材料的储氢原理为纯物理吸附。沸石分子筛材料的优点为储存的氢气可以全部释放，储氢材料可以实现循环利用。介孔分子筛材料的比表面积、孔道尺寸和孔容积都比沸石分子筛材料大，其储氢性能会稍优于沸石分子筛材料。

3. 金属有机框架物材料储氢

金属有机框架物又称为金属有机配位聚合物，这种材料是一种人工设计材料，是由金属离子、有机配体以及表面官能团相互连接形成的具有超分子规则微孔网络结构的多孔材料，利用金属对氢分子的吸附作用实现储氢。金属对氢分子的吸附作用要强于碳材料，并且可通过对有机成分进行改性来加强金属与氢分子的相互作用。因此，金属有机框架物材料具有低密度、高比表面积、多样化孔道结构、良好的吸氢性能、结构可调、功能多变等储氢优势，是比较有前景的储氢材料之一。

金属有机框架物材料储氢的技术难点在于金属离子和表面官能团的合理选择以及桥接有机配体的优化设计，这些都将进一步影响材料框架结构的储氢性能。此外，金属有机框架物材料储氢量受环境条件的影响较大，在常温高压条件下，储氢质量密度仅约为 1.4%；在低温条件下，储氢质量密度与压力成正比，其变化范围为 1%～7.5%。

因此，未来为了解决使用中问题、改善金属有机框架物材料储氢性能，就要加大对金属有机框架物材料在提高储氢质量密度、提高稳定性、降低成本及大规模产业化等方面的研发投入力度。其中，优化有机框架结构、在有机框架中引入特殊官能团或者掺杂低价态金属或贵金属都是提高金属有机框架物材料储氢性能的有效技术途径。但是，即使金属有机框架物材料经过改性处理，其储氢性能得到一定提高，但仍无法达到碳质材料的储氢水平。

4. 共价有机化合物材料储氢

共价有机化合物材料是在金属有机框架物材料的基础上人工制备的一种新型多孔材料。与金属有机框架物材料类似，共价有机化合物材料的储氢性能受到材料本身的物理结构参数影响，包括孔结构、孔体积和晶体密度。与金属有机框架物材料不同的是，共价有机化合物材料的框架结构全部由非金属的轻质元素构成，材料的晶体密度更低，更有助于吸附氢气。因此，共价有机化合物材料因其优异的储氢性能受到了业界的关注，为了进一步提高共价有机化合物材料的储氢性能，科研人员尝试将碱性金属离子引入共价有机化合物材料的框架结构，并且取得了良好的效果。

6.3.5　水合物储氢

水合物法储氢是利用氢气在低温高压的条件下与水形成固体水合物，在常温常压下可分解生成氢气的原理实现氢气的存储，其本质上是一种固态储氢技术。水合物法储氢具有吸氢放氢过程完全可逆、放氢速度快、能耗低、储存介质仅为水、安全性高等优势，被视为是面向未来的储氢技术。

早期的研究人员认为氢分子尺寸太小，不能形成水合物。1993 年，研究人员首次发现在超高压常温下可以形成氢气水合物，推翻了氢气水合物不存在的猜测。随后，通过一系列实验证实并确定了氢气水合物的结构，并提出了水合物法储氢的概念。再后来，科研人员常温高压条件下得到了质量储氢密度为 5.3% 的氢气水合物，基本达到了 DOE 对于车载系统的质量储氢密度要求，自此水合物法储氢逐渐进入大众的视野。

产生氢气水合物的条件过于严苛，极难实现工业化生产。为降低氢气水合物的生成条件，研究人员经历了大量的试验尝试，终于发现向氢气水合物体系内引入热力学添加剂，使之占据水合物笼的空腔可以稳定水合物的结构，从而大幅降低氢气水合物的产生条件。常见的可用来储能的水合物结构形式有 II 型水合物、I 型水合物、H 型水合物和半笼型水合物，它们的产生条件如图 6 - 47 所示。由图 6 - 47 可知，在不同温度压力条件下，采用不同热力学添加剂生成的氢气水合物的笼型结构差异很大。

1. II 型水合物

II 型水合物的晶胞含有 8 个大孔和 16 个小孔。氢分子较小，需要在低温高压条件下才能稳定水合物的孔穴，将氢分子压缩于孔穴中形成氢气水合物。研究人员通过实验发现，在常温高压（200～300MPa）条件下，质量储氢密度可达 5.3%。在低温（-196℃）高压（500MPa）条件下，质量储氢密度高达 11.2%。纯 H_2 生成水合物的条件极为苛刻，低温高压的操作环境使得储氢能耗和安全风险极高。因此，研究人员向氢气中加入四氢呋喃（THF）、环己酮、环戊烷（CP）等促进剂或气体，让这

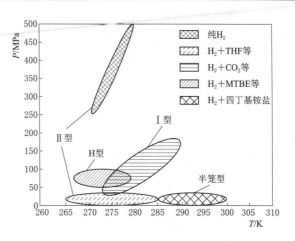

图 6-47 不同氢气水合物的产生条件

些物质进入水合物的孔穴中，降低了水合物的生成条件。但用于储氢的水合物孔穴被其他分子占据，导致水合物的质量储氢密度下降。

2. Ⅰ型水合物

Ⅰ型水合物的晶胞含有 6 个大孔和 2 个小孔。CO_2、CH_4 等气体分子能够占据并稳定Ⅰ型水合物的孔穴，在 H_2 中加入这类气体可实现在较低的环境条件下生成Ⅰ型氢气水合物。CH_4 等气体的混入也同时增强了水分子间的氢键，提高了水合物的稳定性。和Ⅱ型水合物类似，添加气体分子占据部分水合物孔穴，从而导致质量储氢密度降低。但因为添加的气体量较少，促使水合物生成条件降低的程度有限，所需的温度和压力依旧较高。实验结果表明，在 H_2 中混入 CO_2 与 CH_4 气体，能实现 4%～7.2% 的质量储氢密度。

3. H 型水合物

H 型水合物的晶胞含有 1 个大孔穴、2 个中孔穴和 3 个小孔穴。部分大分子气体，如甲基叔丁基醚（MTBE）、甲基环己烷（MCH）等，能够占据 H 型水合物中的大孔穴，起到稳定水合物孔穴的作用。在 H_2 中添加少量此类气体，能够降低生成 H 型水合物的温度压力条件。H 型水合物的生成条件要高于上述两种水合物，其反应能耗和安全风险也相对较高。H 型水合物中仅 1 个大孔穴被其他分子占据，氢分子可以储存在更多的其他孔穴中，其质量储氢密度能够达到 1.4% 左右。

4. 半笼型水合物

半笼型水合物的笼型孔穴由水分子和一个阴离子构成，氢键和化学键共同作用以稳定孔穴结构，孔穴的高稳定性降低了氢气水合物的生成条件。四丁基铵盐类促进剂能够提供阴离子，常用的促进剂有四丁基溴化铵（TBAB）、四丁基氯化铵（TBAC）、四丁基氟化铵（TBAF）、四丁基溴化磷（TBPB）等。水合物生成条件较低，也导致质量储氢密度不高。添加 2.6% 的 TBAB 后，质量储氢密度仅为 0.22%；添加 TBAF 后，质量储氢密度仅为 0.024%；同时添加 TBPB 和 TBAC 后，质量储氢密度也只有 0.14%～0.16%。

水合物法储氢虽在理论上可行，利用添加剂也可将氢气水合物的生成条件大幅降低，但其质量储氢密度依然很低，达不到实用标准。未来针对水合物法储氢的研究主要聚焦于相关机理的完善、质量储氢密度的提高、水合物生成条件的降低以及复合储氢工艺的开发等方面。近年来，STORBEL 等开发了化学—水合物法联合储氢的工艺，其质量储氢密度可达到 $3.8\% \sim 4.2\%$，使水合物法储氢具备了广泛的应用前景。各类型氢气水合物在不同条件下的储氢性能见表 6-18。

表 6-18　　　　　　　各类型氢气水合物在不同条件下的储氢性能

水合物类型	添加剂	温度/K	压力/MPa	储氢质量密度/%
Ⅱ型水合物	无	240~249	200~300	5.3
		77	500	11.2
	THF	253~277.15	6.5~60	0.1~4.03
	CP	275.15	10~18	0.27
	环己酮	—	—	低于 THF
	混合促进剂	233~285	2~74	0.4~3.6
	丙 C_3H_8	270	12	0.33
	SF_6	279~282		优于 THF
Ⅰ型水合物	CO_2、CH_4	—	—	4~7.2
H型水合物	MTBE、MCH	—	—	1.4
半笼型水合物	TBAB	279K	13.8	0.22
	TBAF	—	13	0.024
	TBPB 与 TBAC	282~291	15	0.14~0.16

6.3.6　地下储氢

地下储氢的基本思想是将没有消耗的过剩能源转化成 H_2，再将 H_2 灌注到适合储氢的地下地质构造中保存起来，在有能源需求时将 H_2 采出使用或转化成其他能源形式使用。地下储氢方案是实现大规模长周期储能的有效路径。地下储氢的能源系统示意图如图 6-48 所示。

氢能的储存方式有很多，H_2 管道或者储氢瓶等地上储氢方式的储存能力有限，只能维持数天的能源供应。而地下储氢则可以满足数月的能源需求。相比其他储氢技术，地下储氢具有储氢规模大、储氢成本低、储存周期长、安全性高等优点。不同储能技术放电功率与时间比较示意图如图 6-49 所示。

地下储氢按地质构造不同可分为盐穴储氢、枯竭气藏储氢和含水层储氢三个主要方式。除此之外，人工岩洞或者废弃矿井也可用作地下储氢场所。地下储氢按储存对象的不同分为纯 H_2 储存和 H_2 混合气（H_2 与 CH_4、CO_2、CO 等气体）储存两类。目前，盐穴纯 H_2 储存已有成功案例，枯竭气藏和含水层混合储氢也有实践应用。相比于其他储氢技术，地下储氢的单位质量成本极低，其中枯竭气藏储氢的经济性最佳，单位质量 H_2 的储存成本约为 1.23 美元，不同地下储氢方案的投资对

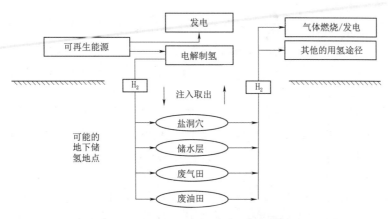

图 6-48　地下储氢的能源系统示意图

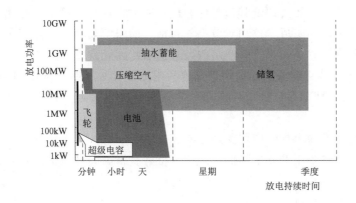

图 6-49　不同储能技术放电功率与时间比较示意图

比如图 6-50 所示。但是，地下储氢的效率较低，前期投资较大。不过，地下储氢方案隔绝了大气中的 O_2，因此没有起火爆炸的风险，安全性更高。

1. 盐穴储氢

盐穴储氢是指在岩盐沉积层中人工建造的洞穴内兴建储氢库。岩盐与 H_2 基本不发生反应，存储时不产生杂质产物，而且密封性好，因此适合储存纯 H_2。该储氢方案的缺

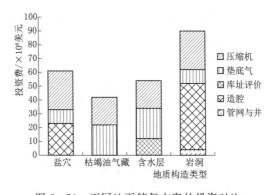

图 6-50　不同地下储氢方案的投资对比

点在于可进行储氢的盐穴存量很少，而且其储氢量也不及枯竭气藏储氢和含水层储氢。目前，在美国得克萨斯州有三个独立的盐穴储氢库用于石化工业，欧洲唯一的盐穴储氢库位于英国，主要用于合成氨和甲醇工业。

2. 枯竭气藏储氢

枯竭后的气藏也可用来储存 H_2。枯竭气藏储氢的储气容积大、密封性好、地质成熟度高、空间分布广，还可部分利用原有采气设施，从而减少建设储氢库的初期成本投入。枯竭气藏内部难免含有一定量的残余气体，这些残余气虽然可用作垫底气，但容易与 H_2 发生反应，不适合储存纯 H_2。目前，世界范围内尚没有利用枯竭气藏储存纯 H_2 的先例，枯竭气藏主要用于 H_2 与天然气的混合储存。位于阿根廷的巴塔哥尼亚风电—氢能试验项目和位于奥地利的地下太阳能存储试验项目分别成功实现在枯竭气藏中按 1∶9 的比例储存 H_2 和 CH_4 的混合气。

3. 含水层储氢

含水层在全球分布广泛，在大多数沉积盆地都有含水层，储氢地点可选择性较多。但含水层中的硫酸盐和碳酸盐矿物会产生污染物，影响纯 H_2 的储存。此外，含水层的地质认知程度低，因此在建设含水层储氢库时，需要通过打井提高对地质结构和成分的认知，还要评价其密封性和注采能力，这些前期工作都增加了储氢库的前期建设投入，储氢成本也相对较高。目前，尚未实现含水层储存纯 H_2，然而，利用含水层储存天然气和煤气有一定的经验积累，可借鉴用于含水层储氢。20 世纪 50 年代，德国、捷克和法国的公司等都曾利用地下含水层储存富含 H_2 的煤气。经验表明，H_2 在长期储存过程中，会与 CO 和 CO_2 发生反应，导致约 50% 的储存 H_2 会转化为 CH_4。

地下储氢技术的大规模应用受到地质、技术、经济、法律和社会等诸多方面因素影响，若未来电解制氢成本降低，该技术将具有很高的经济优势，有望实现大规模工业化应用。

6.3.7 总结与展望

为实现氢能在未来社会的广泛应用，开发高效率、高安全、低能耗、低成本的储氢技术是核心环节。目前，多种技术手段可实现 H_2 的存储，这些技术方案各具特点但都不完美。物理储氢的 H_2 浓度较高、放氢较易、成本较低，但其储存条件较苛刻、对储罐材质要求较高、安全性较低。中短期来看，高压气态储氢依然是目前主流的储氢方式，但因为其储氢密度较低、安全性难以保证，不易实现大规模长距离运输，技术发展受到一定限制；低温液态储氢由于储存成本高、储运难度大，在国内的应用推广面临多重困境。化学储氢利用与 H_2 反应生成稳定化合物的方式实现储氢，安全性较高，但放氢能耗较大，且 H_2 纯度易受到储氢介质的影响。金属合金储氢的体积储氢密度较高，且吸氢条件较为缓和，但低质量储氢密度和高储氢成本造成其在短期内难以广泛应用。物理吸附储氢虽能够保证储氢的安全性，但也存在放氢条件苛刻、储氢密度低、储氢材料成本高等问题。水合物法储氢具有放氢容易、储氢介质成本低等特点，但其储氢质量密度过低，近期难以具备实用化竞争力。地下储氢储能规模大、储存周期长、储能成本较低、安全性高，但也存在投资周期长、受地质条件限制、操作不够灵活的缺点。各种储氢技术对比见表 6-19。

表 6-19　　　　　　　　　　　　各种储氢技术对比

技术类别		质量储氢密度/%	优点	缺点	应用场景	相关企业
物理储氢	高压气态储氢	4.0~5.7	使用最广泛,技术最成熟,简单易行,成本低,充放气速度快,使用温度低	储量小、能耗大,需要耐压容器,存在 H_2 泄漏与容器爆破等风险	运输、加氢站、燃料电池车、通信基站、无人机	中国石油天然气集团公司、中集安瑞科工程科技有限公司、北京科泰克科技有限责任公司、北京天海工业有限公司、中材科技股份有限公司、江苏富瑞氢能技术装备股份有限公司、沈阳斯林达安科新技术有限公司
	低温液态储氢	>5.7	常温常压下液态氢的密度是气态氢的845倍,储氢量大幅提高,体积储氢密度高	对技术转化、存储材料要求较高,成本高昂,国内技术尚未完全成熟	航天领域、车载系统	美国AP、普莱克斯、德国林德公司、中国航天科技集团六院101所、江苏国富氢能技术装备股份有限公司、鸿达兴业股份有限公司、中集圣达因低温装备有限公司、北京中科富海低温科技
化学储氢	有机液体储氢	>5.7	储氢质量密度高,可实现有机液循环利用,成本较低	加/脱氢装置成本较高,脱氢反应效率低,易发生副反应,使 H_2 纯度不高,需燃烧少量有机物,非零排放	化工领域、燃料领域	武汉氢阳能源有限公司、德国 Hydrogenious 公司、陕西御氢氢能源科技有限公司、中车西安车辆有限公司、日本千代田
	液氨储氢	液氢的1.7倍	对环境无害,液氨储氢条件较为温和	少量未分解液氨混入 H_2 将污染燃料电池,液氨具有较强腐蚀性	化肥工业、热电联供、加氢站	陕西黑猫焦化股份有限公司、梅花生物科技集团股份有限公司、紫金矿业集团股份有限公司、北京三聚环保新材料股份有限公司
	甲醇储氢	12.5	材料来源广泛,应用经济性好,节能减排效果明显,常温常压可存储,运输方便	脱氢过程需要高温能耗高,制取 H_2 中含 CO 会毒化燃料电池	加氢站、车用领域	中国科学院大连化学物理研究所、中集安瑞科工程科技有限公司
	配位氢化物储氢	理论上可达10.6	理论上极具前景的储氢材料	材料循环次数未知,成本较高,加工困难,尚不具备普适性竞争力	储氢实验	上海氢晨新能源科技有限公司、康明斯
	无机物储氢	2	活化容易,平衡压力适中且平坦,吸放氢平衡压差小,抗杂气中毒能力强,室温操作,材料来源广泛	储氢量低,可逆性不高	储氢实验	—

续表

技术类别		质量储氢密度/%	优　点	缺　点	应用场景	相关企业
金属合金储氢		1～8	相同体积下，储氢压力仅为高压气瓶的 1/7，有效储氢量为高压气瓶的 3 倍	储氢性能差，材料易粉化，运输不方便，技术尚未完全成熟	电化学储氢，储氢装置，氢压缩机，热管理，氢分离，纯化、催化，医学，农业	厦门钨业股份有限公司、北京浩运金能科技有限公司、远建集团、澳大利亚 Lavo
物理吸附储氢	碳质材料储氢	6～12	吸附能力强，质量储氢密度高，材料质量轻，易脱氢	机理认识不完全，制备过程较复杂，成本较高	实验室研究	西安一九零八新能源科技有限公司
	无机多孔材料储氢	—	材料储氢可全部释放，储氢材料可循环利用	机理认识不完全，尚处于实验室研究阶段	实验室研究	—
	金属有机框架物储氢	1～7.5	储氢量较大，产氢率高，结构可调，功能多变	储氢密度受操作条件影响较大	汽车、舰艇	
	共价有机化合物储氢	—	材料晶体密度较低，更有利于气体的吸附	机理认识不完全，尚处于实验室研究阶段	实验室研究	
水合物法储氢		0.22～11.2	Ⅱ型、Ⅰ型、H型半笼型 脱氢速度快，能耗低，成本低，安全性高	储氢密度较低，达不到使用要求	实验室研究	
地下储氢	盐穴储氢	—	不产生杂质，密封性好，能在注入与采出间快速转换	在地理分布上有限，储存容量较小	大规模储能、电网调峰、化工工业	美国得克萨斯、英国 Teesside 盐穴储氢库
	枯竭气藏储氢	—	容积大，地质认知程度高，密封性好，地理分布广，可利用原有设施减少建设投资成本	作业压力和深度变化大，H_2 易与残留气体发生反应	大规模储能	阿根廷 Hychico、奥地利 RAG
	含水层储氢	—	分布广泛	盐类矿物会污染 H_2，地质特征和密封性认知程度低，建设成本高	大规模储能、天然气存储、煤气存储	德国 Ketzin、捷克 Lobodice、法国 Beynes

　　选择储氢技术时，不仅要着眼于储氢密度的高低，还要综合衡量储氢材料的制备成本、储放 H_2 的条件、储氢材料的可循环性等多方面因素。最关键的还是要确

保安全使用、核算使用成本以及大规模推广应用的可行性分析。近些年，采用新理论、新材料的储氢技术层出不穷，有些储氢技术可能在实验室取得良好的效果，一旦在工业中实际应用却效果差别很大，因此需要谨慎全面地考察各种新兴储氢技术。未来发展高效、安全、可推广的储氢技术的研究重点将聚焦在以下几个方面：

（1）研发储氢密度高、轻质、耐压的新型储氢罐。

（2）完善化学储氢理论体系，探寻提高储氢密度，提高 H_2 浓度，降低放氢难度的方法。

（3）研发高效催化剂，完善储氢的配套技术与方案，提高氢能的综合利用效率。

（4）探究提高各类储氢技术的储氢密度、安全性、储氢放氢效率及使用周期的理论与方法，提炼降低储氢过程的能耗与成本的工艺和流程，并开发相关的设施。

（5）研发复合储氢技术，联合采用多种储氢技术，综合利用各类储氢技术的优点，并完善复合储氢技术的联合机理，提高储氢效率。

H_2 的储存既是氢能利用的必然途径，又是限制氢能发展的技术瓶颈，寻找高密度、低成本、高安全的储氢技术一直是氢能领域面临的世界性难题。未来，只有在储氢技术上取得创新突破，才是氢储能产业快速发展的根本途径！

6.4　储　热　技　术

6.4.1　储热技术分类

储热技术是以储热材料为媒介，将太阳能光热、地热、工业余热、低品位废热等热能储存起来，在有需要的时候释放，目的是解决在时间、空间或强度上的热能供给与需求间不匹配所带来的问题。

根据热能储存和释放方式，可将储热技术分为化学储热与物理储热，其中物理储热又可分为显热储热、潜热储热（也称为相变储热）。

1. 显热储热

显热储热主要依靠温度的升高与降低来进行热量存储与释放，存储热量的多少与其本身的温度变化量密切相关。

显热储热材料是目前应用最广、性价比较高的储热材料，但其储热密度低、储/放热过程中温度变化大。显热储热按照材料的物态可分为固态和液态。常见的固态显热储热材料包含混凝土、镁砖、鹅卵石等。常见的液态显热储热材料包括水、导热油、液态金属和熔融盐等。其中水是低温应用领域中（<120℃）最常使用的显热储热材料，可以从自然界中直接获得而且价格十分低廉。导热油、液态金属、熔融盐等物质常常应用于中高温领域（>120℃）。

显热储热技术成熟、操作简单，仍是目前应用最广泛的储热方式之一。但是由于储热的材料与设备和周围环境之间存在着一定的温度差，在储热材料进行热量的存储与释放过程中会导致热量损失严重。因此显热储热技术不适合用来进行热量的长期存储以及大容量存储，具有一定的限制性，阻碍了对未来储热技术的推广。

显热储热技术在电采暖、居民采暖、光热发电等领域中应用较多，在光热电站已实现规模化应用。截至 2021 年年底，全球投运的储能项目累计装机容量达191.1GW，其中熔融盐储热累计 3.4GW。而我国投运的储能项目累计装机容量达35.6GW，其中熔融盐储热累计 0.5GW，主要都是应用在光热发电项目。

2. 潜热储热

根据储热材料从一个相态向另一个相态发生转变时需要大量的热量来维持反应进行的特点，并以此来储存热量的方式即为潜热储热。这是一种具有较高的储热密度，并且能够在小范围的温度浮动过程中进行热量释放的一种储热方式。在热量释放后，储热材料会从终止态返回到初始态，相变循环往复实现储热、释热，因此还可以把它称作相变储热。

相变储热材料可根据相变形式分为 4 类：固—固相变材料、固—液相变材料、固—气相变材料以及气—液相变材料。其中固—液相变材料具有高潜热值、相变体积变化小等优点，是目前研究最多、应用最广泛的一类材料。

固—液相变材料主要有有机类相变材料和无机类相变材料。其中有机类相变材料包括石蜡、高级脂肪酸、醇类、芳香烃类及高分子聚合材料等，通常相变点较低，被广泛用于低温相变储能中。常见的无机相变材料有熔融盐、结晶水合盐及金属合金等。无机相变材料体积储热密度及导热系数相对较大，价格便宜，但使用过程中可能出现相分离及过冷现象。其中，熔融盐的价格经济，且具较大的储能密度；结晶水合盐比较适用于中低温储能，但相变时易出现过冷和相分离问题；金属合金比较适合中高温储能，但价格昂贵。

相变储热材料的使用领域广泛，种类繁多，但这其中有许多相变储热材料导热系数低或者材料容易被腐蚀，严重影响材料的使用时间与经济价值。尽管不同类型的储热材料性能各不相同，但可通过复合技术来"取长补短"，目前制备复合相变储热材料有封装、浸渍吸附、包裹、混合烧结等方法，并且部分复合储热材料已走向了商业化进程。

相变储热在清洁供暖、电力调峰、余热利用和太阳能低温光热利用等领域应用较多。由于清洁采暖、电力系统调峰等的需要，在发电侧和用户端相变储热应用越来越多。

3. 化学储热

化学储热是依据化学反应的可逆性原理，利用反应过程中所产生的反应热进行热能存储的技术方式，实现了将热能转化为化学能，并在需要时进行逆向转化。

利用化学反应储热必须满足相应的条件：具有良好的可逆性，化学反应响应快并且反应过程中无副反应；化学反应的产物必须是容易分离并且能够实现稳定储存的物质；在反应体系中，反应前与反应后均不存在有毒、易腐蚀和可燃物；反应过程中所产生的热量大，反应原料价格低廉等。

化学储热材料按温度区间可分为低温和中高温热化学材料。其中，低温热化学材料以水合盐为主，多适用于建筑领域。中高温热化学材料可用金属氢化物体系、氢氧化物体系、碳酸盐体系、氧化还原体系、氨体系和有机体系米进行化学储热。典型的热化学反应储能体系有无机氢氧化物分解、氨的分解、碳酸化合物分解等。

化学储热操作灵活，可以利用数十种热化学可逆反应，并应用于中高温体系，但是化学储热也具有十分繁杂的化学反应过程，并且有的时候可能要使用大量的催化剂才能够使化学反应得以进行，对化学反应过程以及装备的运行稳定性要求十分的严格。

目前化学储热技术仍然在小规模的试验阶段，还有很多的问题亟待解决，因此还难以实现大规模的实际应用。

6.4.2 储热技术对比

各种储热技术对比见表 6-20。

表 6-20 储热技术对比

储热技术	显热储热	相变储热	化学储热
体积储能密度	低 （50kW·h/m³）	中 （100kW·h/m³）	高 （500kW·h/m³）
质量储能密度	低 （0.02～0.03kW·h/kg）	中 （0.05～0.1kW·h/kg）	高 （0.5～1kW·h/kg）
存储温度	吸热反应温度	吸热反应温度	环境温度
存储时间	短（热量损失）	短（热量损失）	理论上无限
能量传输	短距离	短距离	理论上无限
技术成熟度	工业生产规模	中等规模	较为复杂
复杂性	简单	中等	较为复杂

相变储热无疑是最受关注的储热子技术，主要是因为相变储热的储能密度明显大于显热储热的储能密度，同时它的技术突破难度当前又比化学储热低很多。其次受关注的是化学储热技术，主要是因为它在三者中拥有理论上最大的储能密度，而显热储热技术因为趋于成熟，理论和技术突破的工作较少。

1. 储能密度对比

储能密度是评估储热系统潜力最重要的参数之一，它同储热系统涉及的物理过程、特征材料及温度区域范围密切相关。

中低温储热技术主要用于建筑供能、节能领域，适用于中低温储热的技术包括以吸附（收）为代表的化学储热、以水合盐/石蜡/糖醇等为代表的相变储热，以及以水为代表的显热储热。而吸附（收）过程对应的储能密度最高可达到水显热储热对应的储能密度的 10 倍，相变储热的储能密度处于二者之间。

中高温储热技术通常应用于聚光太阳能热发电领域，适用的技术主要包括以可逆化学反应为代表的化学储热、金属相变与熔盐相变为代表的相变储热，以及以导热油/熔盐/液态金属/混凝土等为代表的显热储热。可逆化学反应对应的最大储能密度可接近导热油类显热储热的 20 倍。

此外，近年来由于金属相变与熔盐相变的储热潜力相继被深入挖掘与研究，部分相变储热的储能密度已接近于某些化学储热的储能密度。总的来说,在特定的适用温区,化学储热的储能密度远远超过显热储热的储能密度,相变储热的储能密度一般居于二者之间。

2. 主要技术对比

显热储热技术已得到充分发展,而相变储热技术亦整体趋于成熟,化学储热技术的成熟度最低,其从实验室验证到商业推广还有很长的一段路要走。

显热储热的储热系统集成相对简单,储能介质通常对环境友好,但是该技术所能应用到的储热材料中大多是储热密度较低、利用率低下的矿物类原料,因此显热储热必须采用体积量巨大并且工序繁杂、操作复杂的机械设备才能满足相关储热技术的使用条件。

相变储热在相变温度范围内吸收和释放需要较多能量,存储和释放温度范围窄,有利于充热放热过程的温度稳定。但是储热介质与容器的相容性通常很差,热稳定性需强化。

化学储热因为储能密度最大,可以缩小单位化学储热单元的体积,从而提高系统的总储热能力,在热能释放的过程中,可以实现温度恒定且热源稳定。反应物在环境温度下以化学能的形式储存,理论上有无限的储存时间和运输距离,基本没有热损失。但是储热、释热过程复杂,不确定性大,控制难,循环中的传热特性通常较差。

此外,储热成本是最受关注的技术变量。化学储热的投资成本较大,显热储热的成本低于相变储热、化学储热技术。大部分的中高温相变储热和化学储热在未来很长一段时间内均存在降低成本的压力。

6.4.3 储热技术应用

6.4.3.1 显热储热技术

1. 水储热

水储热就是将水作为储能介质,由于它的热容量和热导率都很高,这就意味着它可以在相同的体积内储存更多的热量,并能够更快地释放热量。不仅提高了能源利用效率,也可以实现能量峰谷调节,在较短时间内提高能源利用效率。与其他储热技术相比,水储热有着更加稳定的储热温度和大容量的储热能力。此外,水储热技术具有环保、低成本等优点,加之水资源充足,通过水储热可以实现对清洁能源的高效利用。

水储热技术主要分为两种类型,一种是直接加热储存,即将电能直接转化为热能储存在水中,并实现对热能的采集与利用;另一种是间接储热,即利用热介质(如热水、蒸汽等)通过热交换器将电能转化为热能,最终将储热介质与热源分离储存,待需要时再进行换热释放热能。

在太阳能热水器等应用中,水储热系统通常包括一个暖水器和一个水箱。当受热表面从太阳或其他热源接收热能时,水箱中的水就会快速升温。在需要热水时,热水器可以从水箱中提取热水,然后将其输送到使用水的位置。此外,水储热技术也被广泛应用于工业生产中。一些工业生产过程需要大量的热能才能完成，而水储热系统可以用来储存和释放这些能量，帮助企业节省能源成本并提高生产效率。总之，水储热是一种高效、可靠且经济的储热技术，被广泛应用于各种领域。

2. 固体储热（氧化镁、混凝土、沙石、固体废弃物）

固体储热一般利用物质固有的热容量来实现热储存。常见的固体储热材料包括氧化镁、混凝土、沙石、固体废弃物等物质。

氧化镁储热将氧化镁制成固体储热体，用于储存大量的热能。当高温的热能源进入氧化镁储热体时，氧化镁吸收了大量的热能，导致其温度升高。当需要利用储存在氧化镁中的热能时，只需将两个储热体通过热交换器连接起来，即可将热能传递给被加热的工质。不同形状的氧化镁储热砖如图 6-51 所示。

图 6-51　不同形状的氧化镁储热砖

混凝土储热是一种利用混凝土的热容量和热导率对热能进行储存和传递的技术。混凝土储热系统一般由混凝土模块、储热单元、输配热系统以及控制系统等组成。其工作原理是，通过热水或其他热媒将热量传递至混凝土体系的储能单元，再通过热水或其他热媒将其释放出来。混凝土储热系统主要应用于太阳能热利用、地源热泵、余热回收等领域。

沙石储热是一种利用沙石储存热能的技术。沙石储热通常采用空气作为传热介质，将空气通过一个抽风机送入沙石储热体中，在储热体内部形成一个暖气流。当需要释放热能时，只需将储热体中的沙石通过一定方式加热，使热能传递到空气中，再通过热交换器传递给被加热的工质。

固体废弃物储热是一种利用固体废弃物的热容量和热导率对热能进行储存和传递的技术。比如废轮胎、废旧稻壳等，在经过一定的处理后，以其较高的热容量和热导率作为储能材料。固体废弃物储热通常采用固体储热单元或者储热槽等形式进行热能的储存，并通过管网或者输配热系统将热能输送到需要使用的地方。由于采用的废弃物数量庞大，因此将大大减少废弃物的处理和排放，同时节约成本，应用面广，推广价值高。

不同的固体储热材料各自具有独特的特点和优缺点，在不同的应用场合中实现了广泛的应用。

3. 熔融盐储热

熔融盐储热一般是将熔融盐填充到储热罐中作为储热介质，通过收集太阳能、核能等能源形式的热能，将热量通过管道等传递到储热罐中的熔融盐中进行储存。在实际的应用中，熔融盐一般是由两种或多种物质组成的混合物。

在储存热能的过程中，熔融盐的温度会随着热量的增加而升高。当需要利用储存的热量时，熔融盐可以被泵出并将其传递到所需的设备中，用于直接供暖、驱动蒸汽发电机等。因为熔融盐具有高的储热密度,所以在相对较小的体积中可以储存大量的热量,这使得它成为很多应用场景中的理想储热介质。

除了太阳能、核能等领域,熔融盐储热还可以被应用在工业加热和制冷、空调系统以及热泵等领域中。但该技术也存在一些缺点,如盐的高成本和复杂的系统设计。此外,使用熔融盐储热时还需要考虑盐的腐蚀性、热容量、热传导性等因素。

具体来说,熔融盐储热的过程(图 6-52)是将热能通过热交换器传递给储热罐中的高温熔融盐,使其熔化并将热能储存,当需要释放热能时,则通过热交换器将热能传递到相应的工艺流程中。

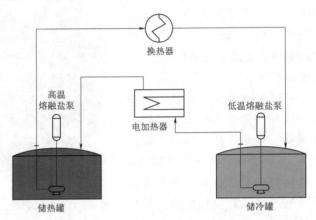

图 6-52　熔融盐储热的过程

熔融盐储热可通过自然循环或强制循环来实现热量的传递,常用的熔融盐包括 LiCl、氨盐酸盐和碳酸盐等。这种储热技术适用于需要大量热能的场合,例如电力发电、工业制造和化学反应等。

熔融盐储热技术的优点是具有高储热密度和快速响应能力,能够储存大量的热能,适用于长时间储热和快速释放热能的应用。然而,由于熔融盐储热需要高温来储存能量,所以需要投入大量的能量来升高熔融盐的温度,同时熔融盐的腐蚀性也会对储热系统的材料造成损害。

4. 液态金属储热

液态金属储热是一种新型的储热技术,它利用高温液态金属来存储热量,并在需要的时候释放热量。液态金属储热的原理是将液态金属(如 Na、K、Cs 等)加热至高温状态,将其储存在热容器中,在需要放热时,将液态金属引出热容器,与水等工质进行热交换,将储存的热量释放出来。

(1) 液态金属储热相对于传统的储热技术有以下优点:

1) 储热密度高。液态金属储热的储热密度远高于传统的储热技术,将热量从较小的体积储存到高温液态金属中,可实现更高的功率密度和更小的储热装置体积,提高了储热系统的效率。

2) 温度稳定性好。液态金属具有较好的热稳定性,对温度变化的响应较迟,可作为高温储热材料使用,稳定性好。

3）寿命长。液态金属是一种化学稳定的材料，不会因为储存时间过长而发生化学反应或腐蚀。

（2）但是，液态金属储热仍存在以下缺点：

1）经济成本较高。液态金属储热需要高温加热、储存、引出等高技术和高成本的设备，造价相对较高。

2）安全风险较大。液态金属在储存、引出和使用时，需要特别注意安全，避免液态金属泄漏、着火、爆炸等情况，存在一定的安全隐患和风险。

3）技术实现难度较大。液态金属储热需要高技术和高成本的设备，在技术实现上存在一定的难度。

5. 物质储热技术

物质储热技术在配电侧的应用主要包括分布式储能、配电网调节和电能质量控制等领域。在分布式储能方面，物质储热技术可以帮助规避可再生能源不稳定性和电网峰谷差异性对电网带来的影响。通过将储能装置直接安装在用户端，不仅可以增强用户间的电网互动性，还可以优化电能使用结构，提高能源利用效率。在配电网调节方面，物质储热技术可以通过负载平衡优化电力供需平衡，提高电网的稳定性和可靠性。此外，物质储热技术还能通过储存高质量电力并释放为低质量电力，增强电能质量控制。物质储热技术在配电侧主要有以下几点优势：

（1）储存容量大。物质储热技术的储存容量要远高于其他储热技术，可以为电网提供更加稳定的能源供应。

（2）储存效率高。物质储热技术的储存效率高，能够将能源储存于相对小的体积和质量中，有助于降低储热成本。

（3）实现应用广泛。物质储热技术可以在多种不同的能量应用领域内实现应用，符合不同领域的需求。

物质储热技术在配电网侧具有广泛的应用前景和优势，可以为电力工业提供更加高效和可靠的能源解决方案。

6.4.3.2 相变储热技术

1. 熔融盐储热

熔融盐储热是一种常用的高温相变储热技术，其相变温度通常在 500℃ 以上。熔融盐储热系统由熔融盐储槽、传热介质和加热设备等组成。

在加热过程中，熔融盐吸收热能，开始熔化，并转化为液态储存在储槽中。在储存过程中，熔融盐以热传导的方式将储存的热能传递到外部，可用于供热、发电、制冷等领域。在释放过程中，熔融盐重新加热并达到一定温度时即可再次降解为块状，释放出储存的热量。

熔融盐储热的优点在于具有储热密度高、能效高、稳定性好、可靠性高等特点，适用于高温热源和大功率储热系统；其缺点在于系统成本较高，需要较为复杂的组件和设备，同时对于盐的选择需要根据具体应用场景进行选定。

2. 水合盐储热

水合盐是一类具有固定水分子的盐，当它们吸收热量时，水分子会与盐结合形成溶液，从而吸收热量；当需要释放储存的热量时，水合盐通过逆向反应重新结晶，使溶液中的水分子与盐分离，释放出吸收的热能。水合盐储热的储热温度范围较窄，一般为 60～200℃。一种开式水合盐储放热过程如图 6-53 所示。

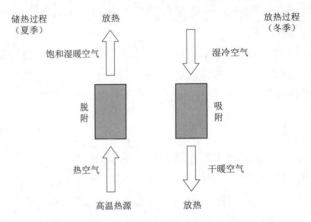

图 6-53 一种开式水合盐储放热过程

将水合盐作为储热材料的优点在于其具有较高的比热容和储热密度，可以实现较高的储热效率。同时，它也有一些特性，例如低蒸汽压力、耐高温、化学稳定和可再生性，这些特性使它在工业和民用领域得到了广泛的应用。

例如，太阳能热水器通常使用水合盐储热来存储白天获得的热能，并在夜间或阴天释放热能以保持热水的温度。空调也可以使用水合盐储热，通过储存和释放热量来调节室内温度。工业窑炉也经常使用水合盐储热，以利用高峰电价期间的电力资源，提高工业窑炉的效率并降低运营成本。

3. 金属合金储热

金属合金是一种高温相变储热材料，其相变温度可高达 1000℃。金属合金具有良好的导热性和热稳定性，同时具有较高的熔点和熔化潜热，在加热过程中，金属合金吸收热能并在达到一定温度时发生固态相变，其中吸收的热量被转化为潜热。在冷却过程中，金属合金在相转变点以下变为液态并释放出储存的热能。

金属合金储热的应用非常广泛，主要用于太阳能热水器、工业热处理、建筑节能和核能储热等领域。在太阳能热水器中，金属合金作为热储体，可以在白天吸收太阳能热量储存，并在夜晚或需要热水时释放热量，从而实现热水的供应。在工业热处理中，金属合金储热可以为炉子提供稳定的温度，提高热处理质量和效率。在建筑节能中，金属合金储热可以利用低峰电价储存电能，再在高峰期释放热能，减少用电峰值，节约能源和降低成本。同时，金属合金储热也可以应用于核能储热中，为核反应堆提供热储存和释放，并提高核能的利用率和安全性。

4. 有机相变材料储热

有机相变材料储热是指通过有机相变材料实现热能的储存和释放。有机相变材料是指那些在相变过程中熔化和凝固的有机物质。这些物质在固态时，具有较高的相对稳定性、热膨胀率小和较好的导热性，在液态时质量不变，因此具有很好的储热、释热能力。

有机相变材料储热的机理类似于冰融化和结冰的过程，即在相变过程中吸收和释放热量。当有机相变材料被加热到相变温度时，它开始吸收热量，用于材料状态从固体转变为液体的过程，这个过程称为吸热。当有机相变材料冷却到相变温度以下时，热量开始释放，用于材料状态从液体向固体变化的过程，这个过程称为放热。整个过程具有很好的可逆性，因此可以重复使用。

有机相变材料储热的应用领域十分广泛。在太阳能热利用方面，可以使用有机相变材料储存太阳能热量，以便在夜晚或不充足的太阳能条件下继续供热。在建筑节能方面，有机相变材料储热可以应用在保温材料中，通过减少室内温度峰值和变温时间从而降低空调能耗。此外，有机相变材料储热还可以用于电动汽车电池储存。

有机相变材料储热具有储存量大、热量吸放速率可控、费用低廉等优点，是一种理想的节能技术。因此，在未来的可持续能源发展中，有机相变材料储热将会发挥重要作用，并有望成为未来节能、环保和可持续发展领域的重要技术手段之一。

在配电侧，相变储热技术可被用于电力调峰、峰谷平衡、发电设备备用、冬季取暖等领域。例如，在电力调峰方面，相变储热技术可以在电网低谷时段储存电能，在电网高峰时段将电能释放出来，以提高电力质量和利用效率；在冬季取暖方面，相变储热技术应用于辐射供暖系统中，能够在不同温度时段实现长度可调的热能输出，以满足不同室内温度要求。相变储热技术在配电侧应用有以下优势：

（1）储热密度高。相变储热技术是通过物质相变来存储和释放热量，因此储热密度很高，且储热时间长。相变材料的储热功率密度可达到 $10W/kg$ 以上，存储时间可达每天 $10\sim12h$，此外相变材料的体积小，便于空间利用。

（2）环保节能。相比于常规的燃烧能源，相变储热技术具有环保节能的优势。相变储热技术可以在电网峰值时段储存过剩能量，避免电力浪费，优化能源结构。

（3）稳定性好。相变材料有稳定的熔化温度和凝固温度，即使在循环储存过程中也不会出现质量损失，因此相变储热技术可以长期使用。

（4）性能可控。相变储热材料可以根据实际需要进行调配和选配，以优化储热和放热能力。

总之，相变储热技术作为一种新型的储热技术，具有多种优势，可以在配电侧的电力调峰、峰谷平衡、发电设备备用、冬季取暖等领域发挥助力，以推动能源革命和可持续发展。

6.4.3.3　化学储热技术

1. 无机氢氧化物

无机氢氧化物是一种化学储热材料，具有高效、稳定的储热能力。这种材料可以在水中溶解时吸收大量热量，并在干燥的环境中长时间保持其储热性能。常见的无机氢氧化物包括 $Ca(OH)_2$、$NaOH$、$Al(OH)_3$ 等。以 $Ca(OH)_2$ 为例，其储热原理如下：

当将 $Ca(OH)_2$ 置于水中时，其会迅速水解生成 Ca^{2+} 和 OH^-，反应式为

$$Ca(OH)_2 + H_2O \Longleftrightarrow Ca^{2+} + 2OH^-$$

该反应放热量为 65.2kJ/mol，因此水中的温度会升高。如果水中的温度比 $Ca(OH)_2$ 的溶解温度高，则 $Ca(OH)_2$ 会完全溶解并释放出更多的热量。反之，当将含有 $Ca(OH)_2$ 的水溶液置于干燥的环境中时，随着水分的逐渐蒸发，$Ca(OH)_2$ 会重新结晶并释放出之前吸收的热量，反应式为

$$Ca^{2+} + 2OH^- \Longleftrightarrow Ca(OH)_2$$

该反应放热量为 −65.2kJ/mol，因此可以用来提供制热功能。

无机氢氧化物的储热性能稳定，可以多次使用，并且价格低廉。因此，它在太阳能利用、空调和制冷等领域得到广泛应用。

2. 金属氧化物

一般来说，金属氧化物具有比较高的热稳定性和热容量，因此可以作为一种较为理想的储热材料。

常见的金属氧化物储热材料有三种，分别是铁氧化物、铜氧化物和钴氧化物。这些材料的热化学反应过程都比较复杂，但大体上可以描述为：在高温下，它们会和其他物质发生热化学反应，从而吸收热量并转化成更稳定的化合物。在需要释放储存的热能时，这些化合物会再次和其他物质反应，产生热量并恢复为金属氧化物状态。

金属氧化物储热材料的优点主要在于它们的热稳定性和热容量都比较高，可以储存较大量的热能。同时，金属氧化物也比较便宜易得，成本相对较低。不过，相比之下，金属氧化物的再生过程可能会比较复杂，需要进行比较严格的控制和处理。

3. 结晶水合物

结晶水合物是指某些物质在结晶时与水分子结合形成水合物，这种化合物被称为结晶水合物。这些物质在吸收水分的过程中会产生放热，这个放热过程被称为结晶热。

利用结晶水合物的储热原理，可以将储热材料放在需要储存热量的器具中，如暖气系统或空调系统中。当需要释放储存的热量时，只需要将结晶水合物加热到其结晶温度，结晶水合物中的水分子便会释放出储存的热量。例如，硫酸铜五水合物是一种常用的结晶水合物储热材料。在室温下，硫酸铜五水合物为固体，当它吸收水分后，水分子会与硫酸铜五水合物结合，形成结晶水合物，同时释放出热量。当需要释放储存的热量时，只需要将硫酸铜五水合物加热到其结晶温度，约 60℃，便可以释放出储存的热量。

结晶水合物储热具有比较高的储热密度和可靠性，而且不会出现形变或者体积膨胀等问题，因此被广泛应用于建筑、空调、暖气和工业等领域中。

化学储热技术是一种将电网侧的电能转化为热能并储存起来，在需要时再将热能转化为电能的新型储热技术。而在配电侧，可以将化学储热技术应用于以下几个方面：

（1）提高电网配电的可靠性和稳定性。化学储热技术可以起到平衡供需的作

用，当电网电力供应紧张时，可以通过释放储存的热能来支撑电网，从而保证电力的平稳供应，提高了电网的可靠性和稳定性。

（2）降低燃料成本。配电侧的化学储热系统主要是利用电能将水电解成 H_2 和 O_2，将 H_2 储存起来，再利用 H_2 与 O_2 燃烧产生热能。由于 H_2 是一种清洁的绿色能源，所以与燃煤、燃气等传统能源相比，可以有效降低燃料成本和环境污染。

（3）降低储能系统的成本。相对于传统的电池储能系统，化学储热技术具有储热密度高、储热效率高、寿命长等优势，是储能系统的一种新型解决方案。此外，化学储热技术还可以利用其产生的热能为周边环境供热，从而更好地发挥储能系统的利用效益。

（4）可以充分利用低峰时段的电能。在低峰时段，电力供给相对充足，而用电需求相对较少。通过配电侧的化学储热技术，可以将这些低峰时段的电能储存起来，待高峰时段需要时再释放出来供电，从而实现电能的高效利用。

化学储热技术在配电侧的应用，可以有效提升电网的稳定性和可靠性，降低燃料成本和储能系统的成本，并且可以充分利用低峰时段的电能，具有非常重要的应用前景和市场价值。

6.4.4　储热在配电侧应用的展望

随着新能源的大规模接入和电动化的快速发展，电网的负荷波动和用电高峰问题日益突出。储能作为一种解决电网负荷平衡和调峰的技术手段，已经被广泛关注和应用。而储热作为储能技术的一种重要形式，具有储热密度高、响应速度快、使用寿命长等特点，因此在配电侧应用前景广阔。

（1）支持峰谷填平。储热技术可在用电高峰期间进行储热，然后在低峰期间释放储存的热量，实现峰谷填平，降低配电网的负荷波动。

（2）支持灵活调节负荷。储热技术可在配电侧与可再生能源系统相结合，通过对可再生能源系统产生的电力热量进行储存和释放，实现对配电网负荷的灵活调节。

（3）提高系统可靠性。储热技术可作为备用电源系统，当出现断电或停电情况时，储热装置可以通过释放储存的热量来支持配电网的稳定运行，从而提高系统的可靠性。

（4）实现节能减排。储热技术在配电侧应用可减少能源浪费，储存电力，在热能的利用过程中互补，减少碳排放和能源消耗，实现节能减排的效果。

参 考 文 献

［1］　韩冬，赵增海，严秉忠，等. 2021 年中国抽水蓄能发展现状与展望［J］. 水力发电.
　　　　2022，48（5）：100－104.

［2］　陈海生，李泓，马文涛，等. 2021 年中国储能技术研究进展［J］. 储能科学与技术.
　　　　2022，11（3）：1052－1076.

［3］　巩俊强，邓浩，谢莹华，等. 储能技术分类及国内大容量蓄电池储能技术比较［J］. 中国
　　　　科技信息. 2012（9）：139－140.

［4］ 戴兴建，魏鲲鹏，张小章，等. 飞轮储能技术研究五十年评述 ［J］. 储能科学与技术，2018，7（5）：765 - 782.

［5］ 姬联涛，张建成. 基于飞轮储能技术的可再生能源发电系统广义动量补偿控制研究 ［J］. 中国电机工程学报. 2010，30（24）：101 - 106.

［6］ 陈娟. 超导磁悬浮飞轮储能系统及其能量回馈环节的设计 ［D］. 湖北：华中科技大学，2009.

［7］ 王明菊，王辉. 飞轮储能的原理及应用前景分析 ［J］. 能源与节能. 2021（4）：27 - 28.

［8］ 张旭，张鹏，陈昕. 海水抽水蓄能电站发展及应用 ［J］. 水电站机电技术，2019，42（6）：66 - 70.

［9］ 谭国俊，冯维，杨波，等. 高效重力储能装置：CN106704121A ［P］. 2017 - 05 - 24.

［10］ 郑开云，梁宏，蒋励. 一种重力储能系统及其使用方法：CN111692055A ［P］. 2020 - 09 - 22.

［11］ 郑建华. 储能行业战略研究 ［J］. 机械制造. 2018，56（10）：1 - 8.

［12］ 戴增实. 浅谈卷绕式铅酸蓄电池 ［J］. 汽车实用技术，2018，44（5）：48 - 50.

［13］ 王保国. 电化学能源转化膜与膜过程研究进展 ［J］. 膜科学与技术，2020，40（1）：179 - 187.

［14］ 谭金宏，李冰. 储能型电站建设探讨 ［J］. 电力系统装备，2021（2）：50 - 51.

［15］ 王保国. 电化学能源转化膜与膜过程研究进展 ［J］. 膜科学与技术，2020，40（1）：179 - 187.

［16］ 谭金宏、李冰. 储能型电站建设探讨 ［J］. 电力系统装备，2021（2）：50 - 51.

［17］ 梁前超，赵建锋，梁一帆，等. 储氢技术发展现状 ［J］. 海军工程大学学报，2022（3）：34.

［18］ 张爽. 氢能与燃料电池的发展现状分析及展望 ［J］. 当代化工研究，2022（11）：3.

［19］ 樊栓狮，梁德青，杨向阳. 储能材料与技术 ［M］. 北京：化学工业出版社，2004.

［20］ 李锦山，任春晓，罗琛，等. 固体储氢材料研发技术进展 ［J］. 油气与新能源，2022，34（5）：14 - 20.

［21］ 李璐伶，樊栓狮，陈秋雄，等. 储氢技术研究现状及展望 ［J］. 储能科学与技术，2018，7（4）：9.

［22］ 梁欣. 燃料电池车辆用氢气的储存技术进展 ［J］. 石油库与加油站，2021，30（1）：5.

［23］ 李璐伶，樊栓狮，陈秋雄，等. 储氢技术研究现状及展望 ［J］. 储能科学与技术，2018，7（4）：9.

［24］ 陈晓露，刘小敏，王娟，等. 液氢储运技术及标准化 ［J］. 化工进展，2021，40（9）：4806 - 4814.

［25］ 韩红梅，王敏，刘思明，等. 发挥氢源优势构建中国特色氢能供应网络 ［J］. 中国煤炭，2019，45（11）：7.

［26］ 王超. 富氢气体中 CO 选择性氧化催化剂考察 ［D］. 北京：北京化工大学，2007.

［27］ 陈良，周楷森，赖天伟，等. 液氢为核心的氢燃料供应链 ［J］. 低温与超导，2020（11）：48.

［28］ 王刚. 双碳战略下的氢能源 ［J］. 石油化工建设，2022，44（3）：5.

［29］ 韩红梅，王敏，刘思明，等. 发挥氢源优势构建中国特色氢能供应网络 ［J］. 中国煤炭，2019，45（11）：7.

［30］ 田力，蒋海辉. 破除安全隐患，氢能步入爆发前夜 ［J］. 能源，2022（8）：41 - 43.

［31］ 刘红梅，徐向亚，张蓝溪，等. 储氢材料的研究进展 ［J］. 石油化工，2021，50（10）：1101 - 1107.

[32] 周一鸣，齐随涛，周宇亮，等. 多环芳烃类液体有机氢载体储放氢技术研究进展 [J]. 化工进展，2023，42 (2)：1000 - 1007.

[33] 宋鹏飞，侯建国，王秀林. 甲基环己烷-甲苯液体有机物储氢技术的研究进展 [J]. 天然气化工—C1 化学与化工，2021，46 (S1)：6.

[34] 杨燕京. 硼氢化镁氨合物的合成、放氢性能及其机理 [D]. 杭州：浙江大学.

[35] 任晓. 氨基锂/铝氢化物复合体系储氢特性研究 [D]. 杭州：浙江大学，2012.

[36] 张鹏. 储氢材料研究现状及发展前景 [J]. 科技风，2020 (22)：1.

[37] 陈玉安，唐体春，张力. 镁基储氢材料的研究进展 [J]. 重庆大学学报：自然科学版，2006，29 (12)：5.

[38] 廉培超，李雪梅，梅毅，等. 一种纳米黑磷在储氢领域的新用途：，CN202110992423.6 [P]. 2021.

[39] 潘伟滔，周阳，袁逸军，等. 燃能源集团股份有限公司. 氢气储存技术发展现状分析及展望 [J]. 城市燃气，2022 (8)：26 - 28.

[40] 刘美琴，李奠础，乔建芬，等. 氢能利用与碳质材料吸附储氢技术 [J]. 化工时刊，2013，27 (11)：4.

[41] 杜珩，李敏亮. 改性碳纳米管专利技术综述 [J]. 广东化工，2018，45 (17)：3.

[42] 曲海芹，娄豫皖，杜俊霖，等. 碳质储氢材料的研究进展 [J]. 材料导报，2014，28 (13)：69 - 71.

[43] 陈俊，陈秋雄，陈运文，等. 水合物储能技术研究现状 [J]. 储能科学与技术，2015 (2)：10.

[44] 周庆凡，张俊法. 地下储氢技术研究综述 [J]. 油气与新能源，2022 (4)：34.

[45] 陈爱英，汪学英. 相变储能材料及应用 [J]. 洛阳工业高等专科学校报 .2002.12，48 (5)：100 - 104.

[46] 张仁元，等. 相变材料与相变储能技术 [M]. 北京：科学出版社. 2009.

[47] 王忍，武卫东，吴俊. 可用于冷链物流相变材料的研究进展 [J]. 能源研究与信息. 2019，23 (9)：139 - 140.

[48] 张寅平，胡汉平，孔祥冬，等. 相变储能—理论和应用 [M]. 合肥：中国科学技术大学出版社. 1966，44 (5)：48 - 50.

[49] 杨小平，杨晓西，丁静，等. 太阳能高温热发电储热技术研究进展 [J]. 热能动力工程. 2011，26 (1)：1 - 6.

[50] 程晓敏，何高，吴兴文. 铝基合金储热材料在太阳能热发电中的应用及研究进展 [J]. 材料导报，2010，17 (4)：139 - 143.

[51] 左远志，丁静，杨晓西. 蓄热技术在聚焦式太阳能热发电系统中的应用现状 [J]. 化工进展，2006，25 (9)：995 - 1000.

[52] 冷光辉，曹惠，彭浩，等. 储热材料研究现状及发展趋势 [J]. 储能科学与技术. 2017，6 (5)：1058 - 1075.

[53] 冯一帆，蒋思炯，付鑫，等. 储热技术现状及相变储热材料的研究进展 [J]. 信息记录材料. 2023，24 (2)：32 - 36.

[54] 于晓琨，栾敬德. 储热技术研究进展 [J]. 化工管理，2020，554 (11)：117 - 118.

[55] 姜竹，邹博杨，丛琳，等. 储热技术研究进展与展望 [J]. 储能科学与技术. 2022，11 (9)：2746 - 2771.

第6章
习题

第7章 智能配电信息交互技术

随着智能电网的持续建设以及能源互联网的兴起，配用电网规模不断扩大、网架结构日益复杂，逐步由传统单一电能分配角色转变为集电能收集、电能传输、电能存储、电能分配和用户互动化为一体的新型电力交换系统节点，因此配用电网在信息交互领域的规划、建设与管理愈显重要。

本章主要从智能配用电网状态估计、信息交互关键技术、新型电力负荷管理系统、配用电信息交互与典型应用场景等方面出发，探索新型电力系统下的配用电信息采集相关技术，阐述政府侧、客户侧、企业侧多方协同的数据价值发掘与应用，介绍配用电网的状态估计、信息反馈调节、多维线损分析等典型交互场景。

7.1 智能配用电网状态估计

7.1.1 AMI 的研究现状

智能配用电网技术近些年发展迅速，新能源发电及分布式能源消纳能力逐步提升、储能装置广泛应用，这些特点都在彰显着输配电网的卓越发展成效，作为新时代电网改革的重要发展方向，电网智能化将是下一阶段建设的主要目标。电网智能升级不仅是设备智能化、通信手段智能化、操作智能化，更是设计理念与实际需求的升级，用户不仅仅是能源的消费者，同时也是配用电网调节的重要一环，各类型用户将以分布式能源、工业用户、负荷聚合商等身份积极参与到电网末端的调节中，不再仅依靠电网调度的统筹指挥，通过负荷控制、分布式补偿及微电网循环等手段配合需求侧响应（DR），实现电网平稳发展与经济运行。为实现该目标首先需要构建 AMI，基于 AMI 提供的带时标信息实现电网智能化运行，为电网与用户的信息交互提供数据平台。

AMI 是用于测量、收集、储存、分析用户用电信息的完整体系，该系统主要由智能电能计量器具及主站采集、信息通信网络、量测数据管理系统等构成。AMI 依托电能计量数据双向可采、多信道模式双向实时通信、需求响应以及用户用电信息采集系统，支持电动汽车的数据采集与远程监控功能，兼容各类型用户的分布式电源，实现智能配用电网与电力用户的双向互动。

AMI 是由通信软硬件基础、相关控制系统、多种类状态量监测设备及数据管理软件组成的网络，用于组建用户与配网运营服务商的双向交互平台，它不是单一的技术，而是为消费者和配网运营服务商提供智能连接的许多技术的集成。AMI 提供的信息可以使消费者根据他们的利益作出最明智的决定。其通过多类计量器具实现末端数据采集，依托双向通信网络存储用户带时标的电量、时间、种类、特征趋势等信息，实现智能配用电网的负荷动态监测、动态电价制定、区域电网负荷调节及预测；基于计量器具数据多维采集、信息远程推送等功能，实现与用户的及时沟通，电力公司可读取相关采集数据，以增强服务质量，提升服务效率，优化服务环节，实现智能配用电网与用户的紧密相连。此外，运维人员可依托 AMI 的多维数据，策划系统运行和资产管理，贴近客户需求。

AMI 构建过程所需软硬件基础通常包括用户产权范围内的局域网、本地通信网络、智能计量器具、链接区域数据中心的广域信道传输网、集成分析功能的数据中台及表计全寿命周期数据管控系统等。以智能电能计量器广泛应用组网为核心的 AMI 是智能配用电网及能源互联网的发展基石。

AMI 中智能电能表涵盖范围已远超传统电能表。与传统电能表相比，智能电能表可实现功能编程、数据远程传输、指令远程接收、电能双向计量，具备如远程控制开断、费控、动态电价、预付费等功能。从用户的层面分析 AMI 的应用情况：智能电能表可将用电信息情况以显示屏形式展现给用户，同时依托双模通信将数据上传至信息主站，与之对应的配网运营服务商将实时的电价信息与负荷控制措施反馈给用户，实现用户侧负荷控制。同时，电价调节模式促进分布式能源的并网，用户可根据 AMI 提供的计量采集数据优化用能方案配置，提升单位功率质效，实现节能减排。构建完善的 AMI 是智能配用电网的底层基础，依托这一基础拓展的各项功能将满足配用电网的智能化、互动化、多元化需求，为构建智能配用电网搭建基础框架。

智能电能计量器具是现代配用电网及 AMI 的数据采集、控制、传输一体化终端，承担量测数据、用电指标信息和电能质量监测等数据的采集、处理、传输任务，是用户和配网运营服务商实现信息与需求交互的桥梁。电网公司通过智能电能表器具抓取用户用电信息和电能质量信息等数据，通过大数据分析与数字孪生技术实对电力系统的监控，提升电力系统自动化能力，降低系统运行风险，增强供电可靠性，结合实时用能信息与政策方针制定合理电价或费率，优化资源配置。负荷用户通过智能电能表获取自身能耗情况、电价信息、用电特征等内容，据此优化负荷分配情况，实现节能减排。

AMI 数据层面主要由量测数据管理系统（Meter Data Management System，简称 MDMS）、双向通信网络、智能电能表及用户户内网络（Home Area Networks，简称 HAN）构成，其基本物理架构如图 7-1 所示。

MDMS 作为 AMI 的量测数据管控分析和数据传输中继中心，主要用来存储、分类管理及分析各类量测数据，可根据数据分析结论及操作人员指令实现远程控制功能，其具备多类数据接口，可并行接入多数据平台，具备瞬时数据跨类别共享功能。智能电能表采集电量、时间、变化量等信息，通过局域网链接至采集器或

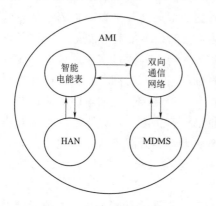

图 7-1　AMI 物理架构图

集中器，AMI 除分析 MDMS 所抓取的数据，同步接受现场计量器具回传数据，通过数据筛选、比对及分析过程实现趋势判别与指令建议，MDMS 可将分析结论反向传输至集中器，由集中器读取后判别台区中继至智能计量终端。智能计量终端与 AMI 间的信息互联网络是采集数据上传与指令下发的关键环节，该网络是用户侧与智能配用电网的信息交互主通道。

综合国内外现有研究内容，可将 AMI 功能梳理为：与智能电表进行双向通信，实现数据的时间戳、断电报告、与用户通信、服务连接/断开；基于通信技术，对用户用电状况及电网运行状态进行评估，可自我记录计量点；通信故障后可实现 AMI 网络重构；可与公共事业系统和其他应用互连；提供双向计量以支持具有分布式电源的系统。AMI 架构示意图如图 7-2 所示。

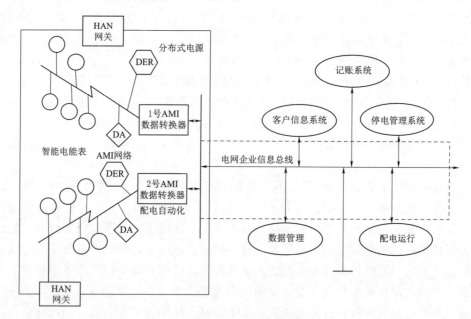

图 7-2　AMI 架构示意图

对于配电网状态估计而言，AMI 的应用为状态估计提供全新数据来源，可高精度修正预测结果，提高系统的预测性和量测数据采集失败冗余度。AMI 的量测功能实现主要由智能电能计量器具、双向通信网络、MDMS 及本地局域网络四部分组成。智能电能计量器具和 MDMS 主要负责采集与分析所收集的数据。智能电表具备编程功能，可根据程序预先设定的时间间隔进行采样（如 5min、15min 等），采样数据包含电流、电压、功率因数、需量等信息，并通过无线网络将数据上传至数据中心进行分析，同时将带有时标信息的量测值并发至 MDMS，为配用电网的数据分析提供底层支撑。

日前，国内的电力市场化改革尚处于起步阶段，受限于经济模式、用户习惯及相关设备的智能程度，用户暂不能深度参与分布式发电及用电负荷调峰等活动。为充分发挥 AMI 的互动功能及多平台数据支撑作用，国内加紧推进能源互联网建设，建设并维护交易技术支持系统，促进负荷用户与智能配用电网的双向配合。为加强用户与智能配用电网的联动效用，可构建配网侧与用户侧的信息交互平台，采用智能计量器具、双模无线通信、资产全寿命周期管理及数字孪生技术配置网侧和用户侧的交互平台，优化数据流、业务流和信息流的融合。

依托数据中台及双向交互平台，为用户提供定制化服务，满足多样化用能需求，建立配网侧与用户侧的双向互动新模式。根据现有技术发展及智能配用电网的转型趋势，用户侧能源管理的发展趋势主要服务于绿色家庭，坚持以客户为核心的服务，通过数据分析和网络实施交互构建创新性需求服务。为积极响应"双碳"目标和绿色国网的号召，现需解决的内容包括：

（1）加强智能配用电网建设，提升配网侧智能化程度，最大程度地发挥分布式可再生能源的优势。

（2）加强采集数据的再分析，进一步优化用能建议，为客户提供最优能耗方案。

（3）改善家庭区域网络中的设备可管理性，即需要一种灵活和可扩展的系统设计，允许包容未来的智能电器和控制设备。

（4）提供全面的管理解决方案。

7.1.2 智能配用电网分层状态估计

智能配用电网一般具有辐射型的拓扑结构。在不考虑分布式电源接入的情况下，可将系统内的根节点视为参数可控的理想电源，根据网络拓扑中潮流具有单向性的特点，即由电压高侧流向电压低侧，由主干网架流向各支路配用电网。针对系统内某一节点，与该点相连的下层各节点负荷均可视为该节点的等效负荷，该节点电压保持不变。

以 11 节点系统为例，分析该结构下配网分层原理，11 节点辐射网络如图 7-3 所示。

该网络由 11 个节点与 10 条支路组成，节点 1 为根节点。系统分为 L1、L2、L3 三个层次。节点 2 称为 L1 与 L2 的边界节点，节点 3、4、5 称为 L2 与 L3 的边界节点。由潮流的单向流动可知，若已知节点 2 流向节点 3、4、5 的功率，以节点 2 作为配网分层线，节点 2 的下层网络可等效为链接至该节点的单一负荷，此时节点 2 的等效注入功率为

$$P_2' = P_2 + P_{23} + P_{24} + P_{25} \quad (7-1)$$

$$Q_2' = Q_2 + Q_{23} + Q_{24} + Q_{25} \quad (7-2)$$

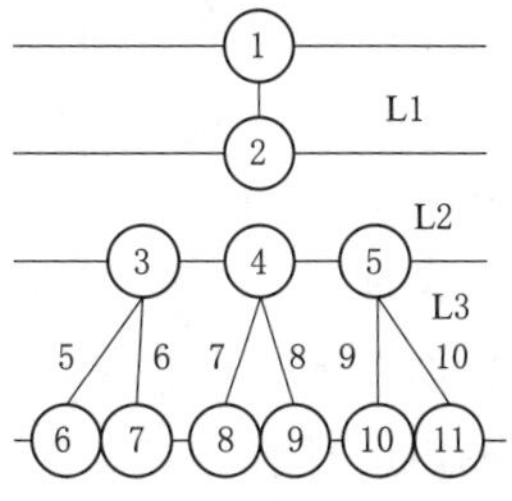

图 7-3 11 节点辐射网络

式中　　　　　　　　　P_2、Q_2——节点 2 的负荷；

P_{23}、Q_{23}、P_{24}、Q_{24}、P_{25}、Q_{25}——支路 2、3、4 的功率。

将 L1 层网络从系统中剥离，将节点 1 视为参考节点，围绕该点构建独立等效网络，单独对 L1 层进行状态估计。

同理，若已知节点 3、4、5 流入 L3 的功率，那么 L3 等效为 L2 的负荷，L2 层便被分离出来。此时不计节点 2 本身的注入功率，只考虑节点 2 向下游支路发出的支路潮流，并且以 L1 层计算得到的节点 2 的电压相量为参考值，节点 2 就可以作为 L2 层的参考节点，对 L2 层进行状态估计。但是，节点 2 的电压是从 L1 层状态估计的结果中获取的，层次之间在计算上存在偏序的关系，逐层估计的顺序必须按照从电源侧向网络尾端的次序进行。

任一层网络均可解耦为若干个相互独立的子系统，具备并行计算的可行性。以 L2 层为例进行分析，参考节点可供支路 2、3、4 共用，且该节点电压是已知的（由 L1 层状态估计求得）。将 L2 解耦为支路 2、3、4 三个相互独立的子系统，因为节点 3、4、5 的电压是由节点 3、4、5 的负荷决定的。在进行状态估计时，支路 2、3、4 可实现并行计算。同理，对 L3 进行状态估计时，可以对其 6 个支路实现并行计算。

基于这一理论对配电网进行分层，边界节点必须是功率的全量测节点，即量测量包括该节点的全部负荷及下层网络等效的支路功率。因此 AMI 节点是功率的全量测节点，满足边界节点的条件。

设节点 j 为 AMI 节点，有 m 条与节点 j 相关的下游支路。在节点 j 处进行网络分层，节点 j 作为上层网络的尾端节点，其等效节点负荷为

$$P'_j = P_j + \sum_{k=1}^{m} P_{jk} \qquad (7-3)$$

$$Q'_j = Q_j + \sum_{k=1}^{m} Q_{jk} \qquad (7-4)$$

式中　P_j——节点有功负荷的 AMI 量测数据；

　　　Q_j——节点无功负荷的 AMI 量测数据；

　　　P_{jk}——支路有功功率的 AMI 量测数据；

　　　Q_{jk}——支路无功功率的 AMI 量测数据。

按上述方法，可将配网按 AMI 节点进行分层。从配网的根节点出发，向下游搜索 AMI 节点。每次遇到一个 AMI 节点，就以此为边界节点将系统分为上下两层。一个边界节点同属于上下两层，在上游层次，此节点作为辐射网的末端节点，在下游层次，此节点作为辐射网的根节点。当搜索至配网尾端节点，则搜索结束，网络分层完毕。

按此方法对配电网进行分层后，在同一个层次内可实现独立子系统的并行计算，但各边界节点的电压相量需由上游状态估计结果得知，各层之间是按潮流流向的偏序的计算关系，因此在实际状态估计中按照全系统并行计算的方法进行分析。

根据 AMI 量测量模型分析结果，AMI 节点可实时监测节点电压幅值等信息。

由 AMI 节点量测量实现区域配电网数据监测的前提为 AMI 节点电压幅值数据逼近真实值或误差可忽略。伪量测值基于历史数据及负荷预测推算，精度相对较低，故以上假设合理。

此时便可消除各层之间在计算上的偏序关系。首先将网络分层，首层的参考电压取根节点电压，相角为 $0°$。下游各层次的参考电压取 AMI 节点的电压幅值量测值 U，相角也为 $0°$。由于相邻节点之间的潮流值是由节点电压幅值与相角差决定的，因此这样处理不会影响状态估计对支路潮流的计算结果。这样，各层之间相互解耦，每一层又可解耦为若干子系统，则全系统解耦为若干相互独立子系统，实现了全系统并行计算，可以进一步加快计算速度。

设系统中有 N_A 个 AMI 节点，N_L 个层次，全系统可解耦为 m 个子系统。全系统实现并行计算为

$$\min J = \sum_{i=1}^{m} \min J_i(x_i) \tag{7-5}$$

各子系统的参考电压为 $U_j < 0°$，$j = 1, 2, \cdots, N_A$。对每个子系统可通过公式迭代求解，即

$$G(x_i^k)\Delta x_i^k = H^T(x_i^k)W_i[z_i - h(x_i^k)] \tag{7-6}$$

$$x_i^{k+1} = x_i^k + \Delta x_i^k \tag{7-7}$$

最后进行各子系统电压相角的修正。如图 7-4 所示，假设系统仅分为 2 个子系统，其中 A 为边界节点，系统 1 为上游区域。那么系统 2 与系统 1 的参考电压的相角差 $\Delta\theta_{12}$ 就等于系统 1 状态估计计算得到的 A 点电压相角 θ_A。修正过程按层次的上下游关系进行，从配网各节点到尾端。相角修正过程是简单的加法运算，因此不会对计算速度造成太大影响。

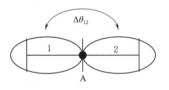

图 7-4 相角修正示意图

分层状态估计计算流程如下：

步骤 1：以配电网的根节点为起始点，沿潮流流向对 AMI 节点进行搜索，按 AMI 节点将整个配网划分成 N_L 个层次。

步骤 2：形成各子系统关键节点电压相量 $U_j < 0°$，$j = 1, 2, \cdots, N_A$。

步骤 3：m 个独立子系统状态估计的并行计算。

步骤 4：修正各子系统电压相角。

步骤 5：对各层的计算结果进行汇总与整理，得到整个配网的计算结果。

7.1.3 智能配网下的量测体系架构

AMI 架构从物理上可根据部署位置分为系统主站、区域主站分中心、通信网络、信号中继器、现场采集控制终端，系统主站作为省级电网核心设备，为保障数据安全需单独组网，以物理隔离方式区别于配用电网其他设备。区域主站分中心网络主要由营销系统服务器及应用服务器、前置采集服务器以及相关的网络设备组成。通信网络是指系统主站与终端设备之间的远程通信信道，主要包括光纤信道、

3G/GPRS/CDMA 无线公网信道等。部分台区因地理位置原因，主站或台区现场信号噪声较大，上传数据质量较差无法通过校验，此时应以信号中继方式传输内容，以保障主站数据的即时性、可靠性与安全性。现场采集控制终端主要包括集中器、专变终端、智能交互终端、双向计量器具、电动汽车充电堆测量装置等用以采集实际电能数据或客户需求的设备。

AMI 作为电网侧高级用电信息采集系统与需求响应管控平台的主要功能版块，在当前国内外研究理论与实际应用中尚无明确的统一标准。以 AES、AEP 等国外公司为例，其建设的信息采集系统多基于本身业务需求，具有较强的地域特性，在协议一致性、数据端口共享方面不具备互联互通的可能。国内如国家电网有限公司、南方电网有限责任公司建设的用电信息采集系统虽然设计理念与数据链路层级具有较高相似度，但在 AMI 层面看来仍缺少统一性，无法实现数据共享、数据分析、数据交互等功能，AMI 的行业一致性正处于积极探索阶段。AMI 与用电信息采集系统在业务上相互独立，但也在软硬件层面存在深度关联，以下将分别从逻辑架构与系统物理架构对其介绍。

用电信息采集系统的逻辑架构如图 7-5 所示，该系统从主站层、通信信道层、采集设备层三大类入手，将 AMI 在采集系统中的应用逐层分析，以业务需求、业模设计、逻辑衔接、软硬件搭配为分析视角，为 AMI 的逐层设计提供理论依据与

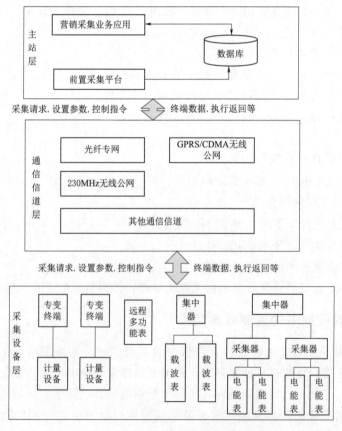

图 7-5　用电信息采集系统的逻辑框架

软硬件基础。

AMI 系统物理架构是指组建 AMI 所需要的网络拓扑结构,借助物理架构可直观掌握网络拓扑硬件层面及部署层级的特点。AMI 系统物理架构如图 7-6 所示。

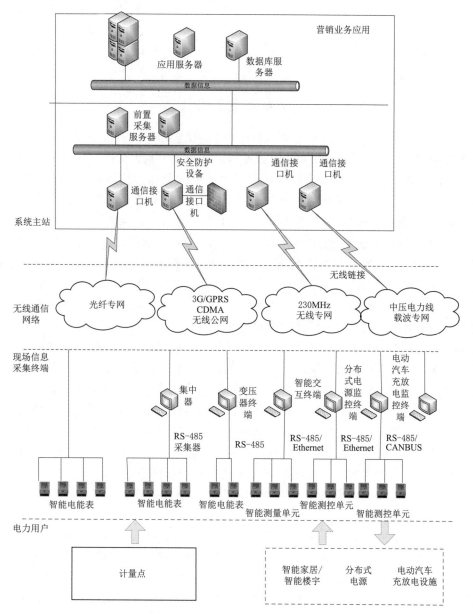

图 7-6　AMI 系统物理架构图

AMI 在物理结构上可分为现场信息采集终端、无线通信网络与系统主站 3 部分。与用电信息采集系统的主站建设方案类似,AMI 的区域主站为保障数据传输安全性、及时性、可靠性采用物理隔离方式建设,通过防护层与数据中台及其他系统进行信息交互。

从 AMI 所具有功能的角度对物理架构进行分析：系统主站通常由营销系统服务器、前置采集服务器、应用服务器和相关网络设备组成，其中应用服务器包括磁盘阵列和数据采集服务器，前置采集服务器包括安全防护设备、通信接口机、GPS 时钟及工作站。无线通信网络是指系统主站与终端设备之间的远程通信信道，主要包括 3G/GPRS/CDMA 无线公网信道及光纤信道等。同用电信息采集系统一样，现场信息采集终端为在采集现场安装的终端设备，其主要包括采集器、智能交互终端、电动汽车充放电监控终端、变压器终端、集中器等。

7.1.4   与主动配电网、分布式能源互联网融合

主动配电网与分布式能源互联网在电网智能化转型中占据重要地位。主动配电网作为涵盖分布式能源的新型电力交换系统，集电能采集、输送、储存及分配于一体。能源互联网可能实现供给侧清洁化，消费侧优化电力配置，提升能源利用效率，实现最优化配置、灵活化调度的现代能源应用新模式。能源互联网的本质为"清洁能源＋智能坚强电网"，是能源转型发展、节能增效的重要平台。

AMI 作为数据量测中的重要环节，也是构成能源互联网框架与主动配电网的基石，AMI 除采集工业、居民、商业等传统负荷量测数据外，对于分布式光伏、虚拟电厂、参与调峰的电动汽车等需求侧广义电源也具有数据集采、数据分析、价值挖掘的功能。通过大数据筛查及多源数据比对等方式，可以完善 AMI 覆盖面，解决能源互联网与主动配电网的深度融合问题。AMI 的建立完善了主动配电网多能源量测能力，协调多类型能源运行，保障能源互联网的平稳运行。通过物联网、云计算及大数据等先进手段提高 AMI 的升级应用潜力，优化数据处理逻辑，提升数据分析价值，具备在不同网络间的信息交互展示能力，助力配用电网的辅助决策。AMI 基于主动配电网与能源互联网中智能量测设备的结合，建立通用协议的数据交互接口。智能量测设备可通过采集终端共享同一用户范围内的量测数据，实现计量设备与分布式能源的交互，方便了解家庭能源的实时状态。除了与广义需求侧资源进行数据交互，还可实现需求侧能源控制及优化管理，提供给用户集冷、热、气、水、电等多能源于一体的消费方案，支持未来智能城市公共服务、能源供需以及产业优化。

智能配用电网在新形势下，面对分布式能源的大量接入、电动汽车峰谷功率大幅变化、储能装置的调峰调配、客户侧个性化用电需求不断加强等情况，电网末端的安全稳定运行也面临着极大挑战。作为解决配电网抗波动能力差的有效手段，AMI 业务范围贯穿整个配用电体系，是实现用户侧与配网侧信息交互、功能互动的基石，有力支撑配用电网的精细化管理、智能化转型。

当前国内配用电网自动化水平较低，数据抄录种类不全，运行调度管理手段缺位，由此产生传统配电网运行稳定性差、供电质量低、客户投诉多等问题。AMI 作为计量智能量测设备的核心，在主动配电网中发挥的核心作用包括提高监控、调度、运行管理和优化调控的性能，及在非正常运行中的故障定位、故障阻隔、自动恢复供电、负荷转供等功能。

在配电网正常运行时，终端采集的信息经由局域网上传给集中器，集中器再通过广域网将数据传送给 MDMS，由该系统对数据进行分类及共享，和其他系统（如停电管理系统、GIS、企业资源规划等）交互，便于对配电网运行工况进行监测，并有助于电力公司了解用户用电行为，以制订合理的发电及调度计划；而在非正常运行如发生故障时，AMI 结合 GIS 可对故障地点进行定位，故障具体信息会立即经由监测终端传送至 MDMS，系统对故障信息处理后向工作人员发出故障报警信号，电力公司便可及时进行故障处理操作，帮助加快故障修复，减少经济损失。此外，鉴于国外 AMI 应用的成熟经验，利用监测终端和双向通信网络，结合用电信息采集系统及 95598 呼叫中心，对故障进行定位并有效减少停电时间，提高服务水平。

与传统需求侧响应主要基于配电网侧进行辅助控制不同，当前发展的需求侧响应更加注重用户的主动性，通过 AMI 所构建的双向交互平台加强用户侧响应能力与信息沟通效率，通过 AMI 使用户全方位参与到市场运作中。

结合国内电力市场的发展需要与国外实际应用的经验，满足匹配 AMI 的用户侧主动需求响应方式主要包括：

（1）基于电价机制的需求侧响应。电价包含分时电价、尖峰电价及实时电价，当前我国的电价模式本质上仍以实际用电量作为基础，无法有效通过电价与用电量精准调节高峰时期的负荷缺口，在推动用户与电网互动方面存在较大不足，采用基于电价机制的需求侧响应可使用户的负荷调节更具时效性，可在较大程度上满足供需关系。

（2）基于用电信息服务的需求侧响应。该模式下通过分析 AMI、采集系统、营销业务应用系统中的数据，为客户提供辅助决策服务，帮助用户高效用能。

（3）基于智能设备控制的需求侧响应。该模式通过与大工业用户预先签订合同的形式，在负荷缺口较大，需要启用需求侧响应时，由供电公司直接调控用户侧负荷或大功率设备。

AMI 从技术角度为配用电网的多方互通提供支撑，在数据层面为用户与配电网的高效互动奠定基础，需求侧响应的应用则成为良好互动的关键所在。用户主动参与需求侧响应的特征包括：

（1）与电网调控用户侧负荷的传统模式不同，AMI 应用后用户将主动响应配电网负荷缺口，需求侧响应更具有主动性，需求响应的对象不局限于大工业用户，普通居民用户及一般工商业用户所构建的负荷聚合商也将参与其中，同类型用户的需求响应模式将更加多样化。

（2）用户侧负荷将具备更强的调节能力，用电调峰能力更加出色。

（3）通过 AMI 双向通信网络实现响应自动化、实时化，且不同用户根据 AMI 提供的数据关注不同的用电信息并作出响应，响应形式呈现多样性。

（4）数据平台实时采集、分析、共享，配用电网可靠性及运行效率得到更大提升。

（5）降低新能源大规模接入的系统性风险，提升电网运行稳定性，具备系统调频或经济调度能力。

随着配用电网的逐步发展，AMI 与需求侧响应的配合越发紧密。近几年新能源接入导致负荷峰值变化引发的负荷缺口越发凸显，需求侧响应将成为下一步的发展重点，通过建立 AMI 与智能控制系统技术标准，加速推进 AMI 建设，持续优化系统功能，提升用户侧需求特性的优化，最终达到提高能源利用率的目的。

在电网数字化转型的大趋势下，电网将和企业进行更加密切的合作，依托全方位数据采集与大数据分析技术，提升监测与管理调控的质效。因为动态实体（适应生产者和消费者角色的用户）正与传统的利益相关者进行交互。通过提供一种方式使利益相关者之间进行面向业务的互动，可以实现更好的能源管理以及增强来自外部供应商的能源采购。为达成这一目的，AMI 成为必不可少的基础，实时采集各分布式测量点的用电信息，逐步分析后提供辅助决策功能。

AMI 具备运行支撑与辅助管理功能，从数据分析视角调节配用电网的运行。通过广泛部署 AMI，并结合 GIS，可以实现对配电网运行状况的实时监测。利用 AMI 下辖的大量分布式智能计量器具，精准调控任一测量点参数，实现配网侧故障的精准定位，故障具体信息由监测终端传送至 AMI 前端及 MDMS，系统研判预警信号非误触后将向运行监控人员发送信息提示故障点位，工作人员可根据信息提示及时处理问题，避免造成故障扩大化引发运行稳定性波动。同时，AMI 可以增强 SCADA 系统的运行。在微电网中，AMI 所控制测量点的智能电能计量器具可执行能量成本分配、故障分析、需求控制和电能质量分析。

电网运营方通过配用电终端及智能电能计量器具全方位采集配用电网各关键环节参数，精准构建配用电网模型，辅助配用电网的潮流计算。在实际使用中，AMI 可将分布式能源发电信息接入至数据中台，综合考虑负荷侧与分布式能源的输入功率，更为精准地实现故障定位与预警。

7.2　信息交互关键技术

近年来，源网荷载的高幅值变动促使配用电网进行数字化、智能化转型。智能配用电网作为城市的关键基础设施，是构建电网与用户可靠沟通的桥梁，随着智能电网、智慧城市和节能减排战略的加快实施，各类分布式新能源以及分布式电源的快速发展和电动汽车、储能等新兴交互式负荷的大量投运，配用电网的功能和形态正在发生显著变化，对供电安全性、可靠性、适应性的要求越来越高。

结合各类客户的实际使用需求与应用场景，增加智能配用电网的信息硬件设备、数据传输信息量、交互频率，积极推动客户侧服务贴合用户需要，实现应用功能高质量落地，在业务数据化、应用智能化不断迭代推进的当下，实现配用电网数字化、信息化、智能化与体系化转型。

7.2.1　新型用电信息采集系统

新型用电信息采集系统主要包含用户侧用电信息采集、分析与实时监控系统，基于此实现用户侧的电能信息采集、数据异常统计和线损分析、电能状态检测、负荷信息管理、用电分析及管理等功能。在智能配用电网的建设过程中，新型用电信息采集系统为其提供了重要的物理基础。

新型用电信息采集系统面向电力用户、电网关口等，实现购电、供电、售电3个环节信息的实时采集、统计和分析，达到购、供、售电环节实时监控的目的。新型用电信息采集系统基于精确传感、快速通信、自动控制等先进技术，能够对接入的电能表进行自动抄读、远程控制和电价下发等操作，并把相应的数据进行存储和处理，进而为电力管理系统、营销服务系统以及其他业务系统提供数据支撑，实现电网运营方内部的数据共享、功能共建、服务共享，加强市场适应能力，快速响应用户需求，为电网的数字化、智能化建设提供设备基础与技术手段。

新型用电信息采集系统作为配用电网业务的重要支撑，将在未来电网商业化运营中占据重要地位。该系统主要由主站控制模块、发电侧电能计量传输装置、智能化电能计量器具和远程无线网构成，涉及计算机、信通、4G、配用电网等多方面的技术基础。

随着电力交易规则的完善与现代通信的升级迭代，电力计量体系产生全新变革：网络化程度更高，远程电能数据采集终端（ERTU）除了具备多种接口和内置Modem，应具备网络接入能力，遵从TCP/IP标准协议；数据传输安全可靠，具备面向用户的信息查询功能以及辅助信息发布功能；采集自动抄表系统（ARM）是供电部门将安装在用户处的电能表所记录的用电量，通过遥测、传输和计算机系统汇总到营业部门，代替人工抄表及一系列后续工作，AMR的应用实现数据采集阶段的去人工化作业，规避人工抄表时的各项困难，极大地提升了配用电网的智能化、信息化水平；在远程电能数据采集终端采用嵌入式CPU和嵌入式实时多任务RTOS构成完整的嵌入式系统，在RTOS的基础上结合嵌入式Web服务器技术，实现数据的动态交互与全量查询，为配用电网运营方提供辅助决策与数据支撑。

在系统架构设计方面，新型用电信息采集系统的主要对象为专线用户、各类大中小型专用变压器用户、各类380V/220V供电的工商业用户和居民用户、公用配电变压器考核计量点。新型用电信息采集系统的统一采集平台功能设计，支持多种通信信道和终端类型，可用来采集其他的计量点，如小水电、小火电上网关口、统调关口、变电站的各类计量点。

系统逻辑构架主要从逻辑的角度对新型用电信息采集系统从主站、信道、终端、采集点等几个层面进行逻辑分类。新型用电信息采集系统逻辑构架如图7-7所示，分为主站层、通信信道层、采集设备层三个层次。由于新型用电信息采集系统集成在营销应用系统中，数据交互由营销系统统一与其他应用系统进行接口。营销应用系统指SG 186营销管理业务应用系统，除此之外的系统称之为其他应用系统。

电力用户新型用电信息采集系统软件采用分布式多层结构。典型的软件架构分为表示层、业务处理层、应用服务层、数据层。根据本系统业务特点，业务处理层进一步细分为采集子层和业务子层。主站软件通过接口组件与外系统交互。新型用电信息采集系统主站软件层次结构如图7-8所示。

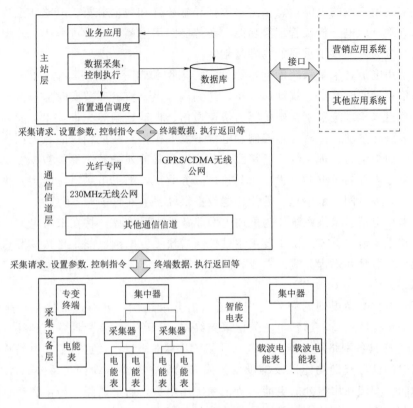

图 7-7　新型用电信息采集系统逻辑架构

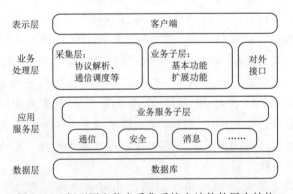

图 7-8　新型用电信息采集系统主站软件层次结构

在平台框架及软件模块架构方面，新型用电信息采集系统软件平台包括操作系统、数据库系统和中间件软件等。数据库系统采用 Oracle 商用数据库系统（16CPU 授权，支持集群），数据库系统支持完整的数据备份与恢复、容错、容灾等机制，满足大容量数据的存储、检索、挖掘等功能要求。新型用电信息采集系统采用三层或者多层架构的技术体系，在面向客户端的服务支撑应用中，采用基于中间件的多层处理架构，应用组件包括前端展示组件以及业务逻辑组件，业务逻辑组件采用事务中间件开发，并进行基于 JZEE 的封装。系统应采用模块化架构，确保系统的可扩展性，便于以后各种新型智能电网业务的接入和管理。**系统基本模块包括：用户交互模块、信息展示模块、业务应用模块、支撑服务模块、接口服务模块、采集任务模块、协议处理模块、通信调度模块，**其部署方式如图 7-9 所示。

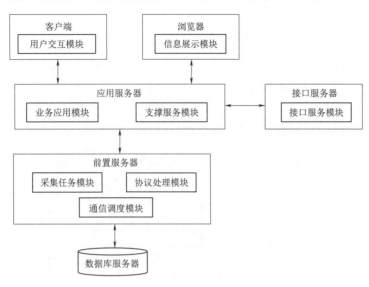

图 7-9　新型用电信息采集系统基本模块布置方式

7.2.2　配用电网智能感知技术

电网的双向友好互动是智能配用电网建设的重要目标之一，加强客户侧智能配用电网智能感知技术研究与应用是推进电网安全运行、精益管理、精准投资、优质服务的有效手段，是将电力用户及其设备、电网企业及其设备、发电企业及其设备、供应商及其设备以及人和物连接起来以产生共享数据的重要途径。

智能配用电网建设对信息感知的深度、广度和密度提出了更高要求，营销计量专业依托多年的发展建设，目前已接入 4.8 亿智能电能表和 4000 万采集终端，是故障抢修、电力交易、客户服务、配网运行、电能质量监测等各项业务的基础数据来源。在新形势新局面的复杂配用电环境挑战下，加强负荷识别、随器计量等智能感知技术将是下一阶段的发展重点。

1. 关键技术

（1）非介入式负荷辨识技术。非介入式负荷辨识是一种在电力负荷输入总线端获取负荷数据（电压、电流），并通过模式识别算法分解用户用电负荷成分实现分项计量功能的高级量测技术。

该技术已与智能电能表相结合，在智能电表内嵌入非介入式负荷辨识功能模块（图 7-10），利用智能电能表的计量数据资源，通过新型用电信息采集系统及其主站完成用户用电负荷类型和用电量的量测。具备非介入式负荷辨识功能的智能电能表在江苏、天津和浙江等地开展了小规模的试点验证工作，相关运行数据已应用于指导用户科学用电，支撑计量衍生服务、电网建设运行和政府宏观决策。

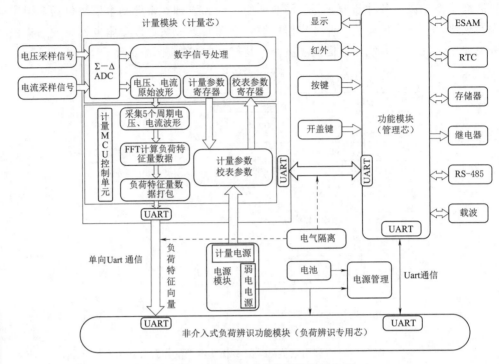

图 7-10　非介入式负荷辨识智能电表

（2）随器计量技术。随器计量技术是一种面向居民用电设备应用的新型感知技术，具有电参量测、环境参量感知和控制策略输出等功能。目前，一般通过定制用电设备和随器计量智能插座两种方式来实现技术的规模化应用。该技术与非介入式负荷辨识技术相辅相成，通过数据共享与互补修正，共同实现对用户负荷的精确感知，满足家用电器级的深度感知和精准控制需求，为用电设备的精准运行监测和智能控制、区域性宏观协同运行提供了基础性支撑。

随器计量装置的安装打通了能源感知的"最后一公里"，提升了用户综合能效水平。同时，通过边缘计算、用户深度交互等技术，实现能源系统各环节的全面协调优化，发挥以电为核心的综合能源系统的平台和枢纽作用，全面服务智能配用电网建设。

（3）传感芯片技术应用。在传感芯片技术应用方面，三相智能电能表用磁传感芯片能够实时监测环境磁场干扰，记录、上报磁场窃电事件，已经取得市场广泛认可。单相电能表用微控制器芯片已完成研发，目前处于验证测试阶段，现已开展芯片参数测试、整机功能验证、环境影响测试等测试项目。传感芯片技术的应用提升智能配用电网设备专业芯片的国产化程度，有力支撑新一代电力设备的安全发展。

（4）基于 HPLC 的高级应用技术。HPLC 深化应用主要包括：高频数据采集、停电主动上报、时钟精准管理、相位拓扑识别、台区自动识别、ID 统一标识管理、档案自动同步以及通信性能检测和网络优化八大高级应用功能。这些功能支撑了多维的分布式能源接入、台区精细线损分析、户变关系识别、线路阻抗分析、多表合一信息采集等业务。其中，低压台区停电事件主动上报应用覆盖用户数量为4245740户，包括应用 HPLC＋超级电容方式、应用全网感知方式以及双模通信等方式；相位拓扑识别有助于提升配网三相不平衡及线损分相治理水平；台区自动识别有利于台区线损管理，提高电网经济运行水平；线路阻抗分析可以实现对电缆老化情况的动态监测、评估。

（5）基于 HPLC 的双模通信技术。双模通信技术兼有多种介质通信能力，通过"异构网"方式优化整合形成多种通信网络模型，优势互补，发挥各自的技术长处。基于 HPLC 的双模通信技术可应用于载波通信盲点场景、无线通信盲点场景以及双模融合通信场景，并可在低压配电网"最后一公里"接入场景，实现智能家居、智慧城市、电动车充电桩远程监控计费、分布式可再生能源接入及监控、楼宇控制系统、工业配电及远程监控，利用 HPLC 与无线互补特性，提高接入网通信的覆盖率，提高智能电网新业务支撑能力，为智能电网、能源互联网提供有效、可靠的通信手段。

（6）电表智能化监测技术。电能表在长时间运行中可能因为窃电、故障、老化或失效造成幅值和相位误差变化，或者由于长时间过电流运行造成电能表端子座温度过高而烧毁的情况。新一代智能电能表设计方案中增加了误差自监测功能和端子座测温功能，通过误差自监测功能可及时发现计量异常情况并上报，形成监测时间记录与冻结；端子座测温功能通过对电能表端子座进行测温，实时感知异常现象，对现场情况进行准确报警、拉闸保护、事件记录、主动上报。

（7）综合能源测量感知技术。综合能源测量感知技术是国家电网有限公司着眼于资源集约共建、建设节约型社会做出的一项有益探索，充分利用新型用电信息采集系统、设备、通信资源，构建开放、共享的数据平台。设备感知层涵盖各种类型的能源计量表计、环境监测设备、测量感知传感器；网络通信层可支持采用 HPLC、RF、蓝牙、ZigBee、Wi-Fi、M-BUS、RS-485 等各种通信技术的感知设备的安全、可靠接入，并构建支持面向对象的通信协议，以及各类能源计量表计、测量感知设备的互联互通协议栈，实现设备的即插即用；平台应用层可基于公有云和私有云进行构建，打破内外网边界，实现与政府、企业、用户数据的安全交互。目前已累计接入电、水、气、热"多表合一"信息采集用户 533 万户，建成 14个国家电网级示范区，共享数据超过 5000 余万条。

（8）电动车有序充电技术。电动汽车有序充电是指用户通过 App 提出充放电业务申请，主站按照指定的充电计划，在指定时间点给充电桩下达指令，实现对电动汽车充电启停控制和实时功率限值调节。2019 年，国家电网有限公司开展电动汽车有序充电方案设计和样机研制。截至 2023 年 3 月，电动汽车有序充电桩已经在北京、上海、浙江等地区开展试点应用，具体为：北京 33 台，上海 30 台，杭州 30台、宁波 30 台。

（9）电力互感器在线监测技术。关口互感器作为关口计量装置，长期以来没有有效手段开展对在运电力互感器误差特性准确实时采集、状态评估分析，其超差直接影响电能量贸易结算和线损评估。超差主要原因包含环境参数、电网频率、二次负荷、安装位置、二次压降等多种因素。电力互感器在线监测装置根据电力互感器运行误差评价方法及模型，规范电力互感器的型式评价、现场检定及运行管理模式，提高电力互感器的检验、运维、管理水平，为电力互感器设计、制造、安装、运维提供技术支撑，直接服务电能贸易结算，可弹性调节现场试验强度，开展精细化线损分析。

2. 应用场景

基于以上九大关键技术的研发，搭配新型用电信息采集系统及能源控制器、电能计量锁具、有序充电控制模组等智能化计量新设备，可实现五大典型应用场景探索。

(1) 居民家庭智慧用能。居民家庭智慧用能是为居民家庭打造智慧用能服务环境，居民家庭智慧用能服务系统采用"云-管-边-端"的整体构架方案，安装能源路由器、随器计量家电、随器计量微型断路器、随器计量插座等。研发推广配套App，设计家庭用能智慧值指标评价体系，提高居民家庭用能的经济性、安全性、便捷性，推动居民家庭智慧用能水平的提升。

(2) 电动汽车及分布式能源服务。建设智慧能源服务系统，实现电动汽车有序充电和分布式能源有序接入，可保障配电网安全运行，提升充电设备利用率，促进清洁能源消纳，提高能源利用效率。设备物理层通过能源控制器和能源路由器串联起电动汽车有序充电监控链，可有序引导电动汽车低谷充电，减少电网投资，降低车辆使用成本，促进电动汽车的发展，减少汽车尾气排放，改善空气质量。

(3) 社区多能服务。社区多能服务是国家打造未来社区的典型场景，通过对供能设备、用能设备的监控、诊断和控制，积极参与需求响应和市场化交易等电力互动。社区多能服务用能控制系统采用"云-管-边-端"架构，实现社区范围内冷、热、电、气交互耦合与协同控制，达到最优经济用能，同时促进社区清洁能源消纳。

(4) 商业楼宇用能服务。商业楼宇用能服务是在满足特定目标条件下，连接建筑楼宇内的人员、空间环境，以及能源生产、传输、使用的所有设备，且可以与电网实现互动。商业楼宇用能控制系统采用"云-管-边-端"的系统架构，系统在物理设备层，通过部署各类传感器和执行器，实现对产生数据的源设备和建筑空间单元的全面感知。

(5) 工业用户能源辅助服务。工业用户能源辅助服务是集成数据分析、远程通信、层级控制技术，使能源侧与用户侧系统具备精确操作、远程控制和自治功能，构建能源互补、灵活控制、统筹调度的管控模式。通过大量高精度传感器与分布式部署的边缘路由器实现工业用户动态采集、实时控制和数据支撑服务。

7.2.3 营销业务数字化管控系统

为提升客户侧营销业务服务能力及能源管理水平，推进营销业务生产运行集约化、标准化和信息化管理，支撑智能配用电网进一步发展，国家电网有限公司以"业务高效融合、功能智能升级、服务创新拓展、管理提质增效"为目标，按照"业务效率优先、资源高效共享"原则，坚持"营销业务同平台开展、应用功能独立设计开发、数据全面融合共享"，推进营销 2.0 系统框架下的数字化运营监控体系重构，支撑营销业务生产的全要素智慧化运营、体系全过程数字化升级、全域资产全寿命周期管理、业务全链条融会贯通和全量数据深化应用，构建营销业务发展的新格局。

在营销业务层面，基于中台理念将现有省级计量生产调度平台（MDS 系统）与营销 2.0 系统中的需求管理、配送管理、分拣管理等业务功能进行一体化设计（图 7-11），推进营销业务中台计量中心建设。

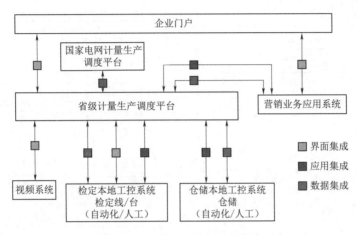

图 7-11 MDS 系统与外部系统集成示意

在检定作业层面，针对检定检测法制化和设施控制实时化要求，面向省级集中检定需求，构建计量检定生产控制层，实现自动化生产设施的集中监控调度和计量检定检测的法制化管理，计量检定生产控制层对下接入整合"四线一库"本地分控系统，对上承接营销 2.0 系统资产业务应用需求。同时基于新形势、新业务、新要求，对各层级功能进行优化提升。

营销业务应用系统明确划分与计量检定生产控制层的职责界面和功能定位，将计量检定生产控制层定位为集中检定相关工控设备、分控系统与业务应用系统之间的集控软件，系统功能融合架构如图 7-12 所示，负责检定生产作业安排、指令下发、过程调度、数据校核等，主要支撑国家电网各省级公司客服中心生产订货、新品登记、检定检测等业务，保障检定生产精准可靠、计量体系管理稳定可靠。将营销 2.0 计量功能定位为计量专业支撑客户服务的计量资产管理配置、业务运营管控平台，负责需求计划、验收合格资产建档、仓储配送、安装投运、现场检验、拆回分拣等资产管理以及计量运营管控等业务功能应用。

MDS 系统共包括生产运行管理、计量体系管理、资产全寿命管理 3 大模块、15 个功能项、98 个功能子项。在系统功能融合过程中，继承沿用到货登记、生产前适应性检查、库存复检等 29 个功能子项，优化提升库存预警、到货计划、合同管理、分拣处置等 69 个功能子项，根据业务发展需要，新增拓展全息监控、仓储效能分析、资产画像、智能运维等 63 个功能子项。其中，MDS 系统生产运行管理模块中的采购到货、检定检测以及计量体系管理模块融入至计量检定生产控制层；

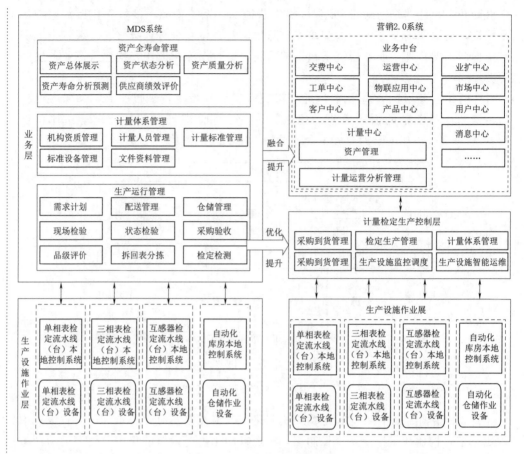

图 7-12　系统功能融合架构

生产运行管理模块中的需求计划、仓储管理、配送管理、品级评价、状态检验、现场检验等与客户服务关联密切的功能整合至营销 2.0 系统。系统功能融合后，计量检定生产控制层整体规划检定生产管理、计量体系管理、生产设施管理 3 大模块，11 个功能项、77 个功能子项，支撑计量检定生产管理及技术监督管控自动化、智能化升级。营销 2.0 系统业务中台规划计量中心 1 个业务中心，18 个功能项、122 个功能子项，负责全省计量资产档案管理，实现全省资产的仓储配送、安装投运、现场（状态）检验、品级评价及装置改造等业务应用，支撑计量专业服务电力客户。计量检定生产控制层与营销 2.0 系统通过服务调用的方式实现业务实时交互和数据按需共享，相互配合、共同支撑，实现计量专业功能优化、流程高效、业务集约、管理精益的目的。营销 2.0 系统建设方向如图 7-13 所示。

营销 2.0 是衔接国家电网有限公司战略落地，推进能源互联网生态共建的关键环节，其在优化客户关系管理、市场策略、产品设计、项目运营等功能的同时，提升电能替代、综合能源服务、能源电商服务、营销数据商业化服务等业务典型案例、技术示范等核心竞争能力，成为智能配用电网的核心功能支撑平台，助力实现营销业务数字化变革。

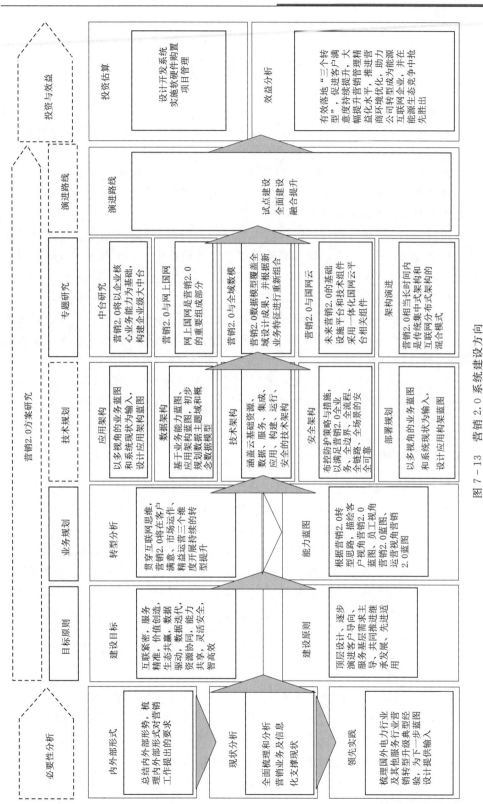

图 7-13 营销 2.0 系统建设方向

7.3　新型电力负荷管理系统

随着新型电力系统加快建设，在供给侧国际能源供应短缺、价格走高，国内能源结构优化调整的新形势下，电力供需矛盾日益突出，"供小于求"成为新常态，电力需求响应、有序用电等需求侧管理手段已成为解决供需矛盾突出问题的重要抓手，亟须开展电力需求侧管理及负荷控制系统建设，全面加强需求侧电力负荷监控，汇聚监测需求侧可控负荷资源，分解电力负荷调控策略和指令，实现用户侧负荷灵活调控管理、负荷精准管控。

依托省级智慧能源服务平台建设电力负荷管理系统，开展省级智慧能源服务平台负荷管理模块建设，完成省级智慧能源服务平台相关模块升级改造、开发建设及与相关应用系统接口服务改造，推进负荷资源的统一管理、统一调控和统一服务，实现有序用电下的负荷精准控制和常态化的需求侧管理，满足有序用电实施要求，有效应对电力供需紧张形势，达到用户侧电力负荷资源精准管控目标。现已实现负荷控制能力达到本地最大负荷的 9.7%，系统监测能力达到本地区最大用电负荷的100%，发挥负荷控制系统在有序用电中的负荷监测与控制作用。以强化电力供需紧张形势应对手段、提高负荷控制的精准性为目标，建立"安全可靠、互动有序、响应及时、保障有力"的需求侧管理新机制，支撑"限电不拉闸、限电不限民用"，守牢保供底线。

7.3.1　建设现状

新型电力负荷管理系统整体采用"总部-省侧"两级部署方式，"总部-省-市-县"四级应用方式，总部和省侧通过数据中台实现两级贯通。目前国家电网有限公司建有独立负荷控制系统、新型用电信息采集系统和省级智慧能源服务平台三个系统，支撑开展大用户电力负荷控制业务，并依此建立了相应的软硬件基础条件。

省侧系统基于省级智慧能源服务平台建设，由负荷调控模块、负荷应用模块及统一汇集支撑组件组成，负荷调控模块实现负荷调控任务的分解和指令下发；负荷应用模块实现方案管理和效果评价；统一汇集支撑组件实现核心数据模型标准化、数据格式统一化、数据计算一致，降低总部与省侧在核心数据交互上的复杂度，提高总部对省公司业务管控所涉及数据的可信度，新型电力负荷管理系统总体架构如图 7-14 所示。

在独立负荷控制系统方面，已有上海、河北、浙江和黑龙江等地电网建有独立负荷控制系统。新型在用电信息采集系统方面，该系统基于负荷控制系统发展而来，目前已有多家省公司开展有序用电管理工作。新型用电信息采集系统累计接入终端 500 余万台，包括专变Ⅰ型 68 万台、专变Ⅱ型 19 万台、专变Ⅲ型 450 万台，其中专变Ⅲ型终端占比超过 84%。系统通信信道可分为专网通信和公网通信两大类，专网通信主要在专变Ⅰ型、专变Ⅱ型应用，通信方式有 230MHz 通信和

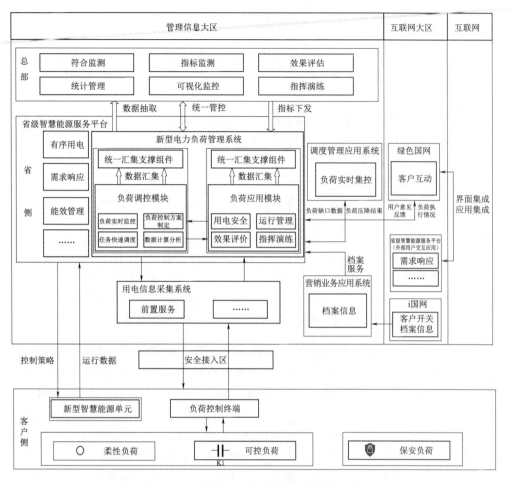

图 7-14 新型电力负荷管理系统总体架构

1.8GHz 通信；公网通信主要在专变Ⅲ型应用，通信方式有 GPRS、WCDMA、4G
通信等。采集系统的用户负荷开关接入方面，在运专变终端中已经接入开关的设备
仅有 75.68 万台，其中负荷终端未建立控制回路的比例约为 87%。

省级智慧能源服务平台在 2021 年 5 月完成有序用电模块标准设计，可以为有
序用电提供指标管理、指标下发、客户管理、执行计划、执行监测、方案管理等功
能，但在控制方面，省级智慧能源服务平台暂未实现与负控终端控制功能的贯通。

省级智慧能源服务平台负荷管理模块采用二级部署，所需资源均从云平台分配
和调度。

系统总体逻辑架构从上至下分为 2 层，分别为应用层和云平台层，逻辑部署架
构如图 7-15 所示。

应用层主要负责省级智慧能源服务平台负荷管理模块的业务逻辑处理，按照前
后端分离的设计，应用层前端基于 nginx 发布静态文件服务，提供对外访问入口，
后端服务提供业务逻辑处理、公共服务（平台服务）。

云平台层使用云平台的 RDS 作为系统配置库和业务数据库、使用 DCS 处理消

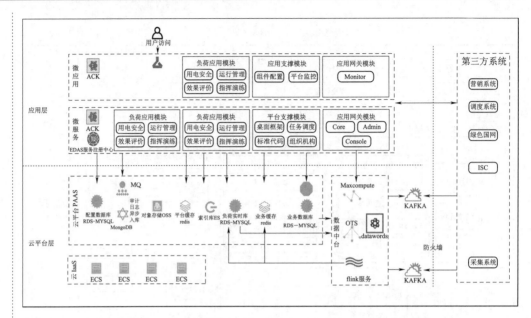

图 7-15 省级智慧能源服务平台负荷管理模块逻辑部署架构

息和缓存服务、基于云平台 MQ 服务和云 mongodb 服务做审计日志存储；使用数据中台的 Maxcomputer 服务提供数据计算和分析服务以及数据仓库，和外部系统的交互基于 KAFKA 消息队列；使用 ES 做索引库；使用数据中台的 Blink 服务流计算。

物理架构是基于总体架构和逻辑架构，从系统具体实现角度提出系统总体的软硬件物理部署方式以及资源需求，为系统运行提供充足的平台资源。

此硬件资源评估主要结合当前平台负荷管理模块专变用户的数据采集、计算需求，且满足平台负荷管理模块的数据采集、负荷控制管理、负荷检测、应急控制等需求，制定如图 7-16 所示物理架构。

目前省级智慧能源服务平台有序用电模块已完成基本功能建设工作，省侧负荷控制业务具备有序用电计划制定等基本功能，但难以支持负荷控制指令的准确下达，对电力需求侧管理、有序用电工作开展支撑不足，仍需对控制策略下发、负荷方案执行、负荷执行监测等业务进行新增和完善。

7.3.2　建设目标

新型电力负荷管理系统将参与电网常态化调节，保障电力平稳有序供应、保障民生用电安全。同时，为需求侧管理工作科学合理、公平公正开展提供系统性保障，有力支撑新型电力系统建设、保障电力系统安全运行、促进可再生能源消纳、提升社会能效水平。

作为新型电力负荷管理系统中的重要支撑平台，省级智慧能源服务平台负荷管理模块定位于全面提升配用电网负荷管理能力。省级智慧能源服务平台负荷管理模块依托省级智慧能源服务平台，贯通现有省级智慧能源服务平台与新型用电信息采

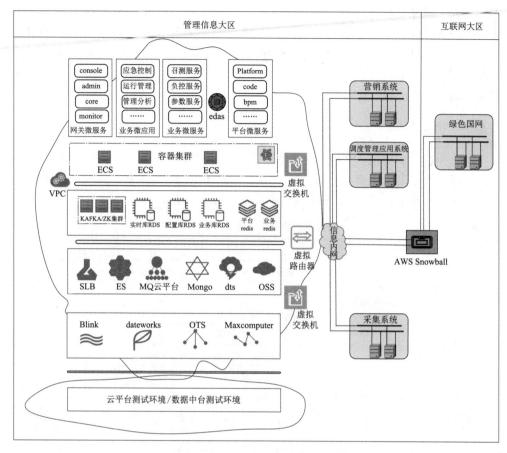

图 7-16 省级智慧能源服务平台负荷管理模块物理架构

集系统间的负荷控制功能。项目计划实现控制业务贯通，实现有序用电下的负荷控制，进而逐步深化完善电力负荷管理系统功能建设和应用，实现常态化的负荷管理。

项目业务需求划分为总部、省侧、整体支撑需求三部分。其中，总部负荷控制业务基于负荷控制的监测、管理需求进行新增；省侧负荷控制业务由于省级智慧能源服务平台已部署有序用电业务模块，具备有序用电计划制定等基本功能，但仍需对控制策略下发、负荷执行监测等部分业务进行新增和完善；整体支撑需求，组件支撑是为了更好地推动负荷控制业务应用在省侧快速落地，提供数据存储、计算分析等组件的支撑能力。计算服务是为了支撑总部与省侧负荷管理、负荷决策分析、执行监控等业务，进行实时或批量计算分析。具体包括负荷资源管理、负荷控制方案管理、负荷控制执行、负控执行监测、应急控制、运行管理、用电安全管理、管理分析、系统支撑、统一汇集支撑组件等需求。

项目旨在建成具备负荷资源管理、调控、监测等功能的新型电力负荷管理系统，该系统投运后，将有效提升配用电网负荷管理能力，助力新型电力系统建设，实现有序用电下的负荷控制功能和常态化的需求侧管理功能，以及负荷资源的统一管理、统一调控、统一服务。同时通过统一汇集支撑组件实现核心数据模型标准化、数据格式统一化、数据计算一致，降低总部与省侧在核心数据交互上的复杂度，提高总部对省公司业务管控所涉及数据的可信度。在管理方面，提升省级智慧能源服务平台负荷管理模块的精益化管理，降低系统各模块间的耦合度，推进面向不同模块、专业的精益化管理。

7.3.3　功能架构

系统开发功能包括：负荷资源管理、负荷控制方案管理、负荷控制执行、负荷控制执行监测、应急控制、运行管理、用电安全管理、管理分析、系统支撑及统一汇集支撑组件组成，共计 10 项功能，主要技术路线见表 7-1。

表 7-1　　　　　　　　　　　新型电力负荷管理系统技术路线

分　类	选　型
技术选型	页面展现技术：Html，Javascript，Vue
	大数据计算技术：Maxcomputer，Blink
	微服务技术：Spring Cloud，Spring Boot
部署模式	省级部署
开发平台	JAVA JDK1.8，Spring Cloud
中间件	云上：容器引擎 ACK，分布式缓存 Redis，消息队列 KAFKA，微服务注册中心 Nacos
数据库	RDS-MYSQL，数据仓库 Maxcomputer，列式存储 OTS，日志检索库 Elastic Search
数据计算	大数据计算 Maxcomputer 和 Dataworks
操作系统	centos7.6
浏览器版本	Chrome

新型电力负荷管理系统技术架构如图 7-17 所示。

1. 负荷资源管理

系统负荷资源管理功能是指构建客户侧可控负荷资源库，对可控负荷资源进行监测、分类分析和评估的业务，主要包括四个方面内容：一是维护开关档案、分路负荷档案、用户基本档案信息和用户策略；二是对负荷资源评估及出入库管理；三是对负荷资源的全景监测及对负荷实时监测；四是对负荷资源的可控能力及负荷特性的分析和评估。负荷资源管理包括负荷资源出入库管理、负荷资源监测、负荷资源评估等三个子功能点。

（1）负荷资源出入库管理主要负责管控可控负荷资源登记入库和注销的业务。登记入库功能应用场景包括年度有序用电用户及需求响应资源库里的用户批量入库和手工新增入库用户，移除资源库应用场景是指资源库中连续三年不用的资源至休眠状态的，或者连续两年休眠的，从库中移出。负荷资源出入库管理包括负荷入库管理、出库管理、负荷资源群组管理等三个子功能点，支持多维度（用电户编号、用户名称、供电单位、用电类别、行业分类）查询负荷资源库信息；支持用户将未入库的用户资源审核后加入负荷资源库，或者将已入库用户资源从负荷资源库中移

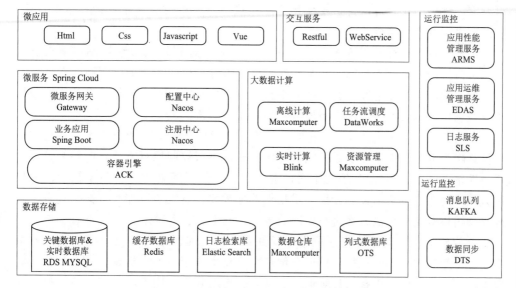

图 7 - 17　新型电力负荷管理系统技术架构

除；支持对负荷资源群组进行查询、新增、删除、修改等操作；支持设置应急响应负荷资源群组，作为应急响应负荷资源库对负荷资源进行动态监测。

（2）负荷资源监测针对当前实时负荷资源情况以及历史负荷资源情况进行监测与分析，便于及时做出资源调控措施的工作。负荷资源评估包括运行监测、负荷预警提醒、统计分析等三个子功能点，支持用户从资源总体、区域、群组、行业、用户、用户各分路等多种维度查询、展示负荷资源监测信息及可控负荷资源信息；支持负荷超过预警限制时，自动发送短信通知用户；支持各种维度（供电单位、行业分类等）的统计查询。

（3）负荷资源评估是对资源库的可调节负荷资源进行潜力分析、动态序位评估，并根据实际用电负荷对需求响应能力验证核对、滚动更新的业务，主要包括可控负荷分析和动态序位分析，支持多维度（供电单位、行业角度等）展示用户的可控负荷能力情况；支持根据用户历史运行负荷数据，通过潜力计算算法，计算用户的可控负荷能力上下限；支持每天定时计算用户的动态序位并动态更新展示；支持聚类分析方法，分析用户的可控负荷特征并对用户进行分类。

2. 负荷控制方案管理

负荷控制方案管理是指负荷控制系统接收到省级智慧能源服务平台下发的有序用电方案后，根据智能调控策略，将有序用电方案分解到控制终端或控制总加组，确定负荷控制执行方式（时段控、厂休控、功率下浮控、遥控）、终端控制轮次、执行日期、执行时段、控制总加组目标、执行客户等内容，制定下发给新型用电信息采集系统的负荷控制方案，并由上级主管部门进行审核的业务。负荷控制方案管理包括方案接收、用户有效性检查、负荷控制方案制定、负荷智能分解策略等四个子功能点。

方案接收是指新型电力负荷管理系统接收省级智慧能源服务平台下发的有序用

电方案，该环节在后台执行，支持用户多维度（供电单位、开始日期、结束日期）查询有序用电详细信息。

用户有效性检查是指对参与负荷控制的用户，远程召测负荷控制终端在线状态、负荷控制方案投入状态、开关状态、总表实时负荷曲线数据，判断终端状态是否可控、用户是否停电等内容，并向平台推送用户有效性检查结果，支持用户查询负荷控制用户白名单、终端上报停电事件等详细信息。

负荷控制方案制定功能为负荷控制系统根据接收到的有序用电方案，通过智能调控策略，分解到控制终端或控制总加组，确定负荷控制执行方式（时段控、厂休控、功率下浮控、遥控）、控制轮次，生成下发给新型用电信息采集系统的负荷控制方案。同时满足负荷控制专职人员根据业务需要，制定负荷控制方案的业务。系统支持用户对负荷控制方案进行修改、导入、删除、查询操作。

负荷智能分解策略功能是根据负荷缺口、执行时段信息、负荷调控响应的级别、执行用户的范围，选择不同的分解策略自动生成用户的目标调控负荷、执行时段等信息，为有序用电执行计划制定、常态化需求响应、应急响应等业务提供负荷智能分解的辅助决策服务。

3. 负荷控制执行

负荷控制执行功能是根据负荷控制方案实施负荷控制操作，包括负荷控制方案下发、负荷控制方案投入、负荷控制方案解除、远程遥控、控制异常监控、用户执行预警、执行过程记录、数据召测等。

系统根据需要对终端进行远程控制操作，实现单个或批量控制命令下发。负荷控制方案执行包括负荷控制方案下发、投入、解除 3 个环节，远程遥控命令包括遥控跳闸、允许合闸、保电、遥信等。本系统根据不同业务流程，首先完成安全认证（权限验证及口令），然后根据业务流程依次将负荷控制方案下发命令、投入命令、解除命令发送至新型用电信息采集系统，系统执行相应控制命令，并将执行结果反馈给新型电力负荷管理系统。

在负荷控制远程遥控过程中，为了保障用电安全，在执行遥控动作或方案投入解除时，提前一段时间，通过微信、短信、智能语音、绿色国网等方式发送相关告警信息告知用户，让用户知悉此事并做好相关准备。该系统提供告警跳闸、时段控方案投入、功率下浮方案投入、厂休控方案投入、方案解除等多种模板，支持用户对模板的修改操作。

控制异常监控功能为负荷控制执行过程中，将本系统对负荷控制终端下发的命令参数与现场召测的参数进行对比分析，对方案执行过程中产生的异常生成工单，经过人工判断后，推送至营销工单中心进行异常处理，形成业务闭环。支持用户多维度（供电单位、限电时间、用户名称等）查询控制异常的详细信息。

执行过程记录功能针对在负荷控制业务执行过程中，对负荷控制终端、柔性控制终端等设备控制指令、参数、数据召测等重要操作事件进行记录，同时记录用户的负荷切除情况，形成执行日志和用户执行效果，支持用户多维度（供电单位、操作员、用户名称等）查询执行日志详细信息与用户执行效果详情。

系统提供终端数据召测、遥控状态以及负荷数据的召测能力，支撑负荷控制方案执行、控制异常监测等业务。系统与新型用电信息采集系统通过消息队列或者接口方式进行数据召测命令下发，并接收新型用电信息采集系统返回数据召测结果（解析业务数据项）。召测数据项内容包括开关状态数据项、功率控方案、负荷曲线数据项、方案投入状态数据项等。

4. 负荷控制执行监测

负荷控制执行监测功能通过监测执行过程中用户的负荷变化趋势，对负荷超过预警值的用户自动生成并发送预警通知。负荷执行监测包括执行数据监测、负荷限值预警等两个子功能点。

执行数据监测是指省级/市级/县级供电公司的负荷管理专责在负荷控制执行过程中监测用户的负荷变化趋势及调控情况的业务。

负荷限值预警功能针对超过负荷预警限值的用户自动生成并发送预警通知。负荷限值预警包括负荷预警监测及预警通知、负荷预警清单、负荷预警统计等三个子功能，支持用户多维度（供电单位、用户名称、实际负荷、预警限值等）查询负荷预警监测明细、负荷预警清单明细以及负荷预警统计明细。

5. 应急控制

应急控制功能是指系统接收到调度发出应急响应指令后，根据智能调控策略和用户控制序位表，人工制定或自动生成应急方案并下发给新型用电信息采集系统执行的业务。应急控制包括应急响应指令接收、应急方案制定、应急方案审核、应急方案下发、应急响应事件回顾等五个子功能点。应急方案制定是指系统根据智能调控策略和接收到调度发出的地区负荷缺口，按照用户及用户群组维度，快速制定最优的参与用户、控制负荷和响应时段的应急方案的业务。

6. 运行管理

运行管理功能为保障负荷控制系统设备的正常运行，对负荷控制终端、开关、信道、平台的日常运行进行监测，并结合数据召测获取的信息，实现设备状态统计分析。设备状态监控是对负荷控制终端、开关等设备的运行状态、终端通信情况进行日常监测；设备运行维护是指对负荷控制终端、开关等设备进行日常巡检、异常分析、异常处理、异常统计。具体包括设备档案管理、设备状态监控、设备运行维护、预警规则管理、试跳管理等5个子功能点。设备档案管理指对现场安装的负荷控制终端、开关、电能表、分路负荷监测装置、分路控制模块等设备的档案信息进行维护。

7. 用电安全管理

为精细化保障有序用电客户的安全用电，围绕各典型行业安全生产监管要求，构建客户重要负荷安全档案，实现各重要负荷的分级分类在线监测、预警告警诊断分析、安全风险态势评价。客户重要负荷安全档案包括客户电气线路拓扑、保安负荷及其他重要负荷拓扑关系、负荷等级、生产及非生产负荷分类、历史隐患故障、典型故障特征等信息明细查询。具体包括负荷控制方案安全查证、用户执行安全监测、负控过程安全评估等三个子功能点。

负荷控制方案安全查证是指负荷控制方案管理模块在负荷控制方案制定前，对用户安全用电静态规则库进行查询，并由负荷控制方案管理模块确认负荷控制方案对用户安全用电是否造成影响的业务。用户安全用电静态规则库根据用户历史数据、策略要求数据定时更新完善，逐渐完备和补充，更加精准地辅助制定负荷控制方案。

用户执行安全监测是指根据用户安全用电静态规则库中安全监测分析信息库，结合负荷控制实施过程中的用户电气参量、环境数据等数据进行分析，支撑用户负荷控制执行的异常信息反馈的业务，安全用电静态规则库为负荷控制提供策略辅助。

负荷控制过程安全评估是指负荷控制执行完成后，根据用户安全用电静态规则库中的打分规则，建立安全评估模型，输出负荷控制过程安全评估报告的业务。

8. 管理分析

管理分析是指省、地区、市（县）各级单位对数据完整性进行分析，对负荷控制执行情况进行指标监测、可视化监控、分析的业务。具体包括指标监测、可视化监控、报表管理等 3 个子功能点。

指标监测是指对总部下达的指标和本省的个性化指标进行监测的业务。包括负荷控制用户负荷压降合格率指标、实时负荷曲线采集及时率指标、负荷控制能力指标、负荷控制完成率指标等。

可视化监控、报表管理是省、地区、市（县）各级单位对负荷控制实时控制效果、负荷压降结果、指标等数据以图表形式进行可视化监控展示，实现多方位、多角度、全景展现负荷控制执行情况的业务。

9. 系统支撑

系统支撑是指支撑新型电力负荷管理系统各项业务的功能模块，主要包括配置管理、日志管理、权限管理、统一数据访问等内容。具体包括配置管理、日志管理、权限管理、统一数据访问、缓存初始化等 5 个子功能点。

提供可视化界面进行相关配置统一管理，为不同应用提供配置管理。包括系统参数、数据标准编码、交互接口配置。

制定统一日志规范，实现分析应用和业务应用的日志分级采集策略配置、多维日志汇聚、存储，日志检索、日志存储、日志生命周期管理等功能。

权限管理是指维护系统功能权限、数据权限。通过维护角色与操作员关系、控制操作员的访问权限。

新型电力负荷管理系统的账号来源于统一权限管理平台，同时系统提供账号、权限、密码的统一管理。统一汇集支撑组件主要包括交互模型管理、交互路由管理、数据转换服务、数据处理服务、信息交互监控、信息安全管理、交互日志管理等功能。

10. 交互模型管理功能

交互模型管理主要实现对总部与省侧系统间数据交互与信息共享过程中交互对象的模型定义与管理。通过对交互对象的标准描述和特征抽取，构建包括交互内容、交互格式、交互频次、交互方式、数据源、交互目标等关键信息的标准化交互模型，通过对交互模型的定义调整及版本控制，实现对交互流程的低代码管理、动态调整及历史回溯能力。交互模型管理主要包括系统接入管理、数据转换服务、数据处理服务、消息路由服务、信息交互监控、信息安全管理、交互日志管理及系统支撑服务等子功能点。

（1）系统接入管理主要实现对总部与省侧数据交互与信息共享过程的系统账户统一管理，包括对每个系统进行统一身份编码，加入用户密钥等验证过程。

（2）数据转换服务主要为满足省侧新型电力负荷管理系统内多源异构数据与总部系统间高速稳定的数据同步与共享需求。根据交互模型配置定义数据转换任务，适配新型电力负荷管理系统内采用的各类消息队列、实时数据库、关系数据库、缓存数据库、列式存储、数据仓库、日志数据库等，实现源端数据在结构格式、存储方式和存储位置等方面差异的归一化处理，降低目标端获取数据和处理数据难度，提供源端与目标端间多源异构数据的增量同步、全量同步、数据转发和一致性管理能力，支撑总部与省侧系统间高效数据交互。数据转换服务主要包括任务配置管理、任务调度管控、流量控制管理、熔断管理、优先级管理、消息路由服务、数据抽取服务、数据入库服务、数据校验服务等子功能点。

（3）数据处理服务主要提供省侧新型电力负荷管理系统与总部系统交互过程中所需的基础通用的数据处理能力。通过数据处理规则配置的方式，在交互过程中对指定数据源的不同维度数据按照处理规则进行聚类、分组、过滤、清洗、校验、修复等通用处理以及求和、极值、方差、均值、单位转换等基础运算，并可通过对数据处理的时间跨度、聚类范围、过滤条件和约束因素进行配置，提供动态灵活的数据处理能力，快速响应总部对省侧系统交互数据的需求变化和质量要求；同时结合数据可视化插件实现对数据处理过程的动态可视化监测。数据处理服务主要包括处理规则配置、处理规则变更、数据处理服务、处理服务监测、处理历史查询等子功能点。

（4）消息路由服务包括请求应答和发布订阅两类信息交换模式，各应用系统通过支撑组件中间件实现位置透明的松耦合消息交换。消息路由服务主要包括同步请求应答、异步请求应答、消息发布、优先级传输等核心功能。

（5）信息交互监控主要实现对总部与省侧系统间信息交互与数据共享过程的全方位监控，提供对交互类型、并发规模、交互频次等交互服务运行状况以及交互资源占用等影响交互效能的关键指标的全方位监视，并对交互过程中出现的异常情况及时告警通知，确保交互服务的高可用性和高可靠性。信息交互监控主要包括交互过程监测、交互状态监控、交互异常告警等子功能点。

（6）信息安全管理主要为总部与省侧系统间的数据共享与信息交互的安全性提供技术管理手段，提供数据加解密、数据脱敏、数据压缩、合规性校验、安全审计等功能，为数据交互的全过程提供统一鉴权、令牌校核及安全处理能力，确保总部侧与省侧系统间数据交互共享的安全性。信息安全管理主要包括令牌管理、数据加解密服务、数据脱敏服务、数据压缩服务、合规性校验服务、安全审计管理等子功能点。

（7）交互日志管理主要实现对总部与省侧系统间信息交互和数据共享流程的全过程监视与管理，依托新型电力负荷管理系统内统一的日志管理规范与标准，对信息交互与数据共享过程中的操作步骤、交互流程、交互类型、交互内容等信息进行汇集、记录、存储和检索，实现对信息交互的全生命周期管控。同时，提供基于交互日志的交互统计，帮助业务、运维人员掌握交互的全局情况，辅助开展交互异常定位和资源管理决策。交互日志管理主要包括操作日志管理、交互日志查询、交互日志分析等子功能点。

（8）系统支撑服务主要实现对总部与省侧系统间信息交互和数据共享流程的全过程的体验优化，涵盖调用服务、多任务传输等情况的优化支撑。系统支撑服务主要包括流量控制管理、熔断管理、优先级管理这些子功能点。

7.3.4　技术架构方案

1. 业务架构

省级智慧能源服务平台负荷管理模块依托省级智慧能源服务平台开展建设，与营销业务应用系统、新型用电信息采集系统、调度管理应用系统、绿色国网系统等外部系统进行数据交互。平台负荷管理模块根据最新业务模型将负荷管理业务分为基础业务、负荷控制业务、应用业务、支撑业务及统一汇集支撑业务五大部分，业务架构如图7-18所示。

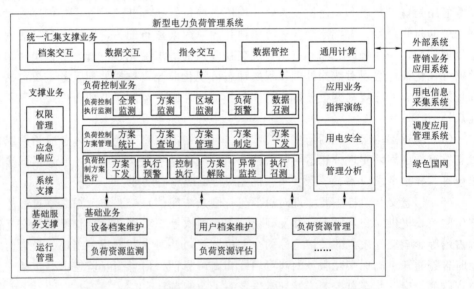

图7-18　省级智慧能源服务平台负荷管理模块业务架构

（1）基础业务主要包括用户档案、设备档案维护业务，负荷资源监测、评估、管理业务，设备运行状态监测维护业务，保证基础档案数据准确，负荷资源可靠监控，设备运行状态可观可测。

（2）负荷控制业务作为平台负荷管理模块核心业务，主要包括负荷控制执行监测、负荷控制方案管理、负荷控制方案执行等业务，实现负荷方案的制定，负荷控制方案下发到终端，同时对负荷监测控制的执行情况、执行效果进行及时监测。

（3）应用业务包括指挥演练、用电安全、管理分析业务，基于负荷控制业务，对用户的用电安全进行监测和分析，对负荷控制各环节指标进行监测分析，可视化展示本省/市的负荷控制执行情况，支撑各类统计数据报表一键统计生成。

（4）支撑业务是为保证系统平稳运行进行的配置管理、日志管理、权限管理、统一数据访问等系统支撑业务。

（5）统一汇集支撑业务包括对外交互服务（档案、数据、指令交互）、数据管控和通用计算业务，通过对平台负荷管理模块核心基础数据进行统一化、标准化管理，提供统一服务实现对数据出入口管控，确保核心基础数据全局的安全、准确、一致。同时将涉及省侧负荷控制业务所需基础数据及总部管控指标的运算逻辑规则和数据源进行固化和统一，在数据计算层面确保各省业务开展和总部指标管控的一致性。

2. 技术架构

技术架构分微应用、微服务、交互服务、大数据计算、运行监控、数据存储、数据传输7个领域，模块技术架构如图7-19所示。其中微应用、微服务、交互服务采用开源技术及组件，大数据计算、运行监控、数据存储、数据传输以及容器管理，采用阿里云的Paas层组件。

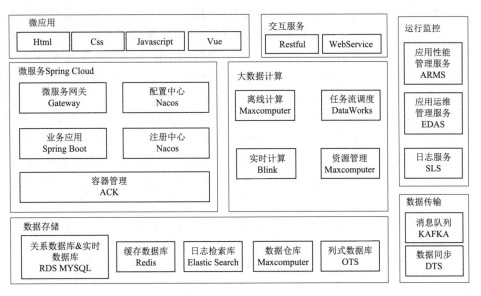

图7-19　省级智慧能源服务平台负荷管理模块技术架构

在数据安全性方面，省级智慧能源服务平台负荷管理模块安全防护框架体系遵循网络安全防护相关要求。针对系统面临的安全风险，重点从物理安全、边界安全、应用安全、数据安全、业务安全、主机安全、网络安全、终端安全、安全风险监测等方面进行设计。

（1）多层面全面防护。从物理、边界、应用、数据、业务、主机、网络、终端、安全管理等层面对省级智慧能源服务平台负荷管理模块进行全面防护，满足信息安全要求。

（2）严格有序用电等控制应用管理。依据《电力监控系统安全防护规定》（中华人民共和国国家发展和改革委员会令第 14 号）与《电力监控系统安全防护方案》要求，控制任务的调度和执行业务调控模块部署于营销生产控制域中，为接入终端设立营销安全接入区进行严格的边界防护。

（3）强化边界防护能力。强化省级智慧能源服务平台负荷管理模块与其他业务系统间边界的安全防护能力，降低其他业务系统信息发生安全事件对平台负荷管理模块的影响，设置营销生产控制域，并在管理信息大区申请独立 VPC 进行隔离。

（4）利用基于国密算法的密码技术进行真实性与机密性保障。密码机与签名验签服务器提供的应用层加密/签名能力，保障信源数据真实性、数据传输过程中的真实性与机密性。重要数据、商密数据等使用国密 SM2、SM3、SM4 加密算法保证数据传输的安全性与完整性。密码应用合规性与安全性应通过国家密码管理局组织的安全性审查。

7.4　配用电信息交互与典型应用场景

配用电环节位于电力系统末端，直接与电力消费者相连，在智能电网理论研究和实践过程中，灵活、高效、互动的智能配用电成为分布式清洁能源消纳、需求侧资源利用、用电效益提升的重要技术手段，是智能电网建设的重要组成部分。因此，提升配用电网的智能化程度，打通用户侧信息交互壁垒并分析信息交互的典型应用成为行业内众多学者的研究热点。

在配用电信息采集系统研发领域，针对不同类型配用电业务应用的实际情况，主要通过分别采用集成式和一体化两种典型的信息交互方式实现业务应用系统之间的信息交换与融合，分析配电网与用电环节中数据源及数据传输信道的不同特点，通过构建光纤骨干网、无线专网等物理通信网络，基于通信综合接入平台和综合管理系统完成多种物理通信网络的接入与管理。

针对分布式电源管理、电动汽车充换电设施管理、智能用电互动管理等新型应用系统在信息交互过程中对信息安全的差异化要求，将各应用配置于相应的安全防护分区中，采用分区、专用、隔离、防护等方式实现对二次系统信息交互的安全防护。

7.4.1　配用电用户侧数据分析

随着智能电网的实施特别是智能电表的普及安装，传感和信息通信技术得以与现代电网深度融合，电力公司获取了前所未有的以指数级增长的海量、多态、异构、高维的配用电数据，这些数据来源于配电管理系统、生产管理系统、用电信息采集系统、用户服务信息系统、调度控制系统等多个数据采集系统，包括配电网设备模型参数、拓扑结构、设备状态监测、配电自动化、用户营销、电表量测、分布式电源状态监测、电动汽车运行等类型，呈现出高容量、多样性、高价值等特点。对配用电数据进行有效的综合分析和融合应用，不仅可以提高电力系统的运营效率，降低运行成本，也可以显著提高用户满意度，提升电网运营管理水平。

数据融合工作的思想愿景是，在不改变现有系统软件架构的前提下，打破多个系统之间的割裂封闭状态，形成统一数学模型，整合多系统数据，并在原有平台资源动态支撑的基础上，完成高级应用分析功能。

智能电表作为用户与电力公司资产的物理分界点，是电力公司的配电网末端节点，隶属于电力公司的配电网资产。因此长久以来，电表量测一直被应用于配电网的业务管理中。例如在机械电表时期，电量通常1~2个月采集一次，此数据常被用来估计配电网负荷在馈线上的分布。随着自动抄表业务的实施，更多的电网业务支撑需求也日益推动着电表的智能化水平和功能的不断提升。从2007年兴起的AMI实施方案中，更是将智能电表的作用提高到一个新的高度。本着超越电能计量的理念，智能电表已经不止是一个计费设备，而成为一个电网末端节点的智能传感器，为电力公司提供系统范围内的负荷测量和系统可视性，促成很多系统高级应用，也为迅速发展的电网数据分析奠定了基础。覆盖全系统的智能电表的实施将影响电网的众多部门。回顾过去十几年的行业发展，智能电表的许多功能需求都受到了包括配电网运维分析在内的计费外业务的驱动，因此国际市场上的智能电表大多数具备如下的基本功能配置。

（1）事件主动上报。及时、准确的台区和末端用户的供电状态以及特殊事件告警信息可以让电力公司随时感知配电网的运行情况。重要的即时事件包括停电告警、用电恢复告警和电表移动或篡改事件告警等，其中，即时的停电告警信息有助于电力公司精准定位用户停电范围，远程识别停电原因，为主动抢修业务提供数据基础。基于上述事件的重要性，电力公司需要在事件发生后的30s到几分钟内将其由电表主动上报至主站。北美的智能电表为满足这一需求，均内置电容器，在电表失电后保持10~15s的持续供电，以发出停电告警信息。这些电表停电告警信息能即时返回数据中心，与电力公司的GIS和停电管理系统（Outage Management System，简称OMS）相结合，使得电力公司在用户电话报修之前，赢得故障抢修的主动权。

（2）实时召测。配电网实时状态监测数据有助于了解系统或现场设备的实时运行情况，提升配电网管控水平。运行人员可以通过具有实时召测功能的智能电表，随时随地对现场状态进行查询掌控。例如，当用户电话报修后，客服人员可根据台区总表和用户电表的召测功能，判断停电事件的真实性，预判停电范围，降低由于用户误报而造成的不必要的人员检修工单安排。在日常运维过程中，电力公司更是开发了相应的移动终端程序，使得抢修人员能够在现场通过移动设备召测一个或多个电表的实时状态，判断故障范围，确认供电恢复状态。此外，实时召测也有助于发现隐含的多重故障，减少出修次数，辅助资产管理。上述应用通常要求召测的数据在15~30s内返回，以满足准实时要求。

（3）拓展的电表量测功能。作为智能电网的传感器，智能电表可以实现分时段间隔的电能计量、电压及电流监测、负荷记录、分时计量、事件记录等功能。电表的采集频率由各电力公司根据其业务需求设定。在美国，由于电力市场和实时电价结算的要求，大部分电力公司都提供 15min 的间隔数据；加拿大的电力公司通常可以提供每小时的间隔数据。智能电表可以根据不同的延迟要求将上述数据传回数据中心。智能电表数据具有巨大的资产价值，可以在配电网资产管理、设备监测、配电网分析、规划、运维管控和优化管理等方面发挥重要作用。有效地定义、选取和利用这些量测数据是当下很多电力公司的首要任务。得益于这些数据，电力公司可以实时监测、控制低压配用电网，直接面向千家万户，智能配用电网的精益化管理将达到前所未有的高度。

7.4.2 配用电数据应用现状

现阶段国外配用电数据分析的重要应用方向是辅助电力公司进行运行管理和用户管理。

（1）资产管理。资产管理是对变压器、变电站设备及线路等资产的管理优化，利用 AMI、SCADA 数据，配合 OMS、设备资产数据库，对设备的运行情况进行监测，对敏感量测数据异常进行报警。目前，DTE、BC Hydro 等公司都已开展了基于配用电数据的资产管理项目。

（2）负荷预测。负荷预测是电力系统经济调度中的一项重要内容，也是能量管理系统的重要模块，为电网改造和扩建工作的远景规划提供了有效支持。目前，Austin Energy、Duke Energy 等公司已开展了基于配用电数据的负荷预测项目。

（3）停电管理。停电管理是电网运行管理中的重要环节，利用 AMI、DA、GIS 等数据，进行停电监测，并对停电区域进行隔离，评估停电恢复能力，优化抢修方案，预测恢复时间。目前，National Grid、Hydro Ottawa 等公司已开展了基于配用电数据的停电管理项目。

（4）系统模型建立和完善。系统模型建立和完善对于用户分析、潮流计算和资产分析非常重要，其内容主要包括辨别相别错误、检验用户变压器连接关系、管理资产信息等。目前，PECO、JEA 等公司已开展了基于配用电数据的系统建模项目。

（5）实时电网运行监测。电力公司通过建立实时电网运行监测平台，综合集成多个数据源，对负荷供需、电压合格率、配变运行异常情况等重要指标实施集中监控，并设置越限告警，提高监控效率，保证电网安全可靠运行。目前，Reliant Energy、PECO 等公司已开展了基于配用电数据的实时电网运行监测项目。

（6）用户分类。用户分类是用户侧数据分析的重要方向。电力公司根据不同的业务需求，选择相应的用户分类标准。大多数电力公司利用 AMI 数据、天气数据以及账单信息，对用户类型进行划分，确定用户的典型用电模式和负荷特征。目前，PG&E、Southern Company 等公司已开展了基于配用电数据的用户分类项目。

（7）窃电分析。窃电是直接影响电网运营收入的主要原因，还可能使电力公司对配电网的运行状态作出错误的判断，因此各电力公司对防窃电研究倍加重视。现阶段防窃电分析的主要研究方向是通过对 AMI、用户信息系统（Customer Information System，简称 CIS）、GIS 数据、天气数据、工单数据、停电信息、变压器及馈线数据对窃电行为进行识别，减少由于窃电造成的损失。目前，Baltimore Gas & Electric、BC Hydro 等公司已开展了基于配用电数据的窃电分析项目。

（8）需求响应。需求响应是指通过调整电价或提供奖励，引导用户根据系统需要改变其用电模式，达到减少或推移某时段用电负荷的目的，从而保证电网系统的稳定性。目前，Wabash Valley Power Association、Southern California Edison 等公司已开展了基于配用电数据的需求响应项目。

（9）能效分析。用户能效一直是能源领域关注的热点课题之一。各电力公司借助 CIS、AMI 数据，对用户电量、参数进行统计分析和个性化评估，协助制定能效策略，以达到降低能源成本的目的。目前，Snohomish County PUD、Orlando Utilities Commission 等公司已开展了基于配用电数据的能效分析项目。

（10）数据可视化。数据可视化可以提高运行人员处理和分析电网数据的效率，让电网管理人员快速了解系统的当前运行情况，同时为用户提供实时的用电信息，部分电力公司的可视化工具还可以展示居民屋顶的光伏发电情况。目前，OG&E、San Diego Gas and Electric 等公司已开展了基于配用电数据的数据可视化项目。

（11）分布式电源管理。分布式电源、储能设备等多元负荷的接入是电网研究中重要课题。分布式电源管理主要包括分布式电源规划、新能源发电能力预测、分布式电源实时管理等，但这些研究仍处于初级阶段。目前，APS、San Diego Gas and Electric 等公司已开展了基于配用电数据的分布式电源管理项目。

（12）电动汽车管理。电动汽车的随机充放电行为会给电网的安全稳定运行带来新的挑战。电动汽车管理方案包括优化电动汽车充电桩选址、充电桩现场测试以及充电模式对配电网的影响评估等。目前，Southern Company、Snohomish County PUD 等公司已开展了基于配用电数据的电动汽车管理项目。

随着用电信息系统建设推广的不断深入，国家电网有限公司已建立相应系统，实现对中压一级配电网运行数据的监测功能；同时，我国智能电能表的总体安装量已达到了 4 亿只左右，为配用电数据融合和分析创造了条件。但受限于我国现有的用电信息系统在最后 1km 通信和信息功能的制约，多数智能电表所采集的大量用户量测数据仅停留在集中器一级，不少省级电力公司仅能读取午夜单点的计费信息，不具备对低压配电网异常情况的及时感知能力，因此很难满足上述配用电数据融合和分析应用的需求。

在业务需求层面，传统业务需求仍然是配用电数据分析的主要驱动力，利用配用电数据加强停电管理、优化电网运行，提高电网的可靠性水平仍然是电力公司的首要任务。但同时，基于配用电数据分析的资产优化日趋重要。

在数据应用层面，电表数据分析占据主导地位。电力公司应对智能电表数据进行重点研究，分析用户用电行为，积极开展能效分析、需求响应等方面的研究。但同时，除智能电表数据以外，交易和账单数据、第三方采购数据、呼叫中心性能指标、天气信息、用户信息、社交媒体数据等也日益重要。

在数据管理层面，随着项目中使用数据的增加，关于数据所有权和治理的问题变得越来越重要，部分电力公司也在考虑设置首席数据分析官，主导电网数据分析工作。

在分析方法层面，由于配用电数据的规模效应，数据存储、管理以及数据分析给传统的集中式处理模式带来了极大的挑战。电力公司应开始考虑采用分布式数据挖掘方法，解决配用电数据分析的空间和时间瓶颈。

在推进理念层面，电力公司不应仅着眼于配用电数据分析本身，而应该从更高的层次考虑配用电数据分析的作用，以面向公司本身的方式推进相关工作。

基于我国目前的数据现状、实践基础与配用电数据应用发展趋势，总结分析了国内下一阶段配用电数据分析的重点工作，通过升级用电信息采集系统、配置低压监测设备等手段，丰富配电网监测数据类型，提升配电网监测数据质量，不断提高配用电数据分析应用水平，数据分析提升重点见表7-2。

表7-2　　　　　　　　　　下阶段配用电数据分析提升重点

应用分析提升				
应用大数据清洗技术	开展低压模型维护管理	识别用户相位校验拓扑关系	开展低压用户可靠性分析	开展低压用户用电行为分析
开展停电事件主动上报的配电网抢修业务应用	开展基于阻抗测量的状态评估应用	提高充电网络布局优化和运维效率	开展分布式电源并网状态分析	开展电能质量数据统计分析
主站侧提升		终端侧提升		
提升用电信息采集系统性能	深化智能台区监测应用	开展智能配变终端需求分析	实现用户数据高频、全覆盖采集	加装低压监测单元
开展配电网故障研判的研究	部署供电抢修服务指挥系统	加强智能电能表的故障研判功能	开展配变智能监测与低压自动化研究	开展低压配电网故障研判

7.4.3　配用电数据窃电分析

现有防窃电的措施主要集中在管理措施上。然而380V/220V低压配电网点多面广，靠人工检查等管理措施的工作量巨大，不具备可行性，况且随着各种窃电手段花样迭出，电力公司急需一种有效监测和识别窃电行为的方法。

加拿大BC Hydro公司提出了一种基于智能电表数据的窃电分析方法，为解决上述问题提供了新思路。该方法以装有智能电表的低压配电网末端节点（叶节点）为起点，结合低压系统拓扑和其他电表量测信息，沿着配电线路，计算出台区配变处（根节点）的电压信息。通过对一段时间内由不同叶节点计算得到的根节点电压序列的同期比较，检测低电压用户的窃电行为。

以一台连接5个用户的变压器为例，对该方法进行具体描述，其拓扑连接如图7-20所示。

图7-20中除用户5与配电变压器直接相连，其余4个用户两两并联在2条二次侧线路上。除配电变压器以外，用户1～用户5均安装智能电表。U_i、I_i分别表

示根据智能电表量测求得的每小时的平均电压、平均电流；Z_i 代表通过 GIS 获取的各条线路的阻抗；U_t 代表配电变压器二次侧出口电压，由于配电变压器处无量测装置，U_t 可以通过下游用户的智能电表数据及线路阻抗推导得出。以用户 1 为例，由欧姆定律可知

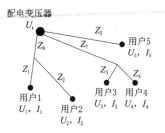

配电变压器

$$U_{t1} = U_1 + I_1 Z_1 + (I_1 + I_2) Z_6 \qquad (7-8)$$

由式（7-8）推导起点是用户 1，如果将网络中不同的电表作为起点进行推导，均可得到类似式（7-8）的方程，结果用行向量 $\begin{bmatrix} U_{t1} & U_{t2} & \cdots & U_{t5} \end{bmatrix}$ 表

图 7-20　配电变压器与下游用户的拓扑连接

示，其中 $U_{tj}(j=1,2,\cdots,5)$ 表示以电表 j 为推导起点得到的 U_t。

假设通过 GIS 获取的各条线路参数准确，且忽略电表量测误差，则同一时刻 $U_{t1} \sim U_{t5}$ 的数值大小应非常接近。智能电表数据拥有足够的时间序列用于计算与分析，以 1 周的时间为单位，分析整个序列内同一时刻的 $U_{t1} \sim U_{t5}$ 之间的差值，当差值高于一个设定的阈值时，则考虑变压器下游用户存在窃电行为。在网络模型中逐一去掉各用户，若去掉某一用户后，U_{tj} 之间的差值显著下降，则认为该用户有窃电嫌疑。假设在疑似窃电用户处存在一个虚拟电表，代表该用户未知的真实负荷。将虚拟电表的负荷量测作为未知数，以整个序列内同一时刻 $U_{t1} \sim U_{t5}$ 之间的差值最小作为目标函数，通过目标搜索法和线性规划优化方法，可以求取疑似窃电用户的真实负荷曲线。

参 考 文 献

［1］彭显刚，李壮茂，邓小康，等. 智能电网框架下的高级量测体系研究述评［J］. 广东电力，2017，30（12）：7-14.

［2］张大品，欧清海，何业慎，等. 基于物联网的电网智能节能量测量方法及实现［J］. 电信科学，2019，35（3）：140-146.

［3］周冰钰，刘博，王丹，等. 基于自组织中心 K-means 算法的用户互动用电行为聚类分析［J］. 电力建设，2019，40（1）：68-76.

［4］张景超，陈卓娅. AMI 对未来电力系统的影响［J］. 电力系统自动化，2010，34（2）：20-23.

［5］赵伟，姚钪，黄松龄. 对智能电网框架下先进测量体系构建的思考［J］. 电测与仪表，2010，47（5）：1-7.

［6］栾文鹏，王冠，徐大青. 支持多种服务和业务融合的高级量测体系架构［J］. 中国电机工程学报，2014，34（29）：5088-5095.

［7］栾文鹏，刘沅昆，王鹏，等. 基于 IPv6 的高级量测体系及其可促成的应用［J］. 南方电网技术，2016，10（5）：111-116.

［8］王锡凡，肖云鹏，王秀丽. 新形势下电力系统供需互动问题研究及分析［J］. 中国电机工程学报，2014，34（29）：5018-5028.

［9］张景超，陈卓娅. AMI 对未来电力系统的影响［J］. 电力系统自动化，2010，34（2）：20-23.

［10］庞鹏. 电力市场化改革背景下电力需求响应机制与支撑技术［J］. 广东电力，2016，29（1）：70-78.

[11]　刘文松，刘韶华，成海生. 面向智能电网的高级计量架构 AMI 的研究 [J]. 电网与清洁能源，2011，27 (10)：8 - 12.

[12]　祁兵，曾璐琨，叶秋子，等. 面向新能源消纳的需求侧聚合负荷协同控制 [J]. 电网技术，2019，43 (1)：324 - 334.

[13]　孟雨田，严正，徐潇源，等. 配电网状态估计的全局灵敏度分析及应用 [J]. 电力系统自动化，2020，44 (2)：114 - 122.

[14]　黄蔓云，孙国强，卫志农，等. 基于脉冲神经网络伪量测建模的配电网三相状态估计 [J]. 电力系统自动化，2016，40 (16)：38 - 43.

[15]　胡江溢，祝恩国，杜新纲，等. 用电信息采集系统应用现状及发展趋势 [J]. 电力系统自动化，2014，38 (2)：131 - 135.

[16]　刘亚骑，张昌栋，韩为民. 大数据环境下的用电信息采集系统建设 [J]. 自动化与仪器仪表，2018，(5)：206 - 210.

[17]　贺鹏. 基于 SM/AMI 的用户主动需求响应研究 [D]. 北京：华北电力大学，2013.

[18]　赵莎莎. 用电信息采集系统的应用现状与未来发展 [J]. 企业改革与管理，2016，(6)：203.

[19]　康丽雁，张冶，蔡颖凯. 电力用户用电信息采集系统在智能电网中的应用 [J]. 东北电力技术，2013，34 (7)：50 - 52.

[20]　李琼琼，范学忠，王清，等. 基于用电信息采集系统的配电网台区识别 [J]. 电测与仪表，2019，56 (24)：109 - 114.

[21]　赵永良. 用电信息采集系统本地通信方式对比研究 [J]. 电力系统通信，2010，31 (10)：50 - 54.

[22]　董重重，夏水斌，孙秉宇，等. 用电信息采集系统中集中器脆弱性分析 [J]. 电测与仪表. 2020.57 (8)：128 - 134.

[23]　朱斌，汪一帆，孙钢. 基于博弈论的智能电网与需求侧交互管理策略 [J]. 电测与仪表，2022，59 (7)：129 - 136.

[24]　巫钟兴，郑安刚，祝恩国，等. 面向对象的用电信息数据交换协议应用方案研究 [J]. 电测与仪表，2019，56 (8)：113 - 118.

第 7 章
习题

第 8 章　电-碳综合利用技术

8.1　碳捕捉利用与封存技术

碳捕捉利用与封存（CCUS）是一种从能源使用、工业流程等排放源或大气中获取并分离 CO_2 的方法。通过使用罐车、管道和船舶等工具将 CO_2 运输到适当的位置进行利用或存储，从而达到降低 CO_2 排放的目的。如图 8-1 所示，碳捕捉利用与封存技术不仅有助于实现化石能源使用的近乎零排放，还可以推动钢铁、水泥等难以减少排放的行业实现深度减排。在碳限制背景下，该技术对于提高电力系统的灵活性、确保电力供应的安全稳定、抵消难以减少的 CO_2 及非 CO_2 温室气体排放具有重要意义，从而有助于实现碳中和目标。

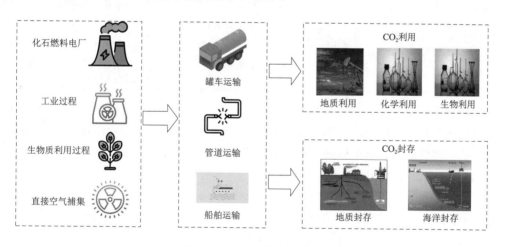

图 8-1　CCUS 技术示意图

8.1.1　碳捕捉方式

碳捕捉主要有三种路径：燃烧前脱碳技术、燃烧后脱碳技术以及富氧燃烧技术。根据 CO_2 浓度、气流压力与燃料类型（固体/液体）等因素的不同，可选择不同路径。CO_2 的捕捉方式比较见表 8-1。

表 8 - 1　　　　　　　　　　　　　　　CO₂ 捕 捉 方 式 比 较

类　别	技 术 成 熟 度		发 展 潜 力	
	煤	天然气	煤	天然气
燃烧前脱碳技术	中-高	—	高	—
燃烧后脱碳技术	中-高	低	高	中-高
富氧燃烧技术	高	高	中-高	中-高

从应用情况来看，燃烧后脱碳技术由于捕捉效率高，成本相对较低，具有较好的经济性，因此得到了较为广泛的应用，目前已投入商业化运营的碳捕捉项目大多运用燃烧后脱碳技术。

8.1.2　碳吸收方法

从具体吸收方法来看，化学吸收、物理吸收、生物吸收、膜分离等技术路线在研较多，其中化学吸收法应用最为广泛，其余处理方法受制于成本/技术等难题大多仍处工艺优化等阶段。各碳吸收方法比较见表 8 - 2。

表 8 - 2　　　　　　　　　　　　　　　各 碳 吸 收 方 法 比 较

方　法	吸收 CO₂ 效率	优　势	劣　势
化学吸收	中-高	吸收量相对大，经济性较好	部分化学吸收剂具有腐蚀性，存在环境污染问题
物理吸收	较高	吸收量大，操作简单	运行耗能较高，成本较高
生物吸收	低	环境友好，可吸收低浓度 CO₂，成本较低	吸收速度较慢
膜分离	中-高	吸收装置简单，设备紧凑，投资强度较低	分离后 CO₂ 纯度较低，运行耗能较高，薄膜耐久性较差

（1）化学吸收法是目前最常用的一种工艺。化学吸收过程中，CO_2 与吸收剂在吸收塔内发生化学反应，从而实现了 CO_2 的分离。按照使用吸收剂不同，可分为氨吸收法、热钾碱法、有机胺法、离子液体吸收法等，其中有机胺法已广泛运用于我国的 CO_2 捕集示范项目中。

（2）物理吸收法是一种在特定条件下，通过使用水、甲醇、丙烯酸碳酯等溶液或沸石、分子筛等材料作为吸附剂，对烟气中的 CO_2 进行选择性吸附的过程。接着，通过改变某些条件（例如温度和压力），使吸附剂释放 CO_2，从而实现 CO_2 的分离。物理吸收法包括吸附精馏法、压缩冷凝法、膜分离法、催化燃烧法和变压吸附法（PSA）等。其中，PSA 具有操作简便、成本可控的特点，因此具有较大的应用潜力。

（3）生物吸收法是原始而有效的 CO_2 吸收方法。该法的主要原理就是光合作用，空气中游离态的 CO_2 扩散进入植物细胞内部后，经过植物体内的生物化学反应被吸收转化为有机物。生物吸收法可持续性较强，可以以相对较低的成本对空气中现存的低浓度游离态 CO_2 进行持续捕捉。但是其缺点也较为明显，即其吸收速度相对较慢，土地面积需求高，且对较高浓度的 CO_2 处理效率相对较低。

（4）膜分离法是利用不同组分之间的渗透率差别进行气体分离，当膜两侧有压差时，气体将自动由高气压渗透入低气压方向，但是每种组分通过膜的渗透率不同，渗透率高的组分通过效率更高，而渗透率低的气体则富集于薄膜进气侧，从而实现多种组分气体分离。该方法简单便捷，但是分离精度低，通常将膜分离与化学吸收法相结合。

除此之外，不断有新的 CO_2 捕获技术在研究和开发阶段，例如电化学方法、化学链燃烧方法、化学固定方法、金属骨架方法和固体胺方法等。随着多种 CO_2 捕捉技术不断取得新的进展，将会更能满足全球多样化的 CO_2 捕集需求，为实现碳中和助力。

8.1.3 碳封存方法

碳封存技术有三种方法：地质封存、海洋封存和化学封存。

（1）地质封存技术是将 CO_2 封存在特定地质环境中，例如盐沼池、油气层、煤井等，据统计，全世界已废弃的油气田可储存 CO_2 约 9230 亿 t，这与地球上使用矿物燃料的发电站排放的 CO_2 质量相当，而且难度小、易于实现，如挪威 1996 年于北海开展的 Sleipner 项目、加拿大 2000 年开展的 Weyburn 项目、法国的 Lacp 项目等。

（2）海洋封存是一种将 CO_2 通过管道或船舶输送至海洋，并将其储存在海水或深海底部的方法。可以选择将 CO_2 溶解在海水中，即溶解型海洋封存；或者将其直接储存在深达 3000m 的海底，即湖泊型海洋封存。然而，与地质封存相比，海洋封存的难度较大，实现起来较为困难。

（3）化学封存技术是利用化学方法将 CO_2 转变成碳酸盐，从而达到长期封存 CO_2 的目的，但目前其经济性和减排效率都无法预测。

8.2 碳监测与计量技术

8.2.1 碳监测技术

碳监控是通过综合观测、数值模拟、统计分析等方法，获取碳源、碳汇、生态系统等方面的数据，为气候变化的研究与管理提供依据。主要监测的是《京都议定书》和《多哈修正案》所述七项人类活动所产生的温室气体，包括二氧化碳（CO_2）、甲烷（CH_4）、氧化亚氮（N_2O）、氢氟化碳（HFCs）、全氟化碳（CF_6）、六氟化硫（SF_6）和三氟化氮（NF_3）。

从碳循环的角度来看，碳监测所获得的基本信息主要包括温室气体排放强度、环境中的浓度和碳汇状况等三个方面的数据。排放源是碳循环的起点，代表"增加"的过程；碳汇则是消减过程，即"减少"的部分；环境中的浓度可以被视为增加与减少之后的剩余量。碳监测工作主要围绕排放源监测以及生态系统碳汇监测等方面展开。

在生态系统碳汇监测方面,基于现有的生态监测业务,首先要建立陆地生态类型及其变化的监测服务;其次,要尝试进行生态地面监测,在具有代表性的生态系统中设立监测样地,对生物量、植物群落的物种组成、结构和功能进行观测和分析。这些方法有助于更准确地了解生态系统中的碳汇状况。排放源监测是一种以人工或自动化方式监测能源活动和工业过程等典型污染源排放的方式。

CO_2 排放主要来自能源活动和工业过程,固定燃料燃烧源占排放比例约为 85%,剩余部分则由建筑材料、冶炼等环节产生。关于 CO_2 排放监测,主要依赖于连续监测技术。这种技术通过自动监测排放口的 CO_2 浓度和排气流量,实时连续追踪 CO_2 排放量的变化。在美国和欧盟,这项技术已经得到了成熟的应用,而在我国,目前仍处于试点研究阶段。

CH_4 排放主要源于能源生产领域,如石油、天然气和煤炭开采过程中的泄漏和逃逸,占排放总量的近 90%。在石油和天然气开采行业,CH_4 逃逸主要来自组件密封点以及敞开液面的泄漏。为监测 CH_4 排放,主要依靠挥发性有机物泄漏监测技术协同进行,从而估计泄漏排放程度。在煤炭开采过程中,CH_4 逃逸主要涉及地下矿井开采、露天开采过程的逃逸,废弃煤矿的逃逸,以及矿后活动的逃逸等。其中,在地下矿井开采方面,国际和国内通常采用 CH_4 连续监测手段进行监测。而针对露天开采、废弃煤矿和矿后活动的 CH_4 排放,则主要根据产品产量进行估算。

1. 大气温室气体监测

世界气象组织已经建立了全球最大且功能最全面的国际大气温室气体监测网络。该网络通过整合 31 个全球大气本底站、400 多个区域大气本底站,以及飞机和轮船上携带的 CO_2 探测仪器收集的数据,得出全球温室气体浓度。生态环境部依托国家背景站,在我国大部分地区初步建立了温室气体本地浓度监测网络,并在全国多个城市开展了温室气体监测工作。

2. 碳遥感监测

卫星遥感、无人机、走航、地基遥感监测是获取大气中温室气体浓度及其排放来源的重要技术手段。

(1) 卫星遥感监测。以遥感卫星为平台,在几百公里甚至更远距离外的太空,可以实现对地球大气的大范围观测。CO_2、CH_4 等温室气体拥有独特的光谱特性,就像我们每个人都有独一无二的指纹。利用温室气体的"指纹光谱",就能从卫星的观测数据里获取温室气体浓度分布,用卫星来捕捉温室气体的含量及变化。

当前,用于监测温室气体的在轨卫星主要包括美国的 OCO 卫星、日本的 GOS-AT 卫星、欧洲的 Sentinel－5P 卫星和加拿大的 GHGsat 卫星等。其中,GHGsat 具有几十米的高空间分辨率,能够有效监测 CH_4 等异常排放源。在我国,主要的温室气体监测卫星有碳卫星、高光谱观测卫星和大气环境监测卫星等。这些卫星在全球范围内为温室气体监测提供了重要数据支持。

(2) 无人机监测。通过在无人机飞行平台上搭载高精度温室气体检测设备,可以实时、动态地获取局部或广阔区域的温室气体三维浓度分布情况。结合气象要素监测和碳排放反演模型,可以进一步进行区域碳排放评估。这种方法提供了一种高效、灵活的方式来评估温室气体排放情况，为减缓气候变化提供更精确的数据支持。

（3）走航监测。通过使用温室气体走航监测车，配备高精度、高灵敏度的温室气体探测设备，我们可以实现对城市、工业园区和重点企业的温室气体（如 CO_2、CH_4、N_2O 等）在线监测评估。这种方法能够精确地定位排放源，为温室气体控制和监管提供快速、高效的服务，有助于更好地管理和降低温室气体排放。

（4）地基遥感监测。通过在监测区域边界处布置地基高分辨光谱仪监测站点，并结合实地地形、地貌以及风速、风向等信息，可以监测重点企业和排放区域的温室气体柱浓度并估算其碳排放量。地基遥感高精度温室气体柱浓度监测结果还可以用于验证卫星遥感监测产品的精度。这种方法为温室气体监测提供了更多样化、准确的数据来源，有助于更好地评估和管理温室气体排放。

3. 海洋与滨海湿地碳源汇监测

（1）海洋碳库。海洋在减缓气候变化方面发挥着重要作用。海洋碳库大约是陆地碳库的 20 倍，并且海洋碳储存的时间尺度远远超过陆地生态系统。自工业革命以来，全球大洋已经吸收了人类排放的 CO_2 总量的 1/3，目前每年从大气中吸收约 20 亿 t CO_2，约占全球 CO_2 排放量的 1/4。海洋吸收 CO_2 的主要机制包括溶解度泵、碳酸盐泵、生物泵和微型生物碳泵，这些机制使海洋成为地球上重要的碳汇，有助于缓解温室气体排放对气候的影响。

如今，海洋碳监测手段越来越多样化，可以通过船基航次调查、浮标原位长期监测和遥感卫星反演等多种方法相互补充。现有的监测结果显示，在我国监测的海域中，总体上吸收大气 CO_2，全年表现为大气 CO_2 的弱汇。吸收强度从冬季到春季逐渐减弱，夏季和秋季则转为向大气释放 CO_2。影响监测海域大气 CO_2 源汇格局变动的重要因素包括表层海水温度、长江等冲淡水输入、生物活动以及强烈的水体混合垂直作用。这些因素共同决定了海洋碳汇的时空变化，对于评估和预测气候变化具有重要意义。

（2）滨海湿地碳库。滨海蓝碳是指盐沼湿地、红树林和海草等高级植物，也包括浮游植物、藻类和贝类，它们通过自身的生长和微生物的作用，吸收、转化和长期储存在海岸沉积物中的 CO_2，并将其转化为有机物。红树林、盐沼湿地、海草湿地是滨海湿地三大主要生态系统。与陆上的碳汇不同，海洋生态系统碳循环周期长，固碳效果持续。

近年来，有关涡度相关观测技术和理论的发展，为研究 CO_2、CH_4 在生态系统尺度上的时空变化提供了一条新的思路，也是一种较为可靠、实用的长期测量手段。

当前，国际上公认的温室气体定量计算方法主要有：物料平衡法、排放因子法和测量法。其中，物料平衡法、排放因子法均为计算方法，而测量法则是以在线监测设备为基础进行的。针对电力工业的特点，仅对排放因子进行计算，小部分电力企业已安装 CEMS 监控模块，对相关技术进行调查和分析。

4. 物料衡算法

物料衡算法按照质量守恒原理来计算污染物的排放量，即投入体系的物料总量等于产品的产量和损失。针对既定的生产系统、工序、燃烧设备等的行业可以采用物料衡算法计算，如钢铁行业或化学工业。各行业的计算公式需要根据具体建设项目的产品方案、工艺流程、生产规模、原材料消耗等具体制定，所以具有很好的针对性，测算结果准确度较高，但需要的参数较多，对收集的数据质量要求较高，若数据可获得，可采用此方法。

我国火电行业燃料状况不稳定，掺烧现象严重，难以获得准确数据，因此我国火电行业不采用此方法。

以电力行业为例，具体的计算为

$$E_{ffCO_2} = (Q_{ff}C_{ff} - Q_{ash}C_{ash} - Q_{cindeer}C_{cindeer}) \times 44/12 \qquad (8-1)$$

式中　E_{ffCO_2}——监测期内煤燃烧过程产生的 CO_2 排放量，t；

Q_{ff}——监测期内煤的消耗量，t；

C_{ff}——监测期内煤的含碳量，%；

Q_{ash}——监测期内燃烧后灰的产生量，t；

C_{ash}——监测期内燃烧后灰的含碳量，%；

$Q_{cindeer}$——监测期内燃烧后渣的产生量，t；

$C_{cindeer}$——监测期内燃烧后渣的含碳量，%。

5. 排放因子法

排放因子法是最常用的计算方法，基本公式是"温室气体排放量＝活动水平数据×排放因子"，它体现了能量密度与 CO_2 排放强度之间的密切关系。这一办法在 IPCC 编写的《2006 年 IPCC 国家温室气体清单指南》中得到了详尽的介绍，为各国、地区和行业的温室气体排放计算提供了技术指导。

此法既可应用于宏观核算，也适用于行业的微观角度，是国内外温室气体清单编制的基础，我国《省级温室气体清单编制指南》和《温室气体排放核算与报告要求　第 1 部分：发电企业》（GB/T 32151.1—2015）都采用此方法。其原理是通过活动数据与排放因子相乘得到排放量，公式为

$$E = AD \times EF \qquad (8-2)$$

式中　E——温室气体排放量，t；

AD——活动数据，TJ；

EF——排放因子。

6. 实测法

实测法是利用监测设备或连续计量设备，对废气流量、流速、浓度进行测定，从而计算出气体的总排放量。根据使用仪器的不同，实测法分为手工监测法和基于烟气排放连续监测系统（CEMS）的连续监测法。手工监测多用于仪器校准，通过携带手持监测设备在预留好的烟囱测点可进行短时间的测量，使用 CEMS 可对电厂开展连续性监测。

实测法通过对烟道气体中的 CO_2 浓度和烟气流量连续测算来计算排放源的排放量，具有影响参数较少，精确度高，数据实时上传，自动形成监测报告，减少因人为测量产生的不可控因素等优点。

CEMS 的工作原理是将烟道中的气体取出并送至预处理装置，预处理装置对烟道内的气体进行预处理，然后将其送入分析仪器。利用在线气体分析仪表对烟尘中的各种污染物进行持续的监测，在仪器上显示测量结果，并将监测结果通过环境保护数采仪或 VPN 实时传输至环境监测网。

为了确保 CEMS 测试结果的准确性和可靠性，每日对 CEMS 的各个装置进行巡查，查看历史数据报告，及时发现并排除故障，提高可靠性。需要做好以下日常维护保养工作：①加热装置和制冷装置日常维护、检修和更换；②蠕动泵检查；③反吹系统检查；④烟气分析仪的定期标定；⑤选择参数量程一致的分析仪和标准气体。

因此在全球相互协调的大背景下，未来碳排放的监测标准更倾向于 CEMS，这也是今后我国发展的大趋势。

8.2.2　碳计量技术

1. 碳排放流理论

目前碳排放量的计算主要根据能源消耗量进行统计，无法体现电网的"网络"特征。碳排放流理论有助于将碳排放流在电网中的分布清晰展现，辨识系统中的高碳要素，为电力系统的低碳优化和节能减排提供量化依据。

当采用煤炭等不可再生能源发电时，其燃烧过程中会产生大量的 CO_2，从而造成碳排放。假设这些 CO_2 不是从发电厂直接排放到大气中，而是随着电力流的"碳流"一直流向使用者，则无论在发电端还是在用户端，都要承担其在生产过程中产生的碳排放费用，因此，碳排放责任既要从发电端计算，又要在用户端承担。电力系统碳排放流原理如图 8-2 所示。

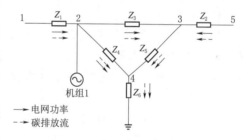

图 8-2　电力系统碳排放流原理图

（1）碳排放流的概念及特点。

1）碳流量 F：给定时间内通过某条支路的潮流对应的碳排放的积累量，单位为 t。

2）碳排放流率（Carbon Emission Flow Rate，CEFR）R_{CEF}：单位时间内通过网络节点或支路的碳排放流量，单位为 t/h。

$$R_{CEF} = \frac{dC_{CEF}}{dt} \qquad (8-3)$$

3）碳流密度：电力系统碳排放流依附在有功潮流上，支路传输电量消费所造成的发电侧的碳排放值被称为支路碳流密度（Branch Carbon Emission Intensity，BCEI）I_{BCEI}，即任一支路碳流率 R_{CEF} 与有功潮流 P_{line_i} 的比值，单位为 t/(kW·h)。

$$I_{BCEI} = \frac{dC_{CEF}}{dt} \qquad (8-4)$$

4）节点电势：节点 i 处消费单位电量对应发电侧的碳排放量被称为节点碳流密度（Nodal Carbon Emission Intensity，NCEI）I_{NCE_i}，又称节点电势，单位一般为 $t_{CO_2}/(kW \cdot h)$。

$$I_{NCE_i} = \frac{\sum_{i \in N^+} P_{line_l} \rho l}{\sum_{i \in N^+} P_{line_l}} = \frac{\sum_{i \in N^+} R_l}{\sum_{i \in N^+} P_{line_l}} \tag{8-5}$$

式中　P_{line_l}——支路 l 的有功潮流集；

　　　N^+——与节点 i 相连的支路有功潮流流入节点的所有支路的集合。

5）所有从节点流出的潮流的碳流密度与该节点的碳势相同。

$$I_{BCEL_2} = \frac{\sum_{i \in N^+} P_{line_{l_2}} \dfrac{P_{line_{l_1}}}{\sum_{s \in N^+} P_{line_S}} I_{BCEI_1}}{P_{line_{l_2}}} = \frac{\sum_{i \in N^+} P_{line_{l_1}} \cdot I_{BCEI_1}}{\sum_{s \in N^+} P_{line_s}} = \frac{\sum_{i \in N^+} R_{CEF_S}}{\sum_{s \in N^+} P_{line_s}} = I_{NCE_i}$$

$$\tag{8-6}$$

式中　N^+——潮流流入节点的支路合集；

　　　I_{BCEI_1}——第 l_1 条支路的碳流密度；

　　　I_{BCEI_2}——第 l_2 条支路的碳流密度；

　　　$P_{line_{l_1}}$——流入节点的第 l_1 条支路的有功潮流；

　　　$P_{line_{l_2}}$——流入节点的第 l_2 条支路的有功潮流。

（2）碳排放流特点。

1）全面性：配合智能电表、电动汽车、可中断负荷等面向配用电环节的互动的技术的发展。电力系统碳排放分析应能够覆盖电力系统的各个环节，从发电环节延伸到输电环节乃至用电环节，全面描述和评价电力系统和行业的低碳特点与潜力。

2）实时性：配合调度自动化技术的发展，电力系统碳排放分析需要根据电力系统的运行状态实时完成，使分析的内容不仅限于长期的碳排放总量分析，还可实现碳排放特性的变化过程分析。

3）灵活性：除实时性外，电力系统碳排放分析还需具有灵活的空间调整能力。使分析的内容不仅限于针对省、市及以上系统的排放分析，还可实现针对微电网以及配用电园区的小系统的分析。碳排放流的产生途径如图 8-3 所示。

（3）碳排放流的计算步骤。

1）获取当前时刻系统中各节点负荷（包括有功和无功负荷）、发电机有功和无功出力、网络拓扑结构以及电阻、电抗等相关技术参数。

2）计算交流潮流方程式，得到各节点电压幅值和角度，再计算各支路有功功率和损耗。

3）构造潮流分布矩阵进行分摊，得到各节点负荷、支路功率以及网络损耗对应的发电机功率分量。

4）根据机组有功功率，计算各机组实时碳排放强度。

5）将机组碳排放进行分摊，得到各节点负荷、支路功率以及网络损耗对应的

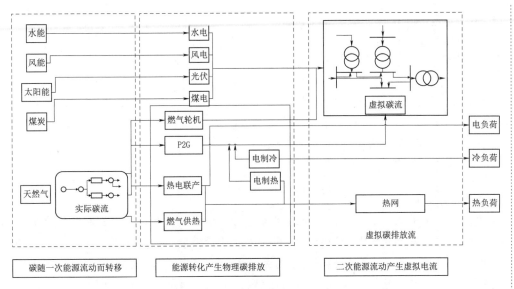

图 8-3 碳排放流的产生途径

发电机碳排放流率分量。

6）计算各支路碳排放流密度和节点碳势等指标。

2. 碳计量的概念

碳计量是一种监测和计量人类工业活动向地球直接和间接排放 CO_2 量的措施。就工业活动来说，碳计量的对象主要包括：能源活动、工业生产、农业生产、土地利用及废弃物处理等。

IPCC 在《联合国气候变化框架公约》第 13 次缔约方会议通过的"巴厘岛路线图"中提出碳计量须遵守温室气体排放量要可测量、可报告、可核实的"三可原则"。该原则是电力系统碳计量问题中必须被满足的先决条件。

为了遵循"三可原则"，并精确计量度电含碳量，明确用户用电排放责任，电力系统碳计量问题中需要全面厘清碳排放量在发、输、配、用全环节过程中的分布规律，揭示碳在产生、传输、转移等过程中的特性与机理。此外，在碳计量过程中，需要充分考虑包括可再生能源发电、储能技术、碳捕集技术、跨区输电、终端电气化等不同类型低碳电力技术对碳计量的影响。碳排放计量与分析环节如图 8-4所示。

当前，碳计量体系发展还集中在简单的非时变的固定碳排放系数，过于粗放，难以支撑电力系统低碳化的深入研究，因此，针对现有还在发展的技术，有学者提出以下三种碳计量及追踪优化方法。

（1）基于"三可原则"的多类型电源碳计量方法。基于 IPCC "可测量、可报告、可核实"原则，研究电力系统多类型电源的碳排放计量方法。将电力系统各种电源的碳排放分为固定碳排放与可变碳排放，根据每种电源自身的特征参数，分别建立碳排放计量模型。针对风电、光伏等可再生能源形式，考虑可再生能源消纳所需的备用、调频等辅助服务引起的碳排放，建模其发电的等效碳排放模型，实现可

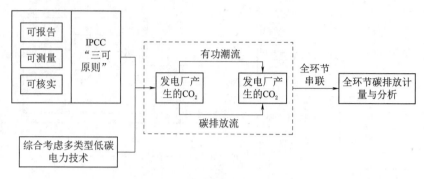

图 8-4　碳排放计量与分析环节

再生能源发电的碳排放计量；针对氢能等电力系统新兴电源，考虑其制备的不同技术路线，对应不同技术路线研究相应的碳排放计量模型；针对区域多能源系统，微电网等电网接入形式，提出相应的电力系统碳排放接口模型，通过对于不同类型电源碳排放的精细化建模，使电力系统源侧碳计量达到满足"三可原则"的目标。

（2）基于碳排放流理论的多时空尺度碳追踪方法。研究考虑多时空耦合的碳排放流模型，以碳排放流理论为基础，提出考虑碳排放时空转移的碳排放追踪方法。在空间耦合上，建模碳排放从发电、输电、配电到用电的转移和分配规律；在时间耦合上，提出电化学储能、抽水蓄能、飞轮储能、压缩空气储能以及季节性储能等不同储能的碳排放流模型，并研究储能与电力系统的碳排放流接口模型，建立统一考虑不同类型储能的电力系统碳排放流分析方法。

（3）研发电力系统实时碳计量与碳追踪的碳表系统。研究用于电力系统实时碳计量与碳追踪的碳表系统。将碳表终端分为发电侧碳表、输电网碳表、配电网碳表和用户侧碳表，对于不同碳表终端展开需求分析，研究不同类型碳表的测量参数、测量精度等性能需求，设计对应碳表的碳计量与碳追踪方法。研究碳表系统的架构与软硬件实现，包括碳表系统中不同设备的协同机制，计算资源的部署方法，系统通信架构设计，硬件设备开发等。研究碳表终端在电力系统中的部署方法，根据电力系统碳计量和碳追踪需求，优化碳表终端在电力系统中不同节点、不同环节的部署。通过部署于电力系统不同节点和环节的碳表系统，助力电力系统实时碳计量与碳追踪从理论研究迈向实际落地。

8.3　碳调度与优化技术

8.3.1　碳调度技术

1. 低碳调度

在电力调度活动中，低碳调度形式主要涵盖节能调度、三公调度、经济调度。在这三个调度手段中，三公调度主要是保证电力调度工作安全公平进行，进而在进行具体任务编排时，要保证电力运作成效是稳定的原创。经济调度主要是为了保证财务收支的合理性，进而在运作活动中，要充分优化运作的总支出和生产之间关系，建立合理的发展计划。节能调度主要是达到运作活动的低碳运行，进而在电力调度活动中，要充分利用清洁电力资源，避免造成严重污染。电力系统的主要手段体现如图 8-5 所示。

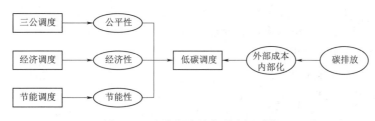

图 8-5　电力调度的主要内涵手段

在电力系统中实现总燃料成本最小是传统电力系统调度模式的目标，而化石燃料燃烧室产生的污染物没有被考虑在内。面对如今的低碳发展，传统的电力系统调度不但要关注经济方面，还要关注环保方面，这是因为随着环境保护需求的日益增长，需要考虑氮化物、硫化物和 CO_2 等。而且，风电等可再生能源机组出力的不确定性随着可再生能源的规模化发展而增强，因此，不但要保障整体电力系统总成本、减排成本、发电成本达到最小，还要提高电力系统调度的响应速度和灵活性。低碳背景下电力系统调度模式如图 8-6 所示。

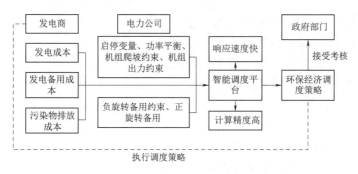

图 8-6　低碳背景下电力系统调度模式

2. 影响低碳调度的因素

对常规火电电源而言，其参与电力系统的低碳调度时，必须要考虑的一项因素就是燃料的价格，也就是常规意义上的煤炭价格。煤炭价格直接反映在区域多能源体内火电参与低碳调度的碳成本上，其水平的高低将会对火电机组参与低碳调度的比例产生直接的影响。此外，在节能减排政策的整体框架下，区域多能源体内的风电和水电等清洁能源机组参与低碳调度的比例和水平也至关重要。不同于常规火电机组，风电和水电的出力分别受来风和来水的影响，较之常规火电机组其参与低碳调度的局限在于出力波动性的增加。水电出力的可控性相对较高，主要受来水丰枯的影响，相应增加的是区域多能源体框架下电力系统低碳调度的容量备用成本；但风电参与区域多能源体电力系统低碳调度的就具有一定的不确定性，增加的不仅是容量备用成本，还包括机组的启停成本、备用成本以及调峰成本等各方面。

与传统电力运作活动相比较，低碳电力方案的有效实施，涵盖以下几个优势：其一，低碳电力调度方式和传统调度方式具有较大不同，低碳电力调度改变了传统电力调度活动中，仅注重电能这一发展障碍。而是充分利用 CO_2，展开电力调度工作。这一方法的运作，降低电力调度带来的环境污染率，减少污染气体排放量，保证电力运作活动生产和收益的平衡，促进电力企业长远发展。其二，电力调度的低碳运作策略，可以降低电源支出，保证电力运作活动效益最大化。

3. 电碳耦合约束条件

（1）工业楼宇约束条件。

1）电碳耦合约束为

$$V_{i,t}^{\text{denand2}} = V_{i,t}^{\text{d}} - \varepsilon^{j} P_{i,t}^{\text{u2}} \tag{8-7}$$

$$\begin{cases} 0 \leqslant V_{i,t}^{\text{b}} \leqslant J_t^{\text{b}} V_{i,t}^{\text{demand2}} \\ 0 \leqslant V_{i,t}^{\text{S}} \leqslant J_t^{\text{S}} V_{i,t}^{\text{d}} \\ J_i^{\text{b}} + J_i^{\text{S}} \leqslant 1 \end{cases} \tag{8-8}$$

式中　$P_{i,t}^{\text{u2}}$——第 i 栋工业楼宇的负荷功率；

$V_{i,t}^{\text{denand2}}$——第 i 栋工业楼宇的净需求碳排放权；

J_t^{b}、J_t^{S}——表示楼宇购售碳排放权的 0～1 变量。

2）CHP 约束为

$$G^{\text{in,CHP}} = k_1 P^{\text{CHP}} + k_2 Q^{\text{CHP}} \tag{8-9}$$

式中　$G^{\text{in,CHP}}$——GB 设备的进气量；

k_1、k_2——单位天然气产电和产热系数；

P^{CHP}——热电联产机组生产的热能；

Q^{CHP}——热电联产机组生产的电能。

3）GB 约束为

$$G^{\text{in,GB}} = \beta Q^{\text{GB}} \tag{8-10}$$

式中　$G^{\text{in,GB}}$——GB 设备的进气量；

β——燃气锅炉单位天然气产热系数；

Q^{GB}——燃气锅炉生产的热能。

4）工业楼宇内部功率平衡约束为

$$(P_t^{\text{u}} + P_t^{\text{s}} + P_t^{\text{S}} + P_t^{\text{ch}}) = (P_t^{\text{B}} + P_T^{\text{b}} + P_t^{\text{CHP}} + P_t^{\text{dis}}) \tag{8-11}$$

5）热能平衡约束为

$$H^{\text{CHP}} + H^{\text{GB}} + H^{\text{BUY}} = H^{\text{demand}} \tag{8-12}$$

式中　H^{demand}——工业楼宇需求的热负荷。

（2）农业楼宇约束条件。

1）农业楼宇内部功率平衡约束为

$$(P_t^{\text{u}} + P_t^{\text{s}} + P_t^{\text{S}} + P_t^{\text{ch}} + P_t^{\text{TL}}) = (P_t^{\text{B}} + P_T^{\text{b}} + P_t^{\text{PV}} + P_t^{\text{dis}}) \tag{8-13}$$

2）可转移负荷约束为

$$\sum_{t=1}^{T} P_{i,t}^{\text{TL}} = \sum_{t=1}^{T} P_{i,t}^{\text{TL,Ref}} \tag{8-14}$$

$$P_{\min}^{\mathrm{TL}} \leqslant P_{i,t}^{\mathrm{TL}} \leqslant P_{\max}^{\mathrm{TL}} \qquad\qquad (8-15)$$

式中　$P_{\min}^{\mathrm{TL}}$、$P_{\max}^{\mathrm{TL}}$——可移动负荷下、上限。

4. 电碳耦合调度方法

电力市场和碳市场的本质和共同目标都是实现行业的低成本和清洁低碳发展。而可再生能源发电是推动电力行业大幅度降低碳排放的重要手段，随着可再生能源产业的不断发展和所占能源比例的增大，可再生能源发电成本将会进一步下降，而在电力市场和碳市场的共同作用下，可再生能源发电份额也会进一步增加。在高比例可再生能源发电的情况下，为保障系统安全可靠，应对可再生能源不稳定性和间歇性的特点，电力系统成本会出现回升。因此针对电碳发展现状提出以下调度方法：

（1）电碳耦合约束驱动下的"源-网-荷-储"协同演化规划理论。研究考虑碳预算约束的源-网-荷-储空间层面协同演化规划方法。研究面向电力系统中长期规划的多类型电源、交直流网络、灵活性负荷、储能的运行特性模型。建立考虑可再生能源出力的短期不确定性和电力负荷、装备投资成本的中长期不确定性的"源-网-荷-储"协同演化规划模型。建立面向"源-网-荷-储"规划方案的全年8760h精细化运行模拟模型，实现对规划结果的全方位评估。

（2）支撑高比例可再生能源转型的多时间尺度灵活性资源优化配置方法。面向高比例可再生能源并网的电力系统，分析电力系统对于多种时间尺度灵活性的需求。研究多类型灵活性资源的技术经济特性，提出利用多类型储能提供多时间尺度灵活性的方法。构建考虑季节性储能的运行特性、长时间尺度能量平衡以及跨能量形式规合的规划模型，研究技术特性不同、时间尺度不同、能量形式不同的多类型储能装置协同规划与布局方法。

（3）我国电力系统高比例可再生能源转型路径实证分析。我国电力系统正处在的"碳中和"转型的关键时期，高比例可再生能源并网将是实现"碳中和"关键手段。分析我国电力系统应对高比例可再生能源并网的转型路径的战略决策及其技术经济性。立足我国电力系统实际情况和我国各地区可再生能源资源禀赋，建立实证分析边界条件，构建考虑各省可再生能源资源禀赋的我国电力系统中长期电力系统发展规划模型，计算"碳中和"转型目标下我国电力系统送端和受端电源电网结构的变化模式，分析各类机组和线路投资的驱动因素。研究比较不同转型技术路径，对各项技术普及应用的临界价格与外部条件进行回溯分析。

8.3.2 碳优化技术

在电力能源系统的低碳转型问题中，由低碳电力系统引起的诸多技术性问题目前已受到学术界和工业界的关注，例如高比例可再生能源并网的灵活性稀缺问题以及高比例电力电子化的安全稳定问题等。但是电力系统低碳化的解决方案不能仅关注低碳电力系统引起的技术性问题，也需关注政策战略制定与市场机制设计方面的问题。在政策战略方面，由于电力行业具有明显的"锁定效应"，能源结构规划对于能源系统安全性、经济性和低碳性具有长期决定性影响。因此，如何合理设置政策战略，合理引导产业实现低碳转型，是电力系统低碳解决方案中的重要环节之一。此外，合适的市场机制能够有效计及碳排放的外部性成本，为市场主体提供碳减排的激励，合理引导减排技术与资源的优化配置。因此，如何在考虑电力市场实际运行特点的基础上，设计激励相容的碳交易市场化机制，引导市场主体进行碳交易，通过价格信号推动电力系统碳减排，同样是电力系统低碳化研究不可或缺的部分。综上所述，电力系统低碳化的解决方案需要战略、技术与市场全环节协同，而不仅仅是某一环节的突破。复杂互联电力系统的低碳优化运行方法见表 8-3。

表 8-3　　　　　　　复杂互联电力系统的低碳优化运行方法

经 济 性	安 全 性	低 碳 性
考虑安全稳定约束的电力系统低碳优化运行方法	可再生能源与碳集捕电厂协同运行	极高比例清洁能源外送的安全运行
安全稳定约束 多类型低碳技术 低碳经济调度	碳集捕灵活运行 调频及惯性支撑 协同低碳运行	资源禀赋气象不确定性 风-光-水-储-光-热 安全联合外送

1. 电力系统低碳运行理论

分析高比例甚至 100% 可再生能源并网下的系统运行面临的安全稳定挑战，研究内嵌安全稳定约束的电力系统低碳运行方法。针对高比例可再生能源并网导致的不同类型安全稳定问题，通过数据驱动和模型驱动结合的方法，提取出系统关键安全稳定约束，并嵌入到电力系统稳态机组组合与经济调度模型。分析风电、光伏、光热、储能、碳捕集等多类型的低碳电源的对于电-碳耦合约束下的电力系统调度运行的影响，分析虚拟同步技术与同步调相机等电力系统安全稳定设备与控制措施对于提升电力系统碳减排的作用。

2. 可再生能源与碳捕集电厂协同优化

针对我国目前火电机组装机比例高的特征，研究碳捕集电厂与可再生能源互相协同实现低碳灵活运行的方法。研究碳捕集电厂自身的低碳灵活运行原理，分析烟气分流装置和溶液存储装置对发电循环环节、碳捕集的吸收环节与碳捕集的解析环节相互解耦的作用，量化碳捕集电厂在不同容量碳捕集装备下的灵活运行区间。建立碳捕集电厂与风电、光伏等间歇性可再生能源协同运行模型，以碳排放约束引导碳捕集电厂与可再生能源协调低碳运行。分析碳捕集电厂通过调峰、调频、电压以及惯量支撑促进可再生能源消纳实现的碳减排潜力。

3. 清洁能源外送的安全运行方法

针对我国送端电网可再生能源比例高、大量电源通过直流外送的特征，研究极高比例甚至 100% 清洁能源的协调运行方法。首先分析资源禀赋气象不确定性对可再生能源协调运行的影响，研究多类型可再生能源的协同运行机理，分析多类型可再生能源协同运行后的可信容量。其次研究光热等灵活性电源对风电光伏强不确定性的电力电量平衡互补调节机理，分析光热发电对于风电光伏等低惯量电源的频率稳定支撑作用。最终建立面前清洁能源外送的风电-光伏-水电-光热-储能联合协调出力优化模型，考虑系统碳减排潜力、惯量水平以及系统频率稳定等约束，实现极高比例清洁能源外送基地的安全可控协调运行。

参 考 文 献

［1］ Ringkjøb H K，Haugan P M，Solbrekke I M. A review of modelling tools for energy and electricity systems with large shares of variable renewables ［J］. Renewable and Sustainable Energy Reviews，2018，96：440 - 459.

［2］ 董晓宁，杨国华，王岳. 基于碳交易的含风光发电的电力系统低碳经济调度 ［J］. 电气技术，2019，20（3）：67 - 71.

［3］ 朱晔，兰贞波，隗震. 考虑碳排放成本的风光储多能互补系统优化运行研究 ［J］. 电力系统保护与控制，2019，47（10）：127 - 133.

［4］ ZHAO Dongsheng，GAO Zhongchen，LIU Wei. Low - carbon energy - saving power generation dispatching optimized by carbon capture thermal power and cascade hydropower ［J］. Power System Protection and Control，2019，47（15）：148 - 155.

［5］ 胡志坚，刘如，陈志. 中国"碳中和"承诺下技术生态化发展战略思考 ［J］. 中国科技论坛，2021（5）：14 - 20.

［6］ 吉斌，昌力，陈振寰，等. 基于区块链技术的电力碳排放权交易市场机制设计与应用 ［J］. 电力系统自动化，2021，45（12）：1 - 10.

第 8 章
习题